鹿 鸣 至 远　叙 言 未 尽

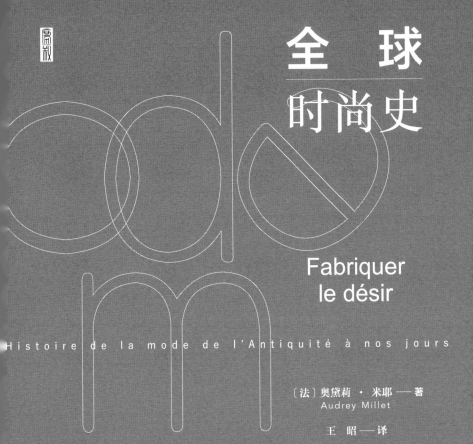

全 球
时 尚 史

Fabriquer
le désir

Histoire de la mode de l'Antiquité à nos jours

〔法〕奥黛莉·米耶——著
Audrey Millet

王 昭——译

社会科学文献出版社
SOCIAL SCIENCES ACADEMIC PRESS (CHINA)

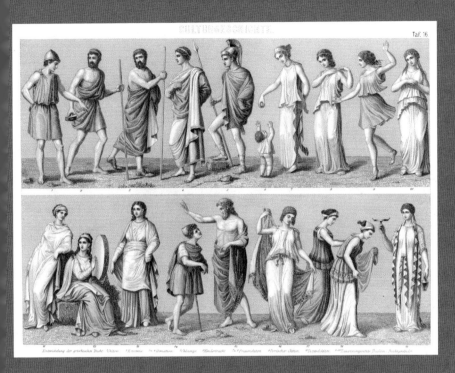

古希腊服装

法国王后玛丽·安托瓦内特的加冕礼服体现了 18 世纪服装的田园风格。

在维多利亚时代，哀悼服装十分流行。由于对这种服装的强烈需求以及顾客的反复无常，女缝纫师们经常过度紧张与焦虑。

19 世纪穿着丝绸紧身胸衣的女人

LA MODE

Costumes de (Gumann) Tailleur ; M.ᵈˢ des Petits Champs, Lingerie et Cravatles de (Doucet) 5 ; 7 de la Paix ; Chapeaux
de (Jay) 5 ; 3 des Paris ; Montuautte ; coiffure de (Delignon) Place de la Bourse ; Mouchoirs de (Chapron) 5 rue
de la Paix ; Gants (Mayev) 28 rue de la Paix ; Canne de (Canal) Boulevart Italiens ; Meubles de (Maigret)
36, rue Caumartin ; Statuettes, Cuivres et Bronze de (Giroux) rue du Coq S.ᵗ Honoré ; M.ʳˢ Bougies du Phénix

à Paris 24 Rue Taitbout (Chaussée d'Antin)

19 世纪的法国男装

20 世纪初法国著名的插画家乔治·巴比尔于 1912 年绘制的珍妮·帕昆的服装插图。珍妮·帕昆是法国首位的时装设计师，以现代和创新设计而闻名。

法国巴黎圣奥诺雷街

法国模特们穿着时尚的裙子出现在伦敦的时装展

对不断发展着的新生事物的狂热，是时尚行业得以存在的基础。人们只需通过数字存储器建立一台时尚制造机，即便在很短的时间内，让时尚变成一系列被限定的、可演算的式样，也足以在行业内引起无以复加的震动。①

斯坦·史密斯站在那里冷眼旁观，
他们环顾四周，胳膊上搭着皮夹克，
雷朋墨镜架在头上，身着达芝妮（Tacchini）牌运动装，
搭配最时髦的内布罗尼（Nebuloni）麂皮鞋。②

① 〔法〕罗兰·巴特：《今年蓝色很流行——时尚服装中重要单元的研究笔记》，《法国社会学评论》，1960 年第 1~2 期，第 147~162 页。
② 出自 IAM《米亚之舞》，收录于 1993 年发行的专辑《阴影是光》。

目　录

第三部分　从民主化到压迫

引　言

　　在诱惑与欲望之间，无论富人还是穷人，科学家还是保洁员，政治精英还是工业家，时尚促使不同的消费者做出反应。今天，对时尚的研究在经济、消费、生产、性别、享乐等不同方面展开，本书的着眼点则是整个社会历史。本书并不是详尽无遗的，但它为年轻的研究人员提供了新的研究方向，为对这一主题感兴趣的读者提供了依据和阅读重点。通过参考各国相关领域最优秀的文献和专家著作，本书详细介绍了时尚体系建立起来所依靠的主要力量，并对其中的关键性部分进行了重点分析，如雅典的腰带、古罗马的系带凉鞋和中世纪的鞋、凯瑟琳·阿拉贡（Catherine Aragon）的衣橱、殖民主义、非洲的欧式复古风服装、纳粹女装的乌托邦、青少年时装展。

　　作为一位造型师出身的艺术史学者和历史学家，我撰写这部历史著作是基于一些较早形成的观点。工匠和服装设计师不是被国家指定分配到他们所在的工作室的，他们拥有自己的决定权。消费行为也并不是 18 世纪或 19 世纪才出现的。自古以来，欲望和享乐就一直影响着人们。正如吉勒·利波维茨基（Gilles Lipovetsky）所指出的，第二次世界大战以后，世界从消费的资本主义转向了诱惑的资本主义。[1] 我认为，正是欲望拉开了几个世纪以来人类活动的序幕。众所周知，资本主义是在 14 世纪崛起的。在中世纪结束和文艺复兴开始之前，生产

009

和制造体系就已经运转得相当好了。我们需要重新审视几个世纪以来家庭纺织、女性和家务工作的问题。再巧的纺织娘也不可能织出全家人的衣服，因此，有必要问一问，成衣和人体测量标准是否真的是在19世纪才出现的。最终，我们只有借助考察物品、流行趋势或整个时尚体系的起源，才有可能引导对事物的探究。

　　本书的10个章节占据的篇幅不尽相同。根据现有资料，本书对每个历史时期使用比较学方法论进行考察。生产、制造、明星、精英、消费者、布料、匠艺、赞助、接受与拒绝、性别、身体、强加的风格、服装与裸体、音乐……上述元素在不同时期并不具有相同的重要性，但它们都是相同主题涉及的对象，即共同描绘一个受到喜爱和批判的不断发展的时尚体系。众所周知，时尚往往被认为是历史中琐碎而无用的细枝末节。本书关于时尚史研究的相关内容证明了这一点。古希腊和古罗马的资料最不完整，其中一些素材是在古文明时期之后才产生的。关于时尚历史的文献资料形式非常单一，这种情况已经持续了很长时间。印刷的史料引发了许多涉及如何诠释的问题。它们在很大程度上缺少关于服装、行为、经济和消费者日常生活的具体内容。时尚被认为诞生于中世纪末，对其历史时期的划分也是一个需要解决的问题。实际上，针对不同的研究主题，历史时期的划分理应有所不同。大瘟疫、格林纳达的沦陷、君士坦丁堡的陷落、美洲的发现……它们与时尚史的研究有关吗？此外，欧洲并不是一个同质而平坦的整体。建立特定经济制度、扩大市场和采用技术的速度，因相关的地理区域和政治制度而异。历史时期的划分需要重新检视的另外两个时间点是 1789 年和 1815 年，因为法国大革命和维也纳会议并没有从根本上改变时尚产业，然而，1860~1890 年的第二次工业革命推动了工业机械化和化学领域的创新，我们可以称之为一种"长期的现代性"。第一次世界大战虽然深刻地改变了世界地缘政治，但直到 20 世纪 20 年代才对我们的研究对象产生影响。第二次世界大战所引起的文化、科学、经济和社会的变化则是无可争辩的，但正如我们在本书中所解释的那样，这些变化显然归因于这一时代的现代性。最后，对时尚历史而言，20 世纪下半叶是否应该从 20 世纪 80 年代开始划分？在这一时期，时尚产业的繁华尚未落幕，但一个旧世界已经终结。

　　盎格鲁-撒克逊作者在书后参考文献中占据的比例提醒我们，在法国，除了少数例外，时尚研究大多处于边缘地位，因其过于具体和物质化而受到轻视。法国文化（抑或大学文化？）并没有摒弃等级制度和类别化，相对风俗而言，法国更重视历史，并否认服装行业的复杂性。不过，吕西安·费弗尔（Lucien Febvre）、费尔南·布罗代尔（Fernand Braudel）、皮埃尔·布尔迪厄（Pierre Bourdieu）、罗兰·巴特（Roland Barthes）、吉勒·利波维茨基和丹尼尔·罗什（Daniel Roche）的研究都对穿戴服饰的身体有所涉及。比如，罗兰·巴特细化了对服装的历史描述。在巴特 1957 年发表的文章《服装的历史与社会学，一些方法论观察》中，他阐述了服装的历史及其不足。[2] 巴特还特别强调了费弗尔对"历史化"历史的批判。鲸骨裙开始流行、鸟笼裙不再时髦、短发的出现……服装受政治、宗教和经济的影响，成为一个事件、一个时代、一种同质的现象。时尚史学家的种种武断受到了批评。

所以，我们必须研究这个不断扩展的工业怪物的结构，看明白它变成了什么样子。我建议，与其批判或否定时尚行业的重要性，不如从它的活力和重点案例来分析它，以便了解它的意义和发展、主要特质和畸变。总之，这本书呈现的是关于穿衣、戴配饰、化妆和美容术的历史。

历史的视角

我们通常根据时尚形式变化的时间，或对文化批评的历史性解读来理解时尚。[3] 时尚的历史证明了外表变化的重要性。它还揭示了服装、配饰和化妆品是如何设计和开发的，它们如何参与确立一个社会的边界，以及它们被接受或拒绝的原因。

012 14世纪被认为是首个重大变革发生的时期。随着商业资本主义在欧洲城市的兴起，时尚在这里蓬勃发展。[4] 作为达官显贵生活形态的重要组成部分，时尚经历了诸多品位的变化，这些变化得到了广泛的传播，足以让人产生购买新品的欲望。[5] 阶级差异的缩小和风格变化的加速越来越多地与性别和生产背景联系在一起。当文化意义和价值，尤其是那些重视新颖性和个人化表达的价值得到肯定时，时尚体系就产生了。[6] 然而，时尚并不是在14世纪凭空出现的。它受到中世纪末期以来越来越多的因素的直接影响。从古文明时代开始，时尚的多样化、由此产生的过剩现象以及生产的合理化组织就已经显现出来。

时尚的兴起与欧洲的"文明进程"有关。中世纪，纺织尤其是织造，被认为是女性的工作。然而，很难相信女性的这种劳作可以满足所有欧洲人穿衣的需求。以纺织业在经济上的重要地位来看，男性很可能也参与到这个蓬勃发展的行业。无论如何，对外表的兴趣都会对个人的表现、自我认知和对人在世界所扮演的角色的理解产生影响。[7]服饰构建了最主要的表达方式。对服装的社会内涵有意识的操纵，提升了时尚的意义。新衣服在很大程度上是为精英阶层保留的，但最贫困的人同样需要穿衣服。因此，有必要针对二手服装进行考察，以理解这种学术研究很少涉及的获得服装的方式。

大规模生产导致了一些问题。它使大多数人得以接触时尚，其出现通常认为可以追溯到19世纪末。但在此之前，女性的劳作不足以满足地中海东岸地区的需求。古罗马体育竞技期间分发的鞋子也证明，生产的合理化组织在当时已经出现。19世纪，时尚表现的特征是强加于人的一种普遍规范、一种外表的同质性，甚至是身体的封闭。越来越丰富的市场供应则催生了个性化。20世纪以来，时尚每20年会发生一次深刻的变化。

20世纪是生产、消费和大众传媒的时代。大众时尚已经成为一种流行的审美形式、一种提升自我价值和自我表达的方式。随着技术进步和材料的完善，人们可以买到更便宜、更舒适、更有吸引力的衣服。虽然20世纪的广告业和时尚营销手段的发展导致了无限的多样化，但其实营销策略在几个世纪前就已经体现在街头、名片或报纸上。更复杂的是，时装业每

10 年会对服装进行一次结构性的调整。[8]

大众传媒使时尚得以广泛传播，它们对想象力的激发则是同质化的。从 20 世纪 20 年代开始，时装杂志和好莱坞电影把时装的样式强加于广大观众。连锁商店和邮购为人们在城镇和乡村地区的自我展示提供了便利。与此同时，商业实践、市场营销和广告的重组巩固了时尚的主导地位。对设计师、时装公司、品牌和强大个性的推崇，让基于质量、风格和个性概念的等级制度延续下来。[9]但这样的例子在 19 世纪和 20 世纪之前也屡见不鲜。根据瓦莱丽·斯蒂尔（Valerie Steele）的说法，克里斯汀·迪奥（Christian Dior）是最后一个通过造型设计彻底改变女性轮廓的时装设计师。[10]她忘记了伊夫·圣罗兰（Yves Saint Laurent，1936-2008）的角色，也忘记了他不断更新的作品。不过，我们必须承认，战后时尚的变化的确是显著的。

今天，时尚的变化看上去相当频繁，可供选择的服装众多。这在一定程度上是事实。然而，个性并不是通过新式服装体现的。服装的结构、剪裁和式样的变化频率并不高——每10 年一次而已。我们必须在新衣服、复古服装和二手服装的组合中寻找个人的表达方式。此外，时尚的规律很容易识别，总是在柔软或硬挺的材料、短或长的镶边、宽或紧的袖子、柔和或耀眼的颜色之间摆动。从一个夏天到下一个夏天，时尚试图彻底改变整个衣橱的意图是众所周知、受到批判的，也是自古有之的。尽管美国作者泰瑞·阿金斯（Teri Agins）宣告了时尚的终结，但也只是在我们所知道的历史版本中。[11]

时尚的变化加速标记出不同的历史时期。超现代主义的特点是"新事物"的泛滥——这里指的是那些看起来新的事物。相反，前工业时代经济和工业经济有一个共同点：时尚是一场激烈辩论的主题，作为众多罪恶的源头被批判和谴责。

015

被控诉的时尚

家具或建筑从未受到像针对服装和人的外表的那种一贯性批评。几个世纪以来，神职人员、哲学家、道德家、政治家和学者都谴责服装和人的外表变革带来的负面影响：虚荣、放荡、欺骗、肤浅、社会等级的混乱或性别的混乱。

消费模式也受到了批评。挥霍无度的人丢弃自己未被磨损但不再流行的物品。轻易就可以买到的衣服成为攻击目标，越来越多的人受到谴责。[12] 早在古希腊雅典，大量购买珠宝的行为就已经受到了严厉的批评。此外，服装与身份的定义相关。女权主义团体强烈反对女人穿高跟鞋，认为这在一定程度上暗示着女性的社会地位低于男性的社会地位。高跟鞋也被视为一种外表欺骗，尽管这种观点并不常见。对女性阳刚之气的解释常常令人不悦……

19 世纪，随着消费的普遍开放，时尚服装成为浪费的同义词。托斯丹·凡勃伦（Thorstein Veblen）以这个论题为中心的著作至今仍被广泛引用。[13] 新兴资产阶级通过奢侈品消费、浪费和休闲活动来显示自己的财富。服装既是这种文化表达的完美载体，也是社会地位的体现。于是，专门用来被浪费的产品变得令人憎恶。

016 凡勃伦认为，人们推崇新时尚是为了脱离前一种时尚的影响，直到后一种时尚也被摒弃。女人的衣服比男人的衣服更能体现这种趋势，因为资产阶级家庭主妇的唯一职责就是证明她们丈夫的支付能力。维多利亚式的连衣裙成为休闲阶层的标志，因为女人穿沉重的半裙、紧身胸衣和带裙撑的裙子是没法干活的。时尚远离了生产体系，后者只为体力劳动者而设。凡勃伦采取理性和功能主义的立场，谴责这些时尚特征，不仅因为它们将女性贬低为男性的个人物品，还因为时尚本质上是非理性和无用的。许多学者也提出了服装改革的必要性。[14]

各种社会运动——其中一些比其他运动更进步——都希望改变人与服装的关系。其中原因可以是社会的、政治的、医学的，也可以是道德的或艺术的。[15]对于改革派来说，紧身胸衣和宽裙撑是一个政治问题，因为它们限制了女性的活动。保守的医学人士也批评紧身胸衣，主要指责它限制了生育能力。还有些人则认为它是一种身体压迫和将女性物化的工具，[16]又或者是一种服务于女性性权力的工具。[17]然而，穿着紧领衣、马甲和紧身夹克的男人也同样受到了批评。约翰·卡尔·弗洛格尔（John Carl Flügel）认为这种服装是不理性的，因为它以"非自然"的形式改变身体，并紧跟时尚的疯狂节奏。[18]

一些批评在19世纪之前就已经存在，现在仍然存在。有的知识分子指出，服装是一种丑陋而非理性的东西。让·鲍
017 德里亚（Jean Baudrillard）谴责时尚体系，因为真正的美不

应该与周期、季节和趋势联系在一起。如果说美是衣橱的一部分，那么它所扮演的角色恰恰应该是终结时尚。时尚的搞怪、无用和荒谬是美的对立面。[19]鲍德里亚还认为，在时尚界，美是"不可接受的"，因为它将结束变化，而变化则是对美的"彻底否定"。

伊丽莎白·威尔逊（Elizabeth Wilson）反对凡勃伦和鲍德里亚，他指责他们不理解快乐，他们的话语建立在一些主观信念的基础之上，比如无用、肤浅或浪费。威尔逊坚称："时尚行业是完全理性的。"[20]此外，两位知识分子想知道时尚为什么会变化，并假设追求时尚是对美的追求。这种对时尚变化原因的反思丝毫没有考虑到快乐这一因素，从而使他们的论证彻底成为伪命题。威尔逊认为他们过于武断，并且无法理解时尚的暧昧和矛盾，更不用说理解它带来的乐趣了。[21]

让我们补充一句，服装是身份的一种体现，这让那些谈论它的人感到不安。对这个论题的考察不可避免地涉及私密、性和道德。服装紧贴皮肤和身体，它让人想到自己的肉体。知识分子对时尚史的冷漠态度妨碍了对时尚史的研究，继而影响了对一个无处不在的领域的理解。大多数人仍然认为女性更喜欢购物——尤其是冲动型购物，更喜欢装饰自己的房子，在面对广告商的欺骗时表现得愚不可及。因此，她们被看作只知东施效颦的"时尚受害者"，在道德上更容易受到谴责。服装被赋予的低下地位也与社会对女性、设计师、同性恋、神经质的人的批评相关。

大时代的画卷

欧洲最早出版的时尚书籍可以追溯到文艺复兴时期。1520~1610年，德国、意大利、法国和荷兰出版了200多本关于服装的著作。这些著作是为富裕阶层消费者设计的，由版画和描述当时服装的短文组成，通常用拉丁文写就。人们对服装的好奇心也体现在对"他者"的服装——异域服装的探究上。关于秘鲁人、美国人和非洲人的出版物既体现了欧洲人对异国情调的兴趣，也体现了欧洲人的无知。由此，想象中的野蛮人形象与文明贵族的奇特爱好形成了鲜明对比。1760~1830年，富裕阶层消费者的兴趣促使服饰类出版物成倍增加，印刷技术的进步使画师的工作变得更加便捷，特别是创作石版画。19世纪的浪漫主义导致了大量编年史的出版，这些编年史大多是幻想和怀旧的。托马斯·杰斐斯（Thomas Jefferys）雄心勃勃的四卷著作涵盖了整个已知的古代和现代世界。这类出版物现在已经不流行了。然而，杰斐斯当时已经对研究服装表现出了兴趣，意识到时尚是一种"对欲望的激发"[22]。欲望绝不仅仅是第一次工业革命或消费社会的标志，它似乎是服装自古以来的驱动力和"界定者"。

对过去的怀念在18世纪下半叶的著作中表现得尤为明显。人们对古希腊和古罗马服装的迷恋，促成了许多出版物，包括米歇尔-弗朗索瓦·丹德尔-巴顿（Michel-François Dandré-Bardon，1772）撰写的《古代服装》。接下来的新古典主义时尚部分源于这种对古文明时代的回归。新哥特风格激发了欧洲人对中世纪服装的兴趣。精确和科学感成为当时的潮流，作者们在为裁缝、设计师、艺术家、建筑师和业余爱好者写下的相关书籍中，特别强调了哥特式服装"正宗"的细节。这些对历史时期的幻想一直持续到了 20 世纪，这一时期的出版物的作者们已经理解了时尚和生活方式之间的联系。艺术家兼收藏家约瑟夫·斯特拉特（Joseph Strutt）将自中世纪到 17 世纪英国的社会风俗、武器、服装和生活习惯相融会，提供了一个全面理解作为一个民族的英国人的视角。[23] 如果把文学作品和手稿结合起来，研究的结果就会因为研究者对类别化倾向和对文明进程的执念而出现偏差。

时尚和东方的碰撞塑造了一段热烈而充满激情的历史，这源于人们对异国情调和幻想的热爱。这个梦幻中的东方有它自己的地理轮廓，覆盖了土耳其、阿拉伯半岛、印度、中国和日本。自古文明时代以来，它就激发着服装生产者的想象力。缠头布和中国风在 18 世纪之前已经出现在人们的衣橱里。此后，工业化令东方风潮得以传播到欧洲宫廷之外的地方。西方与这些着装迥异的外国人或曰"他者"的关系呈现两种不同的面貌：不信任是肯定的，因为异域与本土之间的巨大差异令人感到恐惧，但它同时充满诱惑力，甚至令人沉迷。威廉·米勒（William Miller）的《中国服饰》出版于 1800 年，1805 年再版并加入了威廉·亚历山大（William Alexander）的插画，后者是马嘎尔尼伯爵（Macarthy）① 赴清廷使团的画师，而这本

————————

① 此处应为 Macartney，原作者标注有误。——译者注

书只是展示欧洲人对东方服饰强烈兴趣的无数例子中的一个。土耳其元素被反复运用，埃及元素被再加工，印度女性则被赋予性意味。时尚的灵感来自人们内心最深处的那些幻象。15世纪以来，世界版图的扩大为人们品位的变化提供了契机；与此同时，欧洲社会从未停止提供设计灵感。

与像闹革命一般嘈杂、散发着恶臭的炎热城市的发展形成鲜明对比的是宁静的欧洲乡村景象。从 19 世纪初开始，对欧洲农民服装的描绘就出现在书籍中，并影响了时尚潮流。随着欧洲乡村的发展，乌托邦和浪漫主义出现：衣着别致的农民散发着健康的朝气。当然，这些书也反映了帝国主义的偏见和性别歧视。1804 年奥地利王室世袭领地的服装展示了来自中欧、南欧和东欧的浪漫温柔的乡村女性形象。无论从文字描写还是视觉效果上，这些欧洲女性的形象都与穿着波兰长裙的犹太女性形象形成了巨大的反差。反犹太主义在衣橱里得到了体现。总的来说，受到殖民主义和新兴的民族学的影响，地方主义在 19 世纪占有一席之地，并确立了关于服装的地方性习俗。[24] 与此同时，学者们编造了一个关于"完美法国"的顺理成章的、渐进的历史。

从 19 世纪 20 年代到 30 年代开始，关于法国服装史的优秀作品数量激增，引人注目。卡米尔·博纳尔（Camille Bonnard）编纂了一部经典作品集，对 19 世纪下半叶的服装史研究产生了重大影响，尤其是奥拉斯·维耶尔-卡斯泰尔（Horace Viel Castel）的作品。[25] 时尚史学家詹姆斯·拉弗（James Laver）说得很对：这些书的内容"精彩而丰富"。然

而，这些综合性著作都是描述性、漫画式和平铺直叙的。直到
心理学、哲学和社会学发展起来，时尚写作才真正发生了　021
变化。

学科的艰难建设

凡勃伦的《有闲阶级论》（1899）从根本上改变了英国
人。然而直到 1970 年，这本书才被历史学家雷蒙·阿隆
（Raymond Aron，1905-1983）翻译成法语，[26] 法国的时尚历史
在这本"里程碑式"的著作里鲜少被提及。与此同时，哲学
关注文化意义，但这些分析在时尚史领域几乎被忽视了。在
20 世纪的前 30 年里，出版物总是以线性的方式阐述从史前到
启蒙运动这段历史，研究角度与 19 世纪几乎没有差别。追求
全面性是对时尚的一种错误理解。勒内·科拉斯（René
Colas，1933）所著的《服装与时尚》中的参考文献尤其能说
明问题。作者是按照时间和地理顺序组织他的参考文献的。在
这类作品中，转变和变革的动力难以被察觉，这让人相信欧洲
正在向其他地区输出"良好"的行为、服装和基调，文明使
命受到极大的重视。然而，有三项研究在很大程度上被忽视
了，而它们恰恰建立了关注物品的分析方法。

1904 年，伊丽莎白·麦克莱伦（Elizabeth McClellan）以
一种完全不同的方式对服装进行研究并且完成著作。这项研究
主要围绕居住在北美洲的西班牙人、法国人、英国人、荷兰
人、瑞典人和德国人从 1607 年到 1800 年的服装。[27] 这项几乎

没有争议的研究从很多角度来看都很出色。一方面，该著作打破了男性对时尚写作的垄断；另一方面，作者的研究对象是物品，这些"过去时代的文物被保护并传递到我的手中，让我得以完成这本书"。对麦克莱伦来说，这些物品都是"关于这个主题的真正'历史文献'[28]"。麦克莱伦不仅关注精英们的服装，还关注日常服装尤其是工作服。此外，画家塔尔伯特·休斯（Talbot Hughes，1869-1942）研究的重点集中在匠艺制品、服装和配饰上。1913年，休斯的私人收藏在伦敦维多利亚和阿尔伯特博物馆（Victoria and Albert Museum）展出。作为一名风俗画和肖像画家，他对服装的兴趣首先服务于自己的创作。他把研究成果写入《服装设计》[29]一书中。休斯对16世纪到19世纪70年代的服装进行了精彩的综述，同时非常注重服装的细节、纹样和剪裁。[30]最后，研究社会历史的伦敦博物馆服装部的第一位策展人塔拉萨·克鲁索（Thalassa Cruso，1909-1997）提出了一种新颖的分析方法。作为一名考古学家和伦敦经济学院的毕业生，她将物品放置在其经济和社会背景中进行研究。1933年，伦敦博物馆的第一册目录就展示了她对服装、生产和消费的兴趣。[31]上述研究在很大程度上被忽视了，但新兴的学科很早就对时尚产生了兴趣。格奥尔格·西美尔（Georg Simmel）的著作标志着时尚正式成为社会学研究的主题。

西美尔在他的随笔集《时尚哲学》（1905）中将这一主题带入社会学家的视野。在他看来，社会功能是时尚的本质，通过模仿，时尚使人的外表标准化。为了被识别，你必须模仿他人。对归属于某个群体的渴望决定了服装的选择，这是一种对新身体的构建。西美尔研究的核心是下渗原则（自上而下模式），即着装规范如何从富裕阶层影响到下层阶级。然而，被复制的上层阶级正在以越来越快的速度更新他们的衣橱，以避免与模仿者之间的相似性。20 世纪 20 年代，作为第四种方法，心理学为时尚史研究提供了"养分"。

023

服装心理学引发了关于服装和时尚功能的新争论。纽约的弗兰克·阿尔瓦·帕森斯（Frank Alvah Parsons，1868－1930）在 1920 年出版的《穿着心理学》[32] 一书中讨论了这个问题。此外，约翰·卡尔·弗洛格尔在 1930 年出版的专著《服装心理学》[33] 中，对衣服作为一种身体形态的心理维度展开了分析。对他来说，衣服是身体的延伸：暴露给外界的"织物的身体"掩盖着"生物的身体"。弗洛格尔还指出，19 世纪，男性身体完全退出公共视野，让位于女性身体。男性身体停止裸露是西方人身体行为方式的一个转折点。在英国，服装历史学家将时尚史视为一个完整的社会事实。

由此，三种研究方法在 1933 年正式建立起来：略偏向社会史的描述性方法、博物馆领域将物品作为焦点的研究方法，以及以男性专家为主导的更加个人化的理论性研究方法。这些方向互异的研究方法牢固地存在了 50 年。

在弗洛格尔的影响下，维多利亚和阿尔伯特博物馆的绘画馆馆长詹姆斯·拉弗与医生塞西尔·威利特·康宁顿（Cecil Willett Cunnington）倾向于从女人、风格和性的角度来研究时尚。[34] 从 1931 年到 20 世纪 60 年代末，他们出版了大量畅销书，扩大了时尚史的读者群。拉弗解释了历史学家的难处：时尚史领域被认为是无用的、短暂的和不具有文化价值的。它是 024 "一种精神上的风信旗，让人们看到转来转去的风向"[35]。拉弗了解创意和商业过程，对社会历史表现出浓厚的兴趣，对历史模式也有深入的了解。他通过演讲、广播采访和电视节目变得很受欢迎。康宁顿则创造了一种基于物品的持久研究。他还撰写过一些关于女性购物及其动机的专著。[36]

　　沿着麦克莱伦和克鲁索的思路，历史学家继续发展基于物品的研究方法。20世纪50年代，多丽丝·兰利·摩尔（Doris Langley Moore，1902-1989）将她的服装藏品交给巴斯服装博物馆（Museum of Costume de Bath）保管，并出版了今天仍鲜为人知的两本书。[37]实验性方法在她的研究中占有重要的地位，比如，她让一位模特穿上1800年的衣服，并且如实还原了当时的发型和装饰。今天，从文物保护的角度来看，这种方式是不可想象的。尽管如此，她的研究还是成功驳斥了一些流传已久的说法：透明的女装、过小的尺寸……兰利·摩尔还抨击了弗洛格尔和康宁顿的某些主张：女性的性欲不能被视为购物的动力。她检视社会和文化习俗，从而避免笼统地谈论阶级差异。[38]第二次世界大战之后，普拉特·霍尔服装艺廊（Platt Hall Suit Gallery）的策展人安妮·巴克（Anne Buck）提出了一种细致的服装分析方法。她对博物馆学和文物保护做出了特别研究。通过将文物视为档案，巴克推广了优秀的分析实践方法。

　　诺拉·沃（Nora Waugh）延续塔尔伯特·休斯的工作，

研究她在伦敦中央艺术与工艺学院（Central School of Arts and Craft）所教授的服装剪裁和缝纫。这种研究方法是基于物品的，但可能缺乏概念化。珍妮特·阿诺德（Janet Arnold）对这一方法进行了更深入的研究，她经常受邀前往大西洋两岸修复受损的服饰，或为满足电影和戏剧的需要还原历史服饰。

1908～2020年：新角度

时尚史的重大变革始于20世纪80年代，时尚史开始进入大学，并在伊丽莎白·威尔逊的笔下成为出色的研究主题。[39]对女性服装的研究逐渐过渡到穿衣的乐趣。文化和性别研究对此产生了重大影响。1997年，科学期刊《时尚理论：服装、身体与文化学报》（简称《学报》）诞生。《学报》由纽约时装技术学院（Fashion Institute of Technology，FIT）院长瓦莱丽·斯蒂尔担任主编，是对着装身体进行批判性分析的主要参考期刊之一。

旧的方法并没有消失。彼时的讨论重点与理论研究截然相反，将匠艺制品作为研究对象。[40]博物馆也在北美和欧洲举办了重要展览。20世纪90年代，得益于大都会艺术博物馆（Metropolitan Museum of Art）的理查德·马丁（Richard Martin）和哈罗德·科达（Harold Koda），以及维多利亚和阿尔伯特博物馆的克莱尔·威尔科克斯（Claire Wilcox）的努力，很多展览目录成为重要的参考资料。然而，时装业尤其是跨国公司与博物馆之间的联系引发了许多争论。事实上，为了获得必要的经费支持，博物馆变成了商业广告的载体。

　　"概念时尚"的出现在卡罗琳·埃文斯（Caroline Evans）、詹妮弗·克雷克（Jennifer Craik）和克里斯托弗·布里沃德（Christopher Breward）的作品中引起了新的讨论。《时尚理论》杂志也是参与这些讨论的先锋媒体。布里沃德强调了时尚的自我构建功能："展示服装比出售它们更重要。"[41] 设计师们激进的概念性作品更加关注性别、等级制度、品位差异和 T 台展示。时尚首先代表一种态度，而不是日常可以穿的衣服。2003年，卡罗琳·埃文斯在《边缘时尚》一书中解释说，20 世纪90 年代的时尚成为一种"使当代文化病态化"的工具，并体现出"异化和虚无主义"的特征。时尚已经成为"一种宣泄、哀悼和适应策略"。它揭示了市场经济的阴暗面、社会控制的放松、风险和不确定性的增加，而这些都是现代性和全球化的基本要素。对埃文斯而言："20 世纪黑暗的历史似乎终于追上了时尚设计。"[42] 詹妮弗·克雷克强调时尚的不稳定性，[43] 她提出的系统二元论值得商榷，但她的研究打破了偏见并抨击了陈词滥调。比如，她将"年轻"与"年龄"区分开来，在"女性化"的概念旁边并置"男性化"的概念，在性别区分的概念之上加入双性性格的概念，并提倡包容性、反对排他性。她的结论是，为了理解时尚系统，必须将它当作一种通过服装、配饰和动作构建自我的方式来分析。时尚有助于缓解冲突和模棱两可的态度带来的问题。

　　丹尼尔·罗什现在是法兰西学院启蒙时代历史研究部门的主任，他向世界讲述了法国服装的历史。他的作品《外表的文化》引领读者进入 18 世纪人的衣橱。[44] 罗什的研究特点在于将服装视为一个完整的社会事实，从而使我们有可能回顾经济、社会和政治的历史。在英国，赫特福德大学（University of Hertfordshire）教授约翰·斯泰尔斯（John Styles）专注于平民的服装。这种"自下而上"的历史研究依赖于斯泰尔斯对纤维和纺织品的广博知识。与罗什一样，斯泰尔斯的历史研究方法揭示了着装策略、工业化的兴起和对外表的追求。

英国华威大学（University of Warwick）的马克辛·伯格（Maxine Berg）和乔治·里耶洛（Giorgio Riello）的研究都是从全球经济的角度展开的。他们的方法特别有效。[45] 研究对象不仅包括服装，还包括可移动物品。时尚研究的年表延伸到了资本主义初期。对从 15 世纪到 21 世纪这段漫长历史的研究只能依靠研究群体合力完成。于是，最优秀的专家被召集起来，发掘业内人士（从工匠到制造者）的策略、全球化崛起的背景，以及时尚这个无处不在的领域的经济和社会影响。

时尚的历史融合了心理学、技术史、经济学、社会学、物质文化和文化研究的批评方法。时尚本身是这些方法论的研究核心，它们相互补充，巧妙地将研究对象和理论结合起来。时尚已经成为当代社会的一种基本文化纽带，但它永远在制造着欲望。这就是我要讲的故事。

第一部分

时尚的黎明

第一章　古希腊的服饰

"时尚"是一种社会文化现象，其特征是某些风格在有限的时间内被采纳。古文明时代的变化是缓慢的，同一种风格可以持续数百年；传统仍然是这些社会类型的规范，因此我们不能以工业社会的标准来判断当时的社会变化速度。对这个时期的研究收集到的线索往往是碎片化的，并且通常来自一个受到教化的精神世界。但它们足以帮助我们了解当时人们对服装的态度。

古文明时代很容易分析，因为苏美尔人、巴比伦人、亚述人和埃及人为我们留下了不少文物——小雕像、织物或珠宝，以及体现组织形式和外表等级制度的文字痕迹。古埃及干燥的沙漠气候使许多物品（如纺织品、服装和配饰）得以被保存在坟墓中。关于这些古代文明的书面记录虽然会在语义层面上引发争论，但其优点是揭示了服装和配饰的规范、文化态度和价值观。毫无疑问，涉及古希腊世界的资料是最完整和最容易获得的。这就是为什么虽然我们将在第一章提及美索不达米亚或埃及，但主要内容还是集中在古希腊人的穿着上。罗兰·巴特早就提出：服装是一种建立在正式和有组织的体系之上的语言。[1] 服饰是个人在集体规范之上进行的选择，它反映了一种经济和生产体系、一个时代特有的社会和道德价值，以及这个社会的技术手段和商业关系。

穿衣：平等、中立与价值

在《雅典的收入》（*Poroi*）一书中，色诺芬（Xénophon）（公元前 430 年至前 355 年）把好看的衣服和黄金首饰归类为"多余的物品"，就像漂亮的房子和家具一样。长期以来，对希腊服装的研究一直受到这种评价的影响。因此，衣服看上去似乎表明穿着者是"平等的，乍一看既不反映社会地位，也不反映年龄"。这种中立视角后来得到了重新评估。[2] 服装很好地显示了年龄、性别和穿着者所属的社会群体，同时将人与神区分开。服装与裸体一样，在公民与女人、外国侨民、奴隶和柏柏尔人之间划清了界限。不过，在详细解释服装的这些含义之前，有必要按照时间表阐述服装所经历的主要变化。[3]

古希腊的历史通常分为古风时代（公元前 800 年至前 500 年）、古典时代（公元前 500 年至前 323 年）和希腊化时代（公元前 323 年至罗马人吞并希腊）。从公元前 5 世纪开始，服装发生了重大变化。更早时期的信息缺损影响了我们的理解，比如希腊雕塑的褪色，给人一种一切皆为白色的印象。希顿袍（chiton）是男人、女人和儿童服装的基础。它看上去变化不大，但其剪裁、形状和系结方法都随着时间的推移而改变。长方形的布被纵向折成两半，围在手臂下方的身体周围，一边折起来，另一边打开边缘。布块的上半部分越过一侧肩膀统向后背，两个角被别针固定好，然后另一侧肩膀重复相同的操作，最后在腰部系上腰带。事实上，正是方形布料的平淡无奇激发出了这么多变化。通常情况下，布块的上部边缘被折叠成一个装饰物，褶皱有宽有窄，腰间的皮带或布带上也有一些装饰物，通常系得比较高。

在古风时代，这种袍子被称为 chitoniskos 或多里克式①帔络袍（péplos dorique）。它是由羊毛制成的，贴身穿着，剪裁样式较短，袍子底边差不多到男性的大腿处。女性穿的多里克式帔络袍则拖到地上，用一把匕首形状的长条装饰别针固定。从新石器时代（公元前 9000 年至前 3300 年）开始，由兽骨、鱼骨、植物或动物材料制成的精致别针就被用来固定衣服。苏美尔人早在公元前 5000 年就使用铁和骨头制成的别针，富有的古埃及人的别针则用嵌饰过的青铜制成。人们在这一时期的墓中还发现了纽扣。帔络袍最终被爱奥尼亚②式希顿袍所取代。后者用轻质羊毛或亚麻制成，被穿着时堆出数量不等的褶皱，穿好后再搭配披肩或其他配饰。显然，潮流总是在不停变化。

033

到了大约公元前 500 年，袍子变得更窄，仅用一个装饰别针固定在肩膀上（这种别针很像现在的婴儿别针或安全别针，之后的罗马人称之为"fibulae"，这个词现在用来指代大多数古代别针）。这一时期，人们主要使用羊毛、亚麻和丝绸。与之前的历史时期相同，个人化的表现反映在腰带上，或者在袍子之外披上羊毛、亚麻或丝绸制成的披肩。[4]

---

① 多里克式是古希腊多里安人袍子的传统样式。——译者注
② 爱奥尼亚地区是古希腊时代对今天土耳其安那托利亚西南海岸地区的称呼，即爱琴海东岸的希腊爱奥里亚人定居地。——译者注

公元前 300 年到前 100 年，希腊化时期的希顿袍变得更轻盈，腰带系在胸部之下。正是这种装束的线条启发了 20 世纪文艺复兴艺术所谓的古典风格。长度仍然是男女服装的主要区别。当然，袍子也反映人的经济地位。穷人穿一种被称为"exomis"的希顿袍，把简单的长方形布料系在肩膀上，露出一只可以自由活动的手臂便于工作。我们还注意到这一时期服装的特殊性，特别是雅典文化中的"波斯化"现象。精英们用东方元素彰显自己，并借此强调与他人的不同。古希腊花瓶和浮雕上的形象证实了这一假设。这些形象不仅证明了性别或阶级认同，而且证明了民族身份的确立。雅典公民拥有自己的公民形象和英雄形象范式，他们的文化接受能力显示出了他们的优越性。

上述变化的原因引起了研究者的兴趣。就波斯化而言，古典时代雅典和波斯之间的关系为当时人们发现东方物品的魅力创造了条件。希罗多德（Hérodote）用一个故事来解释从多里克式到爱奥尼亚式希顿袍的转变：一位穿着多里克式袍的妇女用匕首形状的别针刺伤了一名带来雅典人战败消息的信使，引起了长袍样式的改变。不论我们是否相信希罗多德的故事，多里克式希顿袍在公元前 550 年前后确实被爱奥尼亚式希顿袍取代了。人们穿爱奥尼亚式希顿袍时，用很多小夹子夹住布料，把袍子整个搭在肩膀和两条手臂上。5 世纪末，身体美感和平等观念等精神理想的出现再次推动了服装的改变。希罗多德描绘的世界成为遥远的历史，服装早已成为一种身份认同的沟通工具，显示了人们的社会地位、政治地位和公民理想。

一些配饰也成为时尚的载体。人们在埃及古墓（公元前2886年至前2160年）中发现了皮包，它们被设计成用棍子挑着的样式。但在古希腊，包袋的普及与社会的货币化同时发生。这些包袋被放置在长袍的褶皱里，但它们似乎并不是当时服饰的重要组成部分。历史学家通常认为帽子是文艺复兴时期开始流行的一种时尚单品。然而，我们该如何看待克里特岛彩陶女性人偶所戴的头饰呢？小雕像的头部装饰着扁平的帽子、用花环装饰的三角帽、卷曲的羽毛和丝带。古典时代花瓶上的希腊女性的各种形象——将头发盘到头顶，用发带或发网包起来——也清楚地展示了帽子的早期个性化阶段。

服装经济与生产

关于服装和外表的经济学有三个不可分割的必要元素：生产、成品和分销。虽然古文明时代的时尚潮流无法与现代的时尚活力相比，但当时的服装经济已经有了专门的销售场所、不可或缺的制作工具、相关的习俗以及本地与遥远市场之间的贸易联系。对外表的重视则更是自古有之。

035

在俄罗斯北部，考古学家在一个可以追溯到公元前2000年的古墓里发现了一位穿着嵌有象牙珠的衬衫和裤子的年轻男子。这些手工制品展示了早期的技能。象牙珠的成形、钻孔和绣嵌需要材料、工具、熟练的手工技能和实践经验。很可能手工团队中只有一个人掌握这些技能，其他成员则有些专门处理皮革，有些负责拼缝衣服或做收尾的工序。这种专业分工显示这位年轻人受到了极大重视，毫无疑问出自名门。其他例子表明，服装经济属于成品或半成品远途贸易的范畴。中国丝绸、尼罗河流域的亚麻、印度河上的棉花和美索不达米亚羊的羊毛在古文明时代就是参与交换的商品，尽管这些商品的运输尤其是海上运输充满了危险。著名的贸易中心正在形成，它们通常围绕着拜占庭或西西里岛这样的政治中心，[6]这些地方对奢侈品的需求量很大。商品的交换过程是通过经验丰富和富有能力的劳动力实现的。

珀涅罗珀（Pénélope）的故事①使人们认为纺织是女性的专职工作：妇女整日满足于平静的纺织活动，同时管理着仆从们。因此，古希腊语中的"家"（oikos）实际上是一个加工原材料的家庭经济单位。早在古风时代，花瓶上的图案就已经展示了人们在屋檐下纺线、织布和缝衣的场景。妇女的墓中放着纺纱杆或纺锤。此外，公元前5世纪的《格尔蒂法典》②（Le Code de Gortyne）规定妇女与丈夫分手时，可以获得她所生产的一半织物。

古希腊生产的羊毛在地中海地区广泛销售。但早在公元前6世纪，亚麻就被普遍使用，最初可能来自埃及和小亚细亚有希腊人定居的爱奥尼亚地区。后来，丝绸从中国和波斯传入科

---

① 珀涅罗珀是《奥德修记》中奥德修斯的妻子，品德高尚，忠于爱情。其夫离家出走的20年里，她想尽办法拒绝当地贵族的求婚，其中一个计谋是声称要织完一件织品后才可以完婚，但她白天织多少，晚上就拆多少，所以织品永远无法完成。——译者注
② 《格尔蒂法典》是古希腊留存下来的唯一一部完整的法典，也是欧洲第一部法典。——译者注

斯岛，尽管衣服很少由纯丝线织成。亚麻线和丝线的结合使用
不但降低了制衣成本，而且有装饰效果。考古人员在女性宗教
祭礼的举行地——布劳伦圣所①发掘的衣物，显示了当时人们
对服装的理解和态度：服装的样式、颜色、装饰和材料都是经
过精心挑选的。当时还没有缝纫手册，但这些制作精良的衣服
在样式和大小上非常接近，甚至完全相同，这表明在妇女们做
活的地方，知识和技能得到了口口相传。

　　交流的增加产生了建立工坊的需求，以适应不断扩大的市
场。从古风时代开始的高档男性服装的进口也展示了精英阶层
的一种新的生活方式。这种生活方式的必然结果是，家庭作坊
中女性纺织工作的价值被贬低，女性自此需要依赖男性来证明
自己的价值和地位。[7]最后，为贸易而生产的产品由专门的工坊
制造，这些工坊是贸易顺利进行所必需的基础设施的一部分。

　　港口和市场是历史学家研究的重点，它们是商业的中心、
远途贸易的支柱。随着古风时代殖民活动的推进，地方和区域
贸易在城邦广场集市、祭典乃至伴随商品交易会的大型宗教节
日的基础上发展起来。国际贸易以爱琴海为中心，覆盖了从伊
比利亚半岛到黑海、从高加索到埃及的广阔地域。港口有三个
功能：装卸船舶、储存过境货物和周转用于本地贸易的货物。
比雷埃夫斯港和伯罗奔尼撒的科林斯港所在城邦的发展，特别
是自古风时代以来这些城邦与意大利的联系，使这些港口变得
非常重要。港口基础设施的完善与贸易发展同步。通过斯特拉

———————————

　　①　布劳伦圣所为阿尔忒弥斯神庙所在地。——译者注

邦和西西里的迪奥多，以及比雷埃夫斯和塔索斯的考古遗迹，我们看到，5世纪还呈现简陋面貌的基础设施，在下一个世纪便得到了专业化的发展。技术进步还影响到仓储设施，这无疑要归功于亚历山大城的工程人才。随着交通和贸易的发展，出现了专门负责港口市场的商业和财政官员。他们为交易提供担保，充当买卖双方的中间人，控制测量工作，征收港口税。市场检查员在港口负责监督货物向本地集市的发送。船主也可以买卖货物。零售店也许赚不到大钱，但买家和船主变得更富有。港口的私人银行为初期的海上贷款业务提供担保，以抵御海难和海盗的风险。[8]

038　城邦是古希腊的经济中心。它们不同于农村地区，也不同于偏远的边缘地区。公民在城邦中拥有权力，但这一群体不包括年轻人、外国人、妇女和奴隶。然而，城邦拥有一种超越管理者和被管理者地位的公共权力，它的支出和收入由全体成员控制。司法机构具有管控职能，以控制市场、惩罚欺诈行为。实际上，城邦具有多种面貌，但不容置疑的是，城邦成员通过他们的政治权力对经济产生影响。由此，服装经济的框架在古典时代的城邦中开始形成。希腊人十分重视组织可靠的产品分销渠道。服装零售商负责进口商品的运输和零售，裁缝店则更接近客户而不是原材料。劳动力并不局限于家庭。客户分为本地客户和国际客户两种类型。根据考古学的发现和阿提卡演说家的演说词，从4世纪开始，就有家庭房屋被改造成裁缝店，并成为城市景观的一部分。

然而，手工艺行业活动是不被鼓励的，因为这种活动会让身体变得弱不禁风。色诺芬甚至希望禁止公民从事手工艺工作，就像斯巴达和底比斯的情况一样。不过，对于奢侈的手工艺品来说，"本地特产"的概念已经出现了，这类商品有可能成为远途贸易的对象，是一座城邦的骄傲之源。服装生产技能在当时已经得到了很好的掌握。由植物和矿物制成的染色剂反映了工匠们对服装丰富效果的追求和真正的技术控制。紫色特别受欢迎，这种染色剂来自甲壳类动物。染色、漂白和其他一些工艺需要特定的设施，这些工艺过程会产生有害的蒸汽，所以不能在家里进行。娴熟的技术也可以从刺绣图案和纺织的质量中看出。一些带褶皱的服装表明，女性工匠在工作中会使用某种设备来保持服装的平整，很可能是一种热压装置。[9]

039

伯罗奔尼撒战争（公元前 431 年至前 404 年）改变了劳动力市场。此后，一些妇女成为丝带商人，就像著名演说家德摩斯梯尼（Démosthène）的母亲那样。在希腊化时代，更加精确的文字资料表明妇女的控制权正在逐渐形成，她们争取到了更多管理自己财产的权利。从古典时代到希腊化时代的过渡伴随着手工业的蓬勃发展。皮匠出身的克里昂（Cléon）在公元前 420 年进入政治阶层。市场集中着零售商、裁缝、丝带匠人、皮匠、调香师、理发师和修容师，他们都是行会的成员。色诺芬在《回忆苏格拉底》（Les Mémorables）中写道，苏格拉底（Socrate）曾建议雅典的名流们建立纺织作坊，并雇用他们的亲戚的妻子。服装的生产是有组织的，以满足身体各部分的需要。然而，人们要时时注意节制，以免引发过激的情绪。

情感：诱惑的度量

　　虽然当代社会学家广泛研究了服饰语言与情感之间的联系，但对古代社会的研究很少涉及这种联系。[10] 困难在于，生理投射到心理，具体投射到抽象。虽然具体事物具有普遍性，但为了分析心理，我们必须仔细地还原情感所发生的背景。情感源自习惯性态度的失灵，[11] 这就是为什么它会引起积极或消极的反应。人们面对不同的外表时，需要对这种失灵进行度量。情感通常源于诱惑，无论是被过度诱惑还是因为诱惑缺失而感到被忽视。

　　穿衣打扮既是一门艺术，也是一种技术和知识，它构建身体并将之置于他人的目光之下。因此，服装是高度社会化的，被他人评价、欣赏或贬低。人们给他人分类，强调他人的优点或指出他人的缺点。着装方式在很大程度上是由社会规范决定的，这些规范决定了什么样的衣着符合标准、什么样的不符合标准。如果女性的衣着与城邦和家庭的特点相符合，她就被认为是美的。女人还必须通过得体的服装来体现世界的美。如果一个女人的衣着不合乎规矩或不够节制怎么办？在这种情况下，她会被指责为出卖肉体的淫妇或娼妓。城邦定义了约束个人行为的规范。在 7 世纪的罗克里斯，扎莱乌库斯（Zaleucos）对公民妻子的出行施加控制，并要求她们穿着特定的服装以区别于娼妓。带刺绣的、紫红色的、过于鲜艳的衣服以及珠宝首饰都是道德败坏的勾引者的服饰。这一评判同样

（左侧页码）040

适用于佩戴黄金饰物和身着华丽衣服的男人，他们是不可能成为可敬的公民的。这些服饰被人指责，尤其给人不体面的感觉。在所有人的眼中，它们是城邦缺乏节制、出格甚至混乱的标志。

　　公元前5世纪的画家梅迪亚斯（Meidias）绘制的带有人形图案的红色阿提卡珠宝盒或胭脂盒向我们展示了关于装扮的正确和错误行为。这个珠宝盒装饰画中的女性都穿着长袍，戴着发冠、头巾和珠宝。一个女人在系她的凉鞋鞋带，其他人递出或接过一条珍珠项链。这个场景描绘的不仅仅是一次简单的梳洗打扮过程。在一辆双轮马车后面，阿芙罗狄蒂（Aphrodite）穿着一件系腰带的希顿袍，用发带把头发绑在头顶上。她戴着手镯、耳环和珍珠项链。在女神面前，波托斯（Pothos，代表欲望）和埃多洛斯（Êdulogos，代表温柔的语言）穿着凉鞋，长长的头发装饰着花环。厄洛斯（Eros）是一位享有特权的人物，他创造和传达美，同时散布诱惑和欲望。然而，正如弗洛伦斯·格尔恰诺克（Florence Gherchanoc）所解释的那样，阿提卡珠宝盒上的装饰画唤起了美丽、幸福、游戏、秩序、健康、欲望、诱惑和愉快的话语。[12] 没有混乱或秩序的崩溃，一切都很和谐。从古风时代到希腊化时代，诗人、历史学家和立法者非但没有否认女性的美，反而把它视为女性身体及其光辉的自然延伸。然而，从快乐到狡黠再到威胁，它们之间的界限是模糊的。因此，我们必须在适度的前提下享受这种快乐。毕竟是诸神给女人穿上了衣服。

　　公元前8世纪，在《神谱》（*Théogonie*）中，赫西俄德

041

（Hésiode）描写了一个女人——潘多拉，她没有实在的肉体，仅由首饰和衣服勾勒出外形。服饰让人们拥有美丽的外表。潘多拉是按照宙斯的指令，由赫菲斯托斯塑造出来，然后由雅典娜装扮的。

> （雅典娜）给她穿上一件白色的长袍，然后给她系好腰带……她给潘多拉罩上一层刺绣精美的薄面纱……潘多拉的头上戴着一顶金冠，这顶金冠是由跛足神（赫菲斯托斯）亲自锻造的：上面点缀着无数彩饰……熠熠生辉的金冠散发着无尽的魅力……

古希腊语"kosmos"这个词既指服饰，也指秩序，完美地表达了潘多拉以诱惑为目的的着装。故事里的女性既是年轻女孩，也是仙女和优雅的妻子，为结婚而生。事实上，在婚礼当天，仙女们被打扮成"情欲的载体"，暴露在每个人的眼前，尤其是在用餐期间和婚礼游行中。她们必须激发人们的欲望，没有这种欲望，就不会有性吸引。她们的体香和美貌相融合。明亮华丽的衣服面料令"女人感到自己的性吸引力更强了"。潘多拉矫情而造作（被强迫的?），是刻板的女性形象的复制品，她激起情爱的渴望，并对自己应该扮演的角色了然于心。[13]

事实上，在古希腊的家庭内部，一位好妻子应该是一个有魅惑力的女人，但她在外面必须穿得节制低调。对已婚妇女来说，吸引力是最重要的，年龄与之相比无足轻重。阿里斯托芬

（Aristophane）在他的喜剧中描绘了她们的形象。在家里，女人穿着敞开的背后染成藏红花色的长袍，不把长袍缝起来也不系腰带，脚下穿着轻便的鞋子。奥维德（Ovide）也指出，化妆和下体脱毛对古希腊的妻子来说是必需的。[14]

简言之，在私人领域，妻子在性方面必须随时处于待命状态。诱人和性感的身体装饰是必要的，以证明她的性可用性。要拥有这样一个令人愉悦的身体，一些环环相扣的步骤必不可少。

梳妆打扮的智慧

古希腊的医学信仰塑造了健康和服装之间的复杂关系。至少在 16 世纪之前，西方人认为疾病由体液引发，即从身体深处释放到皮肤表面的蒸汽。对希腊人来说，潮湿寒冷的环境会阻止体液穿透皮肤，迫使体液返回内脏器官并引发炎症和疾病。因此，为了保持健康，最好选择材料合适的衣服。天然材料被认为是最健康的，羊毛是其中最好的一种，因为它能吸收大量的水分，从而有效防止潮气侵入身体。

然而，在开始打扮之前，人们要先让身体做好准备！头发、胡须和体毛与男子气概相关，具有强烈的文化意义。毛发在宗教层面和性层面有着不同的意义。在古希腊，毛发具有双重含义。哲学家的胡须被修剪得很漂亮，普通人则将胡子剃光以区别于那些蓄着胡须、不懂希腊语、生活在北方和东方的野蛮人。其他文化对毛发也有不同的理解。[15]

043

在帝国时期的中国（从公元前 2205 年开始），有权势的人如地方官、军官都蓄着胡须。然而，浓密的毛发通常让人想到北部边境的蛮族。帝国灭亡后，中国人终于把自己的胡须刮得干干净净，彼时毛发给人一种野蛮的印象，显示出一种身体上的退化，将人与动物联系起来。[16] 在古埃及，编成辫子、向上翘着的胡子显示人有较高的社会地位。统治阶层的男性和女性都戴着黄金制作的假胡子。在美索不达米亚王国，卷曲且装饰华丽的胡须代表着名门望族的身份。在古文明时代流行短发的时期，中长发可能意味着生命中的特定时刻，尤其是服丧期。它也是一种社会身份的标志：1 世纪，自由人蓄须，奴隶则剃须。此后趋势逆转：在中世纪的哥特人、撒克逊人和高卢人当中，长长的髭须是贵族的标志，因而蓄髭须成为一种常态。

044

除毛发外，气味也很重要。使用香料既是一种良好的社会习俗，也是个人努力改变自己的气味，并与他人区分开的指标。古埃及人被认为是最早通过在宗教仪式中混合和燃烧含有香料的材料来优化他们的生命与死亡体验的群体之一。早在公元前 2000 年，以实玛利的商人们就通过"芳香之路"发现了让古埃及顾客狂喜的香料宝藏。鲜花、芳香植物和香料被认为比黄金更有价值，这让人们兴奋和渴望。随着贸易的发展，香料的重要性逐渐扩大到古埃及之外的地方。[17]

香料的影响与古希腊文明密切相关。早在克里特-迈锡尼文明时代（公元前 1500 年），希腊人就相信存在通过芳香植物和香料显灵的神。亚历山大大帝的征程和对四条"芳香之路"的发现把檀香、肉桂、肉豆蔻、甘松香、安息香和闭鞘姜带入人们的生活。之后古希腊人开始使用海狸香、麝香、麝猫香和龙涎香。树脂类香料特别是没药和乳香被认为是神明或神话的起源，在庆典中必不可少。同样，人们在出生、婚礼和死亡的仪式中熏蒸和涂抹芳香膏油，以达到净化的作用。古希腊人早就意识到身体的洁净和美丽外形的重要性，他们依照希波克拉底（Hippocrate）（公元前 460 年至前 377 年）的偏方，用锦葵、茴香和鼠尾草进行熏蒸、擦洗和泡浴。在公共浴池这一社交场所沐浴后，男人和女人用鸢尾或墨角兰精油来让身体散发香味。[18]

045

公元前 4 世纪至前 5 世纪的近百个花瓶描绘了年轻女性裸露身体在浴室里洗澡，但她们既不是运动者也不是妓女。宴会的花瓶上之所以描绘这些私密的场景，是因为诱惑和美是女性身份的重要组成部分。男性在浴室里的行为其实都差不多：在运动者的洗漱包里，刮片（用来刮掉泥、油和汗水）、海绵和小油罐是清洁身体不可或缺的工具。[19]但这些工具通常意味着它们的主人来自角力场。在女性世界里，诱惑和美是通过一系列必要的操作，让身体面对欲望做好准备而体现出来的。[20]化妆品是装扮的一部分，但它们所扮演的角色与 20 世纪大不相同。

在古文明时代，化妆品包含改善皮肤的制剂，如面霜和凝露。化妆品在戏剧表演中起遮盖或染色作用时被称为油彩，在日常生活中则被称为彩妆。[21]这种基本区分方式作为古代世界的遗产，显示出化妆品早期的使用情况。红唇是女性美的一个组成部分，通过人为手段得到凸显。在古埃及，人们将红赭石粉与脂肪或蜡混合制成化妆品，和衣服一样，它也是提升性感的用品。古希腊人认为化妆是装扮的一部分，并对涉及使用化妆品的女性丧失声誉的言论（戏剧、哲学、医学等方面的相关内容）进行了分析。[22] 眼影和唇膏是诱惑的工具，女人必须046 适度使用它们，否则会遭到严厉的批评。同样，修剪指甲的做法也非常古老。人们在公元前 4000 年的埃及国王陵墓中就发现了美甲工具，包括去死皮的工具。不过，没有证据表明当时的人们给指甲染色。在古希腊神话里，厄洛斯似乎是提供美容建议的最佳人选，因为他是历史上第一位美甲师。至少我们知道他剪下了睡梦中的女神阿芙罗狄蒂的指甲，并把它们散布到世界各地的海滩上。然后它们就变成了一种半宝石——缟玛瑙。这种宝石的名字在希腊语中意为指甲、蹄或爪。指甲是否被视为过度诱惑，从而构成威胁？无论如何，美丽的阿芙罗狄蒂醒来时指甲已经被剪掉了，这说明指甲是需要保养的。[23] 修指甲只需要很少的投资，这很可能是它能被男性和女性群体广泛接受的原因。装扮的最后步骤是佩戴首饰。

有些首饰价值连城，有些则由廉价材料制成。从古风时代到希腊化时代，珠宝的种类不断增长。[24] 古风时代有浓烈色彩和装饰性的服装纹样被雅典单色套服的低调图案所取代后，首饰的使用才真正得到了发展。[25] 当时的女性已经戴上了由皮革、骨头、铜或染成金色的木头制成的耳环、手镯、戒指和项链。5 世纪，富人青睐黄金制品，他们在上面镶嵌珐琅或宝石。这些珠宝是较高社会地位的标志，但它们的可见性是受到控制的。根据圣殿颁布的法律，妇女似乎喜欢"在公共节日庆典上过度高调使用珠宝，必须对她们加以限制"。赫库拉努姆（Herculanum）的一幅壁画（公元前 1 世纪）描绘了一位年轻女孩戴着帽子、耳环、项链、手镯和金色的发冠，而女仆们则没有佩戴任何饰物。正如罗兰·巴特所说，首饰本身的材料与服装不同，它不是柔软的，需要特定的知识和技术去制作，这使它成为服装经济中的时尚物品。细节成就一切。作为装扮的最后步骤，首饰是某种"智慧"的标志[26]。

综上所述，剃须、美发、使用香料和佩戴首饰都是自古以来装扮的一部分。考察了整个装扮的步骤之后我们了解到，在古希腊人那里，一切都是精心设计的。提炼芳香植物、装饰头发、保养皮肤、使用黄金和木材制作珠宝的技术展示了一种先进的美的文化，这种文化将"身体"交给衣服，后者在遮蔽身体的同时展示美和社会身份。服装和身体的语言，以及它们的社会文化角色构建了一种表象，正是这种表象定义了性别。[27]

自我定义：性别的区分

当雅典市民的妻子们为纪念德墨忒尔（Déméter）组织活动来促进城市的繁荣时，欧里庇德斯（Euripides）为她们的动机进行了辩护。他找了一个男人伪装成女人并混入她们的群体。在 411 年的喜剧《地母节》（*Thesmophories*）中，阿里斯托芬完整地描述了女性服饰的元素：发带、发网和头饰、覆盖

048　身体的藏红花颜色的袍子、裹胸和逶地长袍，这些都是雅典女性服饰的代表。浅色皮肤、长发、没有体毛是女性的特征，但更重要的是，服饰的特殊性才是公认的性别身份的标志。衣服是对性别区分的标记和保证。然而，女装的样式其实很简单。真正将女性与男性区分开来的是服装的结构、质量、性质、颜色和装饰，即衣服的丰富性。[28] 某些材料（如亚麻）、形状或组件看上去就带有女性的属性。有两种配饰可以区分性别：面纱和腰带。

　　在古希腊艺术作品中我们能够看到，面纱显示"妻子"这一身份。已婚女性和成年女性必须在户外戴面纱以区别于妓女。这一现象至今仍然是争议的主题。然而，在古希腊时期的希腊本土、小亚细亚、埃及和意大利南部，女性面纱的性质和作用受到了质疑。[29] 面纱是理解社会结构的一个关键因素，它是所有社会类型，特别是在公共场合或在陌生人面前普遍使用的。这种遮盖女性头部或面部的饰物是男性世界意识形态的产物，是女性沉默和隐形的标志。[30] 面纱将性别区分开，指示女性的生命阶段，反映她们对性污点的恐惧，并构成女性的表达。面纱被赋予多重含义：有时表达痛苦，有时是与男性意识形态达成的"合约"。至于腰带，这种在家庭之外佩戴的饰物，通常系在腰部或胸部以下。在阿帕托里亚节期间，腰带甚至被认为是一种带有性意味的配饰。[31] 雅典娜、计谋和婚姻之

049　间的关系揭示了从年轻女性到已婚女性的行为模式。腰带被赋予宗教和社会的价值观，以及政治的含义。在潘多拉的故事里，雅典娜通过为潘多拉系腰带而将其变为人妇，这意味着其

社会地位的变化。

腰带标志着女孩的性生活，而男孩成为成年人的标志则是携带武器。男性解开腰带意味着放下武器，象征着性行为的完成。武器提高了男性的权力和地位，无论是在运动场还是在战场上，它的政治和道德价值是显而易见的。同样，女性的腰带意味着谦逊、贞洁和性吸引力。而内衣在当时尚未发展出性感的诱惑力。

在皮肤和外衣之间加一层衣服的想法是在古埃及产生的，不过这个想法最初与社会地位的联系更加紧密，并不涉及性爱或健康。古希腊的历史资料中并没有关于女性内衣的资料，然而资料的缺失并不能表明内衣在现实中真的不存在。抹胸样式的内衣则主要由运动者、舞者和普通女性穿着。直到公元前4世纪下半叶，尤其是希腊化时代，内衣在艺术和文学中的色情意味才被开发出来。[32]

在古希腊的卧室、温泉浴场或运动馆里，裸露的程度似乎因性别而异。故意"裸露"与简单的"不穿衣服"之间是有区别的。从公元前8世纪开始，裸露的表现就把穿着衣服的女人和裸体的男人区分开来。不过，在描绘浴室或运动场景的器物纹饰上，女性运动者也是全裸或半裸的。女性的本质可以由以下两位女性共同定义：公元前6世纪表现出男子气质的阿塔拉特（Atalante），以及在庞贝城遗址发现、现收藏于那不勒斯博物馆的身着金色比基尼的光彩照人的阿芙罗狄蒂的雕像。在雅典，女性运动者庆祝对美的崇拜，由此，她们成为男人的对应者，警告他们不要有男性的虚荣心。无论如何，女性和男性的性别是相互呼应、相互构建的。有些服饰，比如鞋子尤其是凉鞋，乍一看似乎是不分男女的物品，但事实并非如此。

凉鞋与户外鞋

被隐藏的脚可以引发出强烈的性刺激，但在古文明时代，它们是露在外面的。在古埃及，凉鞋是权势和来世之旅的象征；在古希腊，宗教和凉鞋之间则没有任何关联。凉鞋由皮匠制作，鞋底由皮革或软木制成，并用细皮带固定。古希腊人光着脚待在室内，在室外活动时的社会的地位则通过不同类型的凉鞋显示出来。总的来说，古埃及和古希腊的女性凉鞋几乎没有花边和装饰，男性凉鞋露出更多脚趾。当亚历山大大帝在公元前 4 世纪统一希腊时，财富的增加推动了休闲、艺术、科学、体育以及凉鞋的发展。幸运的是，详细的记录填补了考古上的空白。这些资料展示了各种鞋子，包含鞋底薄厚不一的低帮鞋和系带高帮鞋。完全封闭的鞋子似乎有一种特殊功能，它们在人们角斗或打猎时保护脚不受崎岖山地的伤害。[33]

公元前 1600 年到前 1200 年，美索不达米亚山区的居民穿着类似莫卡辛软鞋的封闭而柔软的鞋。人们以树皮、皮革和绳子为材料，使用骨针和石刀制作这种鞋。为了保护双脚，鞋子由固定着带子或环圈的鞋掌组成，它们必须能够提升人们在特定情况下的运动能力。因此，制鞋人需要控制鞋子的重量、灵活性和耐磨性。我们今天的运动鞋最明显的特点是外底使用硫化橡胶。天然橡胶源自三叶橡胶树，这种植物从公元前 1600

年开始被玛雅人栽种。然而，天然橡胶需要加工，否则会因受热而融化，或者因受冷而变硬和断裂。硫化技术在当时还不为人所知，所以那时的鞋底是由硬木制成的。不过，美索不达米亚鞋起到的最理想的作用正是今天运动鞋所起的作用。[34]

正如我们所看到的，古希腊的服装是具有高度社会规范性的。然而，所有这些规定和惯例都会导致定期的着装混乱。

对抗失序的着装风格

罗兰·巴特认为，在某一特定时刻，服装系统是由"约束、禁止、容忍、异常、幻想、一致、排斥"所界定的。[35]虽然过度行为的本质因东西方文化的不同而有所差异，但从某些人的视角来看，过度行为贯穿在服装和时尚的整个历史中。定罪记录有助于理解评判者对性别、性和着装的态度。时尚似乎是一个研究性别化的载体，因为几个世纪以来，女性的形象一直与反复无常和变化联系在一起。[36]直到19世纪，时尚始终显示着女性的软弱和放任。[37]

早在犹太-基督教教义出现之前，女性服饰就是被严厉批评的对象，这让我们得以理解什么是过度。在《雅典宪法》中，色诺芬抱怨雅典人的着装风格过于开放，这是公元前5世纪末雅典政治混乱的标志。严格的斯巴达①则被描绘成一个反

①　斯巴达是古希腊的奴隶制城邦。——译者注

例。市民穿着编织的衣服，希罗人①可以通过他们的兽皮立即被识别出来。由此看来，个人身份至关重要。但是，仔细观察，过度奢侈并不意味着性放纵。公元前7世纪的诗人阿西厄斯（Asios）描述了这种在男人和女人身上常见的行为。在萨摩斯（Samos）为纪念赫拉（Héra）而举行的游行中，人们的手臂戴满精致的手镯；长发被编成辫子，饰以纯金发夹和金色的丝带，丝带垂在胸前和肩膀上；华丽的外衣和雪白的长袍垂到地面。[38] 一项反对精英奢侈生活的政策得到实施，但这些过度行为也揭示了政治尤其是暴政失灵。

　　毕达哥拉斯学派成员，如公元前4世纪至前3世纪的菲提斯（Phyntis），主张放弃城市的风俗习惯，摒弃奢华的服装。白色、简洁的样式以及不戴透明面纱，才是女人的完美衣着。这是为了避免其他女人扭曲的嫉妒心理和有辱自尊的卖弄风情。当然，黄金和最受推崇的宝石——翡翠的过高价格也不应破坏这种融洽的表象。女人应当尽量避免华丽服饰。当时有很多关于着装的规定，虽然一些节日需要人们穿着华丽和整洁的服装，但另一些节日则要求人们打扮低调。虔诚和秩序必须得到尊重，否则这座城邦的女性督导者——城邦中专门负责维护德行的行政官员——就会扮演时尚警察的角色，并被授权扯掉那些美丽的服饰。男性的奢侈服装则表明穿着者是通奸者或性服务者。[39] 在罗兹（Rhodes）的林多斯（Lindos）、弥赛亚（Messénie）的安达尼亚（Andania）和西西里岛的锡拉丘兹

---

　　① 希罗人是斯巴达的国有奴隶。——译者注

（Syracuse）的游行或葬礼中，寺庙和圣地都执行着装的禁令。婚礼的着装尤其被严格规定。

婚礼是一个展示最美丽外表的场合。新娘的礼服用丝带连接，配以面纱、花环或精心打造的发冠。但在公元前 5 世纪，城邦的重组影响了婚礼服装。法律禁止人们在婚礼中穿戴三件以上的服装参加仪式。这项禁令的目的不在于减少嫁妆，它表明的是法官制定标准的意愿。为了一个仪式，三件衣服已经让人花费了足够多的时间和金钱。这类规定显示了当时的妇女在家庭生活中的重要地位，因为婚礼是一个分享、交换和礼赠的场合。女性的着装必须符合社会规范。[40] 关于服装、化妆和发型的规定——比如在弥赛亚的安达尼亚——以宗教禁令的名义，首先表明了对社会的控制。

当装扮成为差异化策略的一部分，并被人们用来获得社会地位时，政权阶层的反应是什么？纵乐（truphê），即从古风时代到希腊化时代过度和放纵的标志，被禁奢令束缚。这些法规是说明性的，即在规定个人应该购买和携带什么的同时，也确定了禁止使用的物品。禁奢令的真正目的不是限制个人自由而是控制行为，尤其是过度消费行为。

平达尔（Pindare，公元前 518 年至前 438 年）赞扬了洛克里城的严格规定："在洛克里，精确把握分寸是至高无上的。"

自由妇女不该由一名以上的仆人陪同，除非她喝醉了；她不该晚上离开城市，除非她有情人；她不该用黄金首饰或带紫色刺绣的衣服装扮自己，除非她是一个卖淫者；男人不应该戴金戒指或穿米利都式的外套，除非他是男妓或者有情妇。

外表似乎被明确定义。在《历史丛书》中，西西里的迪奥多罗斯（Diodore de Sicile）记载了公元前7世纪的《法典》序言。这段文字被认为由扎莱乌库斯——洛克里神秘的立法者所写，但事实上序言是由毕达哥拉斯学派成员所写，后者从公元前5世纪至前4世纪统治了一些城邦。序言清楚地表明，面对由过度行为造成的混乱，统治者感到非常担忧。按照传统，在公元前594年，雅典执政官梭伦（Solon，公元前640年至前558年）是第一个禁止通奸妇女佩戴饰物和参加城市庆祝活动的人。如果违抗这一命令，这些妇女的首饰就会被没收。

禁奢令是当权者执行的法规，社会或宗教原则也对人们的衣着设定了某些限制。与通常在几十年后被废除的法律相比，它们的持久性要强得多。这些法规有可能涉及一些特殊材料，比如在《利未记》（Lévitique）（公元前4世纪）颁布之后，东正教犹太人延续了对亚麻和羊毛服装的禁令。

055　　　古风时代和古典时代是了解服装及其变化的重要时期。政治因素、文化影响和社会价值观的变化已经对外表产生了影响。军事征服、胜利和失败也引导了人们对外国服装风格的接纳或拒绝。男性服装与女性服装之间的无差别化只是一个假象。[41] 性别定义明确，强迫人们服从社会和道德规范。

每种性别都有自己对服装的选择。婚姻状况或年龄使身体的构造更加复杂。女性很早就发现自己处于争论的中心，她们被指控卖弄风情，并很快被怀疑生活不检点。最后，宗教信仰与财富产生冲突，辩论围绕着炫耀和华丽展开。自古希腊以来，关于徒劳无益的变革、模糊的社会等级和毫无价值的时尚的辩论层出不穷。它们还证明，相互竞争的服饰制造商努力提升自己的创造力，帮助人们将自己和他人区分开来。

帽子、腰带、刺绣、创造下垂褶皱的熨烫方法……很多产品与工艺可供人们选择，都是由有丰富经验、高超技能和很强说服力的专业人士制造与使用的。这些产品与工艺激发了人们的情感，但也遭到了诋毁。虽然服装本身并不能制造出理想的身体——它被认为必须是抹着油的、肌肉发达的和芳香的——但自古以来发达的地中海贸易通道对服装行业极为利好。仓库、船只和劳动力有利于满足人们的欲望和需求。古希腊霸权的终结将这种人们对外表的兴趣转移到了作为地中海和西欧新强国的古罗马。

056

第二章 古罗马人和时尚

在几个世纪里，阿文提诺丘陵地区的部落改变了地中海盆地和西欧的版图。从共和国时期到帝国时期，古罗马的领土不断扩张。最终，古罗马形成了一个从今天的英国到中东再到北非的地理区域。这个地区在同一旗帜下融合了不同民族和特定文化。伊特鲁里亚人是公元前 800 年占领意大利半岛的一个族群，他们留下了许多服装的历史痕迹。古罗马人的统治始于雅典民主的黑暗时期，尤其是在亚历山大大帝于公元前 323 年去世之后。由于古罗马人统治的地中海地区之前处于古希腊的统治之下，古希腊文化对古罗马人的生活产生了很大影响。然而，服装体现的更多的是穿戴者本人的身份，古罗马世界的扩张为这一点提供了更多的可能性。

乍一看，古罗马时尚体现着一种奢侈生活，因为它似乎只触及贵族阶层，但事实并非如此。各个阶层都受其影响。当然，平民并不创造时尚，但资料表明他们追求时尚，因为穿着时髦意味着他们属于某个特定的社会阶层。虽然"时尚"一词在古罗马帝国中并没有对应的词汇，但这种现象的重要性足以使之被命名为"仪式"（ritus）或"习俗"（mos），这些词通常伴随着作为衍生词的"新"（novus）。强调新颖性意味着接受行为举止的更新，但新生事物总会令人恼火：古罗马人痴迷于传统的美德，不想玷污它。

古罗马人的统治增加了外来者的数量。早在公元前 50 年，古罗马人就不再仅仅意味着帝国中心的罗马人，而是一个多元化的概念。战争失败或胜利，导致文化影响遭到拒绝或被接受。与外国人的结识和面对面交往为服装提供了丰富化的机会。因此，立法者总是试图衡量和调整这些交往活动以确保秩序，防止罗马的本质遭到破坏。罗穆卢斯城（Romulus）是一个大都会，中国丝绸、埃塞俄比亚黄金和泰尔骨螺紫织物被源源不断地运至该城的港口。小麦有专用的仓库，服装也有。商人、劳动者和行业组织起来，以满足人们日益增长的需求。但就像古希腊人一样，古罗马人并不是这些变化的牺牲品。服装既装饰人的身体，也为人性增添了光彩。想要取悦、想要被人注意、想要与众不同、想要创造一种新的身份……这些欲望就是古罗马时尚以及道德家与进步主义者之间争论的根源。[1]

进口、生产和销售：世界的扩大

与对古希腊世界的研究相比，对古罗马时尚的研究要顺利很多。古罗马文化经常被拿来与古希腊文化相比较，但前者更加颓废和奢华。最重要的是，古罗马文化的相关资料来源更加丰富，见证人也更多。与此同时，对它们的分析使我们能够设想一种真正的关于外表的文化，以及一种差别化的、高度组织化的文化。喜剧作家普劳特（Plaute，公元前 245 年至前 184 年）讲述了新兴时尚女性的生活方式，她们发明了各种各样的新词，以便"每年给自己的衣服命名：束带、小衬衫、绣花长袍、金盏花色衣服、藏红花色衣服、王室式样的衣服、外国式样的衣服和蜂蜜色的衣服"。服装的供应方非常稳定，而且持续更新。普劳特在《埃皮埃库斯》（*L'Épidicus*）中补充道："像黄疸一样蔓延。"[2] 显然，每个女人都需要一件时髦的古罗马风格的披肩（palla）罩在袍子外面。希腊斗篷也被妇女们采用并发展出不同的样式，女人们所倡导的事物更容易被接受。然而，把握分寸才是最重要的。作家特图里安（Tertullien，160-220）回忆说，提贝里乌斯（Tibère）威胁那些在公共场合脱掉笨重的斯托拉袍（stola）的主妇。但要想禁止新时尚并没有那么容易，它们无所不在，无法压制。[3] 为了获得这些诱人的新奇事物，古罗马人进口、制作和分销服装，利用帝国的资源和技术来改变人们的穿着。

从共和国时期到帝国时期，古罗马世界的扩大给日常生活带来了深刻的变化。经济发展、贸易关系、海路的发展和对外征程都伴随着古罗马人服装的变化和个性化。人们针对东方世界组织了非常危险的探险活动，一直到达远东地区。古罗马对古希腊的统治标志着对古希腊政权的彻底摧毁和科林斯作为商业权力中心的终结。与此同时，亚洲也被古罗马征服。地中海主要港口城市迦太基从西庇阿（Scipion）在公元前146年获胜后一直处于没落的状态，商品流入世界的新中心罗马。意大利商人在小亚细亚沿地中海地区安顿下来。古罗马政府像一位乐队指挥家，用提洛岛（Délos）取代了科林斯。公元前166年以后，提洛岛一直是自由港，作为一个不受外国统治的国际城市，这座岛屿成为东地中海的交易中心。它欢迎来自不同族群的商人，意大利人只在重大方向上进行把控。这种中立使贸易关系得以发展，并扩大了市场。从黑海到亚历山大城，大型商业中心不断发展，将奢侈品源源不断地送进罗马。亚历山大港最终赢得了地中海最大港口的称号。在这个罗马人与希腊人、阿拉伯人和印度人交汇的国际化都市，贸易主要由犹太人经营，当时犹太人占总人口的40%。亚历山大港的活动尤其受到连接埃塞俄比亚的道路的刺激，大量黄金、祖母绿、紫晶和翡翠从那里流入。当然，由于海盗、恶劣天气、流行病和战争，财富很可能在一天之内蒸发。富有冒险精神的商人们在通往时尚的路上前赴后继，甚至丢掉性命，这反而使人们更加狂热。[4]

不同来源和制作工艺的纺织品蕴含着许多奇思妙想。虽然羊毛在意大利半岛很常见，但出产细羊毛的母羊和出产普通羊毛的母羊并不相同。前者被封闭饲养，羊毛更加纤细柔软。羊毛产地的地理分布非常清晰：有些羊毛来自塔兰托和阿普利亚，有些是从国外进口的。瓦罗（Varron，公元前116年至前27年）和马提亚尔（Martial，40-104）就曾夸赞过小亚细亚米利都羊毛的质量。至于亚麻，据老普里尼记载，它最初在伊特鲁里亚和坎帕尼亚被种植，后来直接从中东进口。印度亚麻早在公元前1世纪就开始流行了。东地中海贸易的发展使人们能够买到用于生产居家长袍、手帕和丝巾的精细布料。埃及、叙利亚和齐里乞亚是著名的生产中心。棉花的价值是众所周知的，它比亚麻更适合染色，但很少用于制作除薄纱以外的服装，当时棉花的高昂价格使它被视为奢侈品。不过，无论如何，最精致的面料仍然是丝绸。

在公元前66年与安息帝国交战后，古罗马帝国开始使用奢华而闪亮的丝绸。它的质量因产地而异。亚述的丝绸纤细、透明，呈黄色；中国的丝绸则以它的雪白著称。科斯的丝绸有点像亚述的丝绸，虽然也曾获得一定成功，但它的吸引力很快就减弱了。事实上，它的质量似乎很差，科斯的蚕吃的恐怕不是桑树的叶子。丝绸通常被染上颜色并带有刺绣，它的价格极其昂贵。根据蒂比勒（Tibulle）、奥维德或奥拉斯的说法，在奥古斯都（Auguste）统治时期（公元前27年至公元14年）丝绸成为顶级奢华的代名词。在织造过程中，中国丝绸经常与亚麻或棉花混合，令纺织品更轻、更便宜。早在1世纪，这种时尚就已经对使用者造成影响，以至于提贝里乌斯试图通过参议院禁止男性穿这种材质的衣服，因为它会让他们变得女性化……然而，根据苏埃托尼乌斯①的记载，奥古斯都的继任者卡利古拉（Caligula）正是第一个穿丝绸材质衣服的男人。禁止或诋毁恰恰说明了压制的失败……根据杰罗姆（Jérôme）的说法，3世纪，丝绸令古罗马人着迷。值得说明的是，罗马本地之所以没有发展丝绸业，是因为古罗马人不了解养蚕的秘密，这个秘密一直被中国人小心翼翼地守护着。直到查士丁尼大帝（Justinien）时期养蚕业得到发展，拜占庭才终于成为一个重要的丝绸生产中心。

---

① 苏埃托尼乌斯（Suétone）是罗马帝国时期的历史学家，擅长撰写古罗马帝国皇帝的传记。——译者注

那么，与蛮族有关的兽皮和毛皮在集体的想象中又是怎样的呢？罗马共和国时期的文献对它们置之不理，或与非文明世界相提并论，似乎对大众几乎没有什么吸引力；来自东方灵感的华丽面料才能使人们真正脱颖而出。然而，正如戴克里先（Dioclétien）在公元前 3 世纪所写的那样，毛皮业实际上也得到了发展。皮革的种类多种多样，包括牛皮、山羊皮、绵羊皮、鹿皮、狐狸皮、鬣狗皮和豹皮。皮衣在 5 世纪随着日耳曼人的入侵进入罗马，最终在 416 年被禁止。毫无疑问，它们应该被视为高贵和奢侈的代表，因为意大利的气候其实并不十分适合穿着皮衣。与此同时，可供选择的染料也种类繁多。它们来自位于今天黎巴嫩的西顿（Sidon）或泰尔（Tyr），这些城市的财富主要源于与远东的贸易。最受追捧和最昂贵的染料是紫色系染料，涵盖了从紫色到蓝色再到石榴红的色调。紫色系染料需要由技巧高超的工匠从大量骨螺中提取并制作，这证明了它的价格是合理的。此外，进口不仅涉及原材料。东方商人在船舱里装满了服饰成品，尤其是妇女特别喜欢的薄纱。[5]

与此同时，时尚产品的供应商越来越多。缩绒工、绣工、金匠、流苏工匠，粉色、橙色、黄色和紫色织物的染色工，亚麻织工，流动的内衣、鞋、皮具匠人以及凉鞋制造商如潮水般涌入城市中心，共同积极满足日益增长的需求。一些服装仍然在私人领域进行生产，商店只提供成品。在这种情况下，技术的传播是在行业协会和专门从事服装制造的地方进行的。产品显示，在这些组织中工作的男性和女性已经发展出一定的技能，并使变化成为可能。虽然我们尚不清楚劳动者的等级和专业化程度，但他们肯定属于一个行业圈子，在这个圈子中，一些人掌握了缝纫、染色、做木雕、宝石镶嵌、十字绣等技能。

当然，时尚不仅仅涉及漂亮的衣服。古罗马城市也有理发店，顾客多为中产阶级；有较高社会地位的妇女的头发则由她们的奴隶打理。奴隶在女主人家里为她清洗身体、脱毛、化妆、穿衣、搭配饰品和做头发，显然拥有特定的技能。古罗马允许人们开设布料工坊、香料工坊和玻璃工坊。这些制造时尚产品的工坊的发展对帝国来说很有吸引力，帝国也有兴趣投资这些产品的制造业。到 383 年，时尚的布局已初见端倪。当时格拉提安（Gratien）、瓦伦丁二世（Valentinien Ⅱ）和狄奥多西（Théodosius）把紫色系的织物变为国家垄断的产品。古埃及成为古罗马皇帝的领地并为帝国提供财富。从罗马共和国时期到安敦尼王朝，制鞋厂成倍增加。凉鞋有多种颜色可供选择，最珍贵的凉鞋是用黄金和宝石装饰的。博洛尼亚（Bologne）提供了特别受欢迎的产品，一些老板因此赚得盆满钵满。马提亚尔提到了一家鞋厂，这家鞋厂的经营者非常富有，可以为竞技比赛免费提供产品。[6] 最后，帝国的领土上到处都是集市，商人们聚集在一起出售他们的产品。波尔多、里昂和阿尔勒、马赛、索恩河畔夏隆、迦太基、马拉加、安提奥什和泰尔都是交流时尚和新鲜事物以及交易增长的地方。当时时尚领域的这种广泛发展，在很大程度上得益于帝国扩张对服装的意识形态的影响。

服装的艺术：在差异性中构建身份

在许多文化中，他者参与制定着装的规范。罗马人的征服突出了被征服者的异质性。蛮族是被污名化的：赤身裸体的高卢人留长发、无胡须或蓄须、像东方人一样戴着项圈；达西亚人和日耳曼人穿着肥大的裤子、长袍、披风，戴弗里吉亚帽，留着长发和毛茸茸的胡须。女人的头发在风中飘扬，肩膀或胸部露出。古罗马公民身份便建立在这种种族或地理差异的基础之上。演说家意识到衣服是灵魂的镜子，他们利用夸张的皱褶突出舞台效果，演讲时用清晰、有力的手势表达情绪，身上的托加袍（toge）表明了他们的意图。[7] 在日常生活中，衣服让人一眼就能看出穿着者的社会地位。贵族有别于公民，公民则不同于奴隶。[8]

凉鞋的例子很好地说明了地位与教化之间的联系。早期的古罗马凉鞋与古希腊凉鞋相似，不分左脚和右脚。同样，它们的使用也受到穿着者社会阶层的限制。随着帝国扩张到古希腊、古埃及和北欧，凉鞋的种类也在增加。卡利加（caliga）厚鞋底由钉着钉子的皮革制成，以希腊卡利基奥伊鞋（kalikioi）的名字命名，只供军队使用，在向北的长途跋涉中，保护着古罗马百夫长们的脚。但当坏天气、泥泞的道路和积雪迫使他们穿上保护性能更好的鞋子时，凉鞋在西方越来越不受欢迎。

2 世纪，随着帝国的力量逐渐削弱，凉鞋变得不那么复

064

杂，由简单的 V 形皮带构成。贵族穿着高帮红色皮鞋，这种鞋由黑色皮带和新月形象牙扣固定。参议员们穿着同样的鞋子但它们没有扣。在帝国统治下，鞋扣变成了一种高贵的饰物，皇帝把它们赠送给宠臣。女性不穿凉鞋，而穿着软皮"白鞋"，以掩盖"畸形的脚"。同样，人们用缠带子的方法遮住双腿的干燥皮肤。[9]

基督教道德的日渐强势标志着古罗马和拜占庭帝国的没落。暴露身体变成了一种罪恶。3 世纪，亚历山大的圣克莱门特（Saint Clément）向女性宣讲谦卑，禁止她们露出脚趾。在拜占庭，人们通过穿鞋来遮住双脚。古罗马风格的凉鞋为教会高级公职人员特有，凉鞋上的装饰仅限于最高级别的官员使用。

065　　每个人都穿着长及膝盖的希顿袍。一种垂直的紫色条纹包住希顿袍两襟的边，以显示穿着者的社会地位。皇帝和参议员佩戴的紫色带比骑士的宽。早在公元前 1 世纪，这些色带（clavi）的位置和宽度就一直在变化。最后，地位高的人的衣服上都有这种色带。一开始，这种标志并不涉及普通公民和奴隶，但后来色带变得越来越普遍。在私人领域之外，人们穿着有或没有兜帽的斗篷。[10] 除了穿长袍，公民还穿托加袍，这种袍子既是必备的服装单品，也是公民的象征。人们把白色羊毛面料切成半圆形，直边搭在肩膀上，然后包裹背部，再搭过右臂，最后绕回到胸部和肩膀。根据穿着者的财力，长袍上有不同深度和密度的褶皱。从共和国时期到帝国时期，它一直发生着变化。在共和国时期的最后一个世纪，它长达 5.6 米、宽 2

米。把一块布料制作成衣服需要一种特别复杂的技术，将身体转化为真正的"建筑"。在不同的政治或宗教场合，面料、装饰和颜色各不相同。对共和国时期的古罗马法官候选人来说，白色托加袍代表一种合乎社仪的风度，关系到穿着者的威望和地位。最后，在古文明时代晚期，托加袍变成了一种以质地、样式和颜色著称的服装。男性用晚餐时穿着的组合套装（synthesis）是公民服装的替代品，因为在这种场合穿托加袍太笨重了。长袍外面系着一条斜挎皮背带，这样就可以把上身从罩衫里脱出来，同时解放手臂让它们自由活动。长袍和组合套装反映了一种适应社会地位和等级的生活艺术。[11]

乍一看，袍子似乎是中性的，但事实并非如此。除了表明态度，它还明确了个人的性别。古罗马的女性服饰与希腊化时代的古希腊服饰几乎没有什么不同。衬袍的外面罩着长袍。与古希腊的希顿袍非常相似，人们把一件古希腊希玛纯（himation）风格的披肩披在最外面。这些衣物有着各种各样的颜色。共和国时期结束后，罗马妇女开始穿紧身胸衣，让胸部看上去不那么丰满。自由和已婚的妇女在公共场合穿着斯托拉袍。这种长袍的腰部或胸前系着腰带，是谦逊和克制的象征。服装把古罗马女人与奴隶、外国女人、小女孩区别开来。古罗马公民的孩子穿得与成年人一样，男孩和女孩都穿着镶紫色边的托加袍。大约 15 岁时，男孩们开始穿父亲的托加袍，它是公民身份的标志。罗马的男孩与其他地方男孩的不同之处在于，他们戴着一种类似球形的项饰，里面放着他们在被取名时得到的护身符。同样，女孩从青春期开始穿母亲的衣服。[12]

　　服饰是一种歧视性的标志，它使穿着者的身份很容易被识别。托加袍是公民的"制服"，它与所谓蛮族服装或外国服装之间的差别令它得以保留罗马的价值。服饰创造了一个由相同点和差异组成的关系体系。它表明地位、年龄、性别、所属群体、优越感和自卑感。因此，服饰被穿戴者用来凸显自己。在《雄辩术原理》中，昆体良（Quintilien）强调了在演说中手势和托加袍相结合的视觉效果。[13] 这是一门非常复杂的艺术。为了保持体面和尊严，演说者不应该模仿女人或演员。[14] 从这层意义来看，托加袍成就了古罗马公民，但这还不够。服装的个性化被广泛采纳，以凸显一个想要与众不同的自我。

067

从假发到脱毛

　　作为一种承载强烈政治符号的服装，托加袍很少发生变化。因此，我们必须通过其他方向研究古罗马时尚。从理发到剃须，古罗马人有很多体现差异性的机会，这些对毛发的修饰在被实践的同时，也经常受到批评。

　　不同时期的毛发造型有很大差异。共和国时期，男人通常蓄须，在帝国时期胡须则剃得很干净，直到蓄着胡须的哈德良（Hadrien，117-138）继位。第一次剃须标志着男孩进入生命中的重要阶段。在这种情况下，每个家庭都会举行一场仪式，在仪式中，男孩的毛发被供奉给神。时尚的变化通常是由有影响力的人物引起的。由亚历山大发起的古希腊式剃须时尚，在惩罚性战争结束后由西庇阿倡导而盛行。这种潮流尤其受到

40 岁以上男性的追捧，他们希望借此保持清洁并能显得年轻。年轻人则蓄着漂亮的胡子。苏埃托尼乌斯撰写的皇帝传记提供了许多关于胡须和发型的信息，这些信息可以与硬币上的肖像相比照。作者指出，奥古斯都"对打扮毫不在意，他很少关注头发，以至于每次会请好几位理发师一起帮他修剪头发以节省时间"。至于胡子，他有时让人修剪，有时让人刮剃，而修剪或剃胡子时他不是在读书就是在写字。苏埃托尼乌斯之后还补充道："他的头发有点卷曲，接近金色的头发与眉毛连在了一起。"

在 64 年货币改革之前，已经可以看到一种变化：人们的头发变厚，卷发变得更明显，卷曲的发绺一直垂到脖子处，搭配浓密的唇须和轻盈的长髯。此外，苏埃托尼乌斯指出，尼禄（Néron）的头发"接近金色"，"在穿着上他是如此的不顾尊严，总是把头发胡乱堆在头上，甚至在去亚该亚的旅途中让头发耷落在脖子后面"。尼禄是那些选择用卷发来展示自己的古罗马风格的皇帝之一，苏埃托尼乌斯不喜欢这种行为，他也不喜欢尼禄这个人。蓄须还能体现强烈的情绪。当屋大维（Octave）在公元前 44 年与塞克斯图斯·庞培（Sextus Pompée）决裂后，他通过蓄须来表达悲伤的情绪。如果一个人留着长长的胡子，会被贴上哲学家的标签。而哈德良选择蓄须是出于审美。他个子很高，身材很好，头发梳得颇有艺术感，留胡子以掩盖他脸上自出生时就有的疤痕。我们不可能知道哈德良的胡须下面是否真的有丑陋的疤痕，但在图拉真柱的浅浮雕上，他的形象确实是蓄着胡须的。蓄须的时尚一直延续到君士坦丁大帝统治时期，证明了蓄须不仅体现个人审美。起

068

初，人们的头发很长，且不太被打理，但在古典时代，头发变得又短又平。除了尼禄的发型以外，其他人的发型都很简单。在安敦尼王朝，有些皇帝卷发或留着浓密的头发，但短发很快又恢复了流行。[15]

　　女性的发型风格在公元前 1 世纪还相对简单，之后就变得非常复杂，甚至需要用到假发、发卷和辫子，有着令人印象深刻的样式。由此可见，相对简单的服装会催生复杂的发型。人们通过发型很容易判断女性的年龄和地位。供奉女灶神的妻子和贞女——她们的一生都献给了女灶神维斯太（Vesta）——戴一种特殊的头饰。女人们交替使用人造发垫与窄带并用纱遮住。年轻女孩只是简单地把头发在脑后盘成发髻。这种发型仍然被教会的神父们推荐给处女和女性信众，作为一种谦卑的象征。在婚礼当天，新娘将 6 根辫子用发带绑在头顶以示贞洁。新娘的头上还戴着橙花和桃金娘编织的花冠，压住一层鲜艳的橙色面纱。在共和国时期，发型变得更加多样化：直到图拉真统治时期（98-117），卷发一直占主导地位，之后发辫又重新流行起来。如果说普劳特认为卷发是外国人的标志，那么在恺撒统治时期，它已经变成面容重要的装饰，并最终修饰了前额、太阳穴和脖子，最后像冠冕一样盘到头顶。讽刺诗人朱维纳尔（Juvénal，50-128）这样描述发型：“头发层层叠加，就像建筑上的构件。”[16] 但这很可能只是一种待客时的特殊发型。奥维德解释说，每个女人都必须找到最能凸显她的价值的发型。头发可以卷曲地垂在胸前，或用珠串扎在一起、用金丝网罩住或者更简单地用带子打结。改变发型几乎不需要什么材

069

料，普通女性也可以借此实现个性化。无论如何，人们在战神广场可以买到用日耳曼人的头发制成的假发。一些时尚用品以媲美黄金的价格出售，它们似乎是为贵族保留的，但也有可能被有经济实力的普通人重金购入。正如奥维德在《爱的艺术》（*L'Art d'aimer*）中所指出的，它们被用来增加发量或垫高头发，以掩饰缺发的部位或遮盖重新变黑的头发。[17] 事实上，在帝国的早期，金发最流行，而罗马人则更喜欢棕色，人们千方百计让自己头发的颜色接近流行色。假发很好用，人们也可以染发，或者更确切地说是漂染头发让颜色变浅。根据老普林尼的说法，使用高卢肥皂就可以让头发变浅，这是一种用山毛榉和动物脂制作的肥皂。[18]

070

最后，从图拉真时代开始，复杂的发型逐渐消失。波浪形的卷发和耳朵被头巾盖住。服装和发型的潮流是由皇后们带来的，之后很快被罗马、意大利和外省精英阶层的女性追赶。[19] 不过，在用辫子、丝带、发网和其他衍生的美发用品做发型之前，有必要先让身体做好准备。[20]

诱惑的身体

奥维德总是乐于评价，他写道："你的腿上不应该长粗糙的体毛。"古罗马人使用一种叫作沃尔塞拉（volsella）的青铜脱毛夹，大小从 5 厘米到 11 厘米不等。他们也使用脱毛膏，其中一种是由溶解在油中的沥青与树脂和蜡混合而成。男人和女人都脱毛。比如，奥古斯都用加热过的贝壳烧自己的腿毛。

瓷器上的图案展示了脱毛方法，即用一盏小灯的火焰燃烧毛发。刮片（strigile）是一种弯曲的小锹，最初是伊特鲁里亚人在战斗后使用的，后来被古罗马人用来在温泉里清洁身体。如果磨得足够锋利，它还可以用来剃体毛。古罗马人喜欢没有体毛的身体。尽管如此，历史学家还是重新考察了女性私处脱毛的形象。古罗马作品中的"三角地带"确实是脱毛的，但与其说是无毛，不如说是毛发稀疏。相反，腋下和双腿的体毛则完全被刮干净。和古希腊人一样，古罗马人也非常注重卫生，气味受到了特别的重视。[21]

正如奥维德所解释的那样，腋下"浓重的羊膻味"和口中的鱼腥味需要想办法去除。人们对身体护理的要求越来越高，尤其是自古希腊元素在古罗马流行以来。人们用一种肥皂膏清洗身体，这种产品来自高卢，最初被用作治疗皮肤病。尽管公共浴池早就开始使用肥皂膏，但它一直到2世纪才真正得到普及。当时有两种肥皂可供选择，第一种以海洋植物灰为原料，通过沥滤矿物碱或苏打得到。第二种肥皂是软的，由植物碱或钾浸泡植物灰制成。我们可以看到，在多孔环境中使用水作为溶剂进行萃取的工艺，在那个时候就已经被应用于化妆品的生产了。

至于香料，它们被用来掩盖气味。18世纪，人们喜欢含吮一种玫瑰香糖遮盖口气，古罗马人则将海泥丸或常春藤及没药制作的药丸投入陈年时间过长的葡萄酒以吸收它不好的气味。香料作为一种化妆品在罗马帝国时期很受欢迎，但在古罗马王政时代很少使用。只有随着地域和文化的扩张，古罗马人与伊特鲁里亚人和腓尼基人接触后，才学会欣赏香料。事实上，正是腓尼基人为古罗马帝国提供了各种异国香料。在共和国时期的最后阶段，香料的消费变得越来越普遍，而且随着时间的推移不断增加；古罗马帝国的崩溃和经济的衰退阻止了人们购买香料。早在 1 世纪，罗马人每年就消耗掉大约 2500 吨的乳香！与东方的联系促进了香料的流行，以至于在公元前 189 年，正如普林尼所指出的，香料被监察官明令禁止。一个世纪后的第二个类似措施表明，禁令没有起到任何效果。起初，科林斯的鸢尾香是最受欢迎的，接着是菲塞利玫瑰香的流行。此后，不同地区的香料先后形成风潮：那不勒斯玫瑰（后来以此为基础发展出那不勒斯玫瑰香水）、西西里岛藏红花、柯斯岛楒梓和西班牙金雀花……人们在身体上涂抹混合了油和树脂的香料，产生一种厚重的防水层。同样的成分也用于身体和面部护理液的制备。22

　　一种用于治疗晒伤皮肤的香料，也被认为是春药。据说克利奥帕特拉七世（Cléopâtre，公元前 60 年至前 30 年）①曾利用它来吸引马克·安东尼（Marc Antoine）。在基督教、希伯来和伊斯兰文化中，希巴女王（Sabbat）使用来自也门的稀有香料来赢得所罗门国王的心。其中的没药已经凭借其特性成为传奇。此外，传说中穆罕默德的每一滴汗珠都变成了最珍贵的花朵——玫瑰。香精早已成为诱惑人的产品，在这一点上与西塞罗（Cicéron）意见一致的普林尼认为，香精除了取悦别人

①　此处原文有误，应为公元前 69 年至前 30 年。——译者注

之外，没有任何其他用处。

　　所有的奢侈品都是最多余的物品。事实上，珍珠和宝石无论如何还能传给继承人，织物至少能用上一段时间。而香精则会瞬间蒸发。对一款香精的最高评价是，当一个涂着它的女人经过的时候，那些忙于其他事情的人都会被它的香气吸引而停下手中的事。这种香精每磅要卖到超过40旦①。看吧，这就是取悦别人所要付出的代价，因为使用香精的人自己根本闻不到它的气味。[23]

　　宜人的气味是罗马人追求的诱惑力的一部分，是美丽的一个基本标准。它是健康的标志，男女追求不同的香味。比如，在温泉浴场，罗马人每天都要在带香味的水里泡浴，并用鲜花制成的精油按摩。由于当时的化妆品散发出强烈的、往往令人不快的气味，女性会使用各种芳香产品。为了掩盖不好闻的气味，人们把香精倒进雪花石膏或玻璃小瓶中，或倒进缟玛瑙花瓶中，就像公元前1世纪法尔内西纳别墅的一幅壁画所展示的那样。[24] 身体除味剂则由明矾、鸢尾和玫瑰花瓣制成。

　　正如普林尼在他的《自然史》中所指出的，古罗马有种类繁多的香精。

　　在今天最常见的香精中，根据人们的普遍看法，最古

----

① 旦是一种古罗马银币。——译者注

老的香精是由香桃木、菖蒲、柏树、海娜花、乳香、黄连木和石榴皮的精油混合制成的。我认为，最常见的香精是用随处可见的玫瑰调制的。长期以来，玫瑰香精的成分非常简单：橄榄油、玫瑰花、藏红花、朱砂花、菖蒲、蜂蜜、灯芯草、盐花或牛舌草，以及葡萄酒。同样的制作方法也适用于藏红花香精：加入朱砂、牛舌草和葡萄酒。制作马郁兰香精则需加入橄榄油和菖蒲。

采购制作香精的原料，去罗马维拉布尔的图拉库斯（Thuraricus）街区就行，它们是香水制造商集中的地方。肉桂是价值连城的：一个窄口小瓶的肉桂粉就要 300 旦，相当于1000 欧元或更多。然而，对普林尼来说，在帝国时代初期，最高等的、绝对顶级的奢侈品是埃及的梅托皮翁（Metopion）香精。花 40 旦买 1 磅（约 327 克）转瞬即逝的味道，到底有什么意义？[25]

074

文学资料还让我们了解到当时男性和女性对化妆品的密集使用。专门在盥洗室工作的奴隶掌握了这项技术。海娜花粉、胭脂红、朱砂和黑莓汁，或从红色硝石泡沫中提取的朱红，都能为嘴唇着色。用金线固定的金假牙可以用来填补缺牙的空隙，浮石、橡树瘿因其漂白特性而闻名。红色的硝石泡沫突出了脸颊，让人显得更年轻，与眉毛的深黑色形成鲜明的反差。在眼睛上涂上一些黄色的藏红花，与头发的藏红花颜色相呼应。这些颜色突出了面部的白皙皮肤。制作面霜的方法是用白色的油膏和搽剂，混合橄榄油和石灰水，再加上鳄鱼的粪便或罗得岛铅白。白皙的皮肤把文明的女人和野蛮的女人区别开来。皮肤护理和保养则体现了一种身份。比如，将面包糊、大麦粉、干鸡蛋或春天掉下来的鹿角进行搅拌，再加上蜂蜜和葡萄酒渣，形成的搅拌物可以改善肤质。在奥古斯都时代，人们喜欢驴奶。盥洗室看起来就像炼金术士的小工坊，介乎厨房和浴室之间。古希腊人不给指甲染色，古罗马人则用一种羊脂和血的混合物染指甲。

075　　　身体的精致细节如此重要，它们体现了个性化和差异化。大量匠人、裁缝、假牙制作者和美发师可以帮助男人和女人满足被人看到和与众不同的愿望。然而，这些让人变美的花招也让很多人非常不满。追求新时尚与古罗马公民的谦逊、体面和尊严是不相容的。据格利乌斯记载，早在公元前 142 年，西皮恩·埃米利安（Scipion Émilien）就批评盖厄斯·撒尔庇西斯·凯勒斯（Caius Sulpicius Gallus）"散发着浓郁的香味，在镜子前穿衣，剃光眉毛，刮脸上和大腿上的毛"[26]。但他其实只是一个赶时髦的漂亮人儿。在《为罗斯基乌斯辩护》（*Pro Roscio*）中，西塞罗这样描述克里索古努斯（Chrysogonus）："他神气地在论坛上走来走去，头发用香膏梳得很整齐，旁边围着那些穿着公民长袍的委托人。看看他对所有人蔑视的样子，他不接受与任何人比较。"总是直言不讳的奥维德也说，男人应该以"简单的优雅"来赢得他人的欣赏。[27]然而，古罗马人喜欢炫耀。把自己的意愿强加于他人、支配他人，以及成为第一个被模仿的人，都可以凸显古罗马人的地位和让古罗马人赢得声誉。在古罗马上流社会，每一个节日和庆祝活动都是一个让古罗马人成为优雅的代表的机会。

变化与永恒：自我体现

与人们普遍的看法相反，古罗马人的服装实际上变化繁多。披长袍的形式和技巧使身体与外形及精神相协调。肘部和膝盖暴露在外，展现结实的身体。虽然古罗马长袍的样式看上去千篇一律，但伴随着克制或激扬的动作，它实现了情感的表达并参与诱惑。当一种时尚出现并发展起来时，男人和女人都需要借此让自己与众不同。最后，时尚表现出一种文化的更新能力，也证明了模仿的"传染性"需求，这似乎是人类固有的。

公元前 2 世纪的时尚风格受到古希腊的深刻影响。自 7 世纪以来，紧密的贸易关系使古希腊文化和古罗马文化变得不可分割。确切地说，古希腊时尚已经很好地融入了古罗马人的生活，并没有带来什么惊人或真正新颖的事物，因此在古罗马时代初期，它不能被看作一种严格意义上的时尚。但是，在意大利得到扩散的古希腊文化实际上与古罗马文化没有什么不同，这种现象打断了纯粹的古希腊文化的复兴。波利比乌斯（Polybe，约公元前 203 年至前 126 年）讲述马其顿战争时，谈到了罗马贵族阶层和希腊人之间的持续交流，尤其是在使团之间。古罗马人学会了对美的追求，用希腊雕像和绘画装饰他们的别墅。与此同时，西庇阿每天刮胡子，老一辈人则留长发和蓄胡须。然而，新方式往往不被立刻接受。事实上，早在公元前 300 年，一位来自西西里岛的理发师就试图推广光滑的脸

076

部造型，但没有成功。[28]西庇阿喜欢穿古希腊风格的衣服和鞋，包括斗篷和凉鞋，他的妻子则佩戴许多珠宝，他们的影响力很大。在古罗马，人们有可能正面看待装扮过的女人，因为她的外表反映了她的地位。然而，希腊时尚带来了一个问题：只有希腊女性才佩戴过多的珠宝，这表达了一种反罗马情绪。[29]不过，西庇阿和他的妻子并没有真正受到影响，对拥有如此高地位的人来说，即便受到道德指责也不是什么大不了的事。别忘了，认为西庇阿妻子的珠宝与她的地位相符的波利比乌斯原本就是希腊人。我们必须承认，在现实中，很少有人真正留恋极简主义的古典时代。对希腊的征服实现了对希腊主义的重新发现，不但影响了时尚，而且影响了知识分子特别是诗人的生活以及人们的政治生活。普林尼、佛罗鲁斯（Florus）、卡修斯（Dion Cassius）、波利比乌斯和蒂特里夫（Tite-Live）都持同样的观点："外国奢侈品在古罗马的出现始于军队从亚洲的荣归。"被如此多的异国情调物品所充实和激励的胜利者，推动了古希腊时尚的复兴。[30]

在被征服的领土上，古罗马服装又是如何被接受的呢？详尽梳理这些地方对古罗马服装的采纳和拒绝情况是不可能的，然而，具有地方特性和本土表达方式的罗马-海外行省社会在帝国出现了，丰富的差异性和统一的共性共同组成古罗马帝国的模式。为了更详细地说明这一点，我们必须考虑到古罗马诸多海外行省的不同情况。一段关于耐心和相互适应的历史，一直伴随罗马达到帝国的巅峰时期——被称颂为"罗马和平时代"的安敦尼王朝。考古学家在今天英格兰的莱克星顿遗址上发现了一位贵族的遗骸，它是在公元前 15 年前后被埋葬的。尸体被放置在一个古冢中，里面有由一些双耳陶罐、一件编织上衣、一块黄金碎片和一枚奥古斯都奖章组成的随葬品。[31] 当地居民尤其是政治阶层人物吸收了古罗马文化的元素[32]，同时古冢也表明这些元素已经与当地信仰相融合。"适纳"（adoptation）一词是由"采纳"（adoption）和"适应"（adaptation）两个词组成的新词，它的界限值得特别研究。[33]

珠宝也出现很多变化。作为一种文化遗产，珠宝已经被佩戴了数个世纪，以戒指、手镯、吊坠和项链的形式流传，受到人们喜爱。罗马的富裕和扩张导致了人们对黄金的狂热追求，共和国时期《奥皮亚法》（Oppia）的限令显示了这一点。又一次，胜利和征服为新的时尚定下了基调。庞培在与拥有传奇黄金和宝石资源的庞托国王米特里达德（Mithridate）的对抗中取得胜利后，珍珠和镶嵌宝石的戒指开始流行。值得注意的是，人们可以同时佩戴一对、两对甚至三对耳环。塞涅卡（Sénèque）说，有些人耳朵上佩戴的饰物值两块地产！我们还应该注意到耳环缀饰上方的柄部，它们有着巨大的差异，直径从几毫米到 1 厘米不等。虽然非常昂贵的钻石几乎没有引起罗马人的兴趣，但翡翠、祖母绿和蛋白石都极受欢迎。仿冒品在当时已经出现了，这让中等收入的人们也能用上时髦货。根据普林尼的说法，在奥古斯都统治时期，模仿祖母绿的染色水晶特别受欢迎。但是自从庞培回来后，珍珠就成了罗马人的心头好：这些珍珠来自波斯湾和印度洋，通过远征或进口获得。直到 17 世纪，珍珠始终占据着独一无二的地位。

虽然服装和珠宝潮流在古罗马时期不断更新，但它们的总体面貌始终代表着整个文明的风格。正是通过服装和珠宝清晰明确的不同类别和级别，个体重新定义了自己。局部改变了，细微差别出现了，服装和珠宝的材料也不同了。时尚并不意味着彻底改变，它是在一个统一的大框架内发生的。它绕过了传统，体现的是某种功能失调。古罗马政治人物的长袍证明了这一点。身体显示出一种自我控制和文明的行为，服饰遮盖肉体、掩饰情感、保护隐私。服装保护穿着者不被外界引发的激情所伤害。变化往往由与异族人或陌生人的接触所引起，因此被视为一种分裂，一种对可被视为共同财富的、借以确立身份认同的事物的"污染"。然而，大量的法条、规定和禁令导致的往往是人们对它们的违抗。

违抗禁令

在整个古罗马时期，各种与服装有关的违禁行为一直存在。长袍的穿法便是议论的焦点之一。面对欲望和抱负，长袍可以展示自制力，披在肩上时，表现出的是平静；随意披盖长袍意味着混乱，紧窄地包裹身体的长袍体现穿着者严谨的性格；那些把长袍穿得拖拖拉拉的人则是荒唐狂放的，就像马克罗比乌斯（Macrobe，310-430）对恺撒的评价那样。长袍成为政治对手们严厉批评的对象，穿着长袍被认为会导致越轨行为，不仅穿长袍，其他违反着装规定的行为也同时存在。[34]

在共和国时期和帝国初期，长袖衬袍被认为是男性服装的一种反常产物。正如当时道德家或历史学家的肖像所显示的那样，即使长袖衬袍在罗马帝国末期被更广泛地接受，但太长或太宽的样式总有让人丧失男子气概的危险。手臂被袖子遮住得越多越被认为不堪，这不符合公民的态度，也不符合西塞罗或昆体良所定义的演说家姿态。因此，衬袍和外穿的托加袍一样，都揭示着穿着者的地位和所属阶层的习俗。[35]528 年，东罗马帝国皇帝查士丁尼为建立法律体系而编纂了《查士丁尼法典》。其中第二章根据服装的样式或颜色，对女装、男装和女性化的服装进行了分类。制定明确规则的需求看上去有些滞后，但关于财产和服装的规定的确被置于同等的法律框架中。绯红色、藏红花色、绿色、蓝色、紫色和黑色被认为是女性服饰的颜色，不加印染的天然色仍然是男性公民专属的服装颜色。人们被建议在使用颜色上尽量克制。事实上，染色大大提高了纺织品的价格，从而显示了穿着者的财富。女性形象的奢侈程度同样受到监管，因为这种奢侈程度很容易过高。一个男人穿着科斯岛的丝织品，或者精致、充满异域风情、透明或色彩鲜亮的织物，标志着他轻浮和放荡的举止。西塞罗讲述了在罗马共和国时期，行政长官克劳狄乌斯装扮成一名妇女，在恺撒的家中参加一场只有女性参加的祭礼活动，并接近后者的妻子庞培亚（Pompia）。西塞罗在文中提供了克劳狄乌斯的服饰细节：藏红花色连衣裙、头巾、女式凉鞋、紫色腰带、胸罩和帽子，他还拿着西塔琴。这种行为是可耻和放荡的。作者无疑是在刻意攻击克劳狄乌斯，但这种穿着的严重后果的确是不可逆转的：穿异装是一种危险的游戏，它模糊

080

了社会身份和性别。[36]

时尚和政治之间的联系密切，因为创新性和短暂性是它们共同的竞争手段。古老的习俗与现代性并不矛盾。服饰引人注目的同时也意味着摩登。如此，被剥夺政治权利的公民也能够被注意和获得重视。总的来说，时尚的本质就是自我终结。时尚强加专制，鼓励浪费。一旦被采纳和传播，它很快就会化为乌有，就好像从未存在过一样。因此，两个极端相互对立：不断改变自己的装束是堕落的表现，而过时则招人嘲笑。此外，时尚总是被认为导致不良的社会风气。针对时尚发表意见的批评家无须声称自己的原创性，也从不申明其见解是代表个人还是集体，因为这些见解本身就是在政治或司法框架内产生的。

反对道德败坏的法律

如果我们在考察新时尚和日益多样化的产品的同时，分析法条的严格性和数量，就会发现时尚的诱惑是很难抵挡的，法律规定也就很难被遵守。事实上，从共和国时期到帝国时期，凉鞋的流行就是一个很好的例子。在古希腊，凉鞋不分左右脚。高卢凉鞋是单层底，巴比伦凉鞋则是双层底。有些凉鞋是为旅行或室内穿着而设计的，有些则缀有毛皮，或染成白色、紫色，绣有珍珠、镶嵌宝石或镀金。它们用皮带固定，人们可以在私人场合穿着，但根据蒂特里夫、苏维托尼乌斯（Suétone）和塔西佗（Tacite）、西庇阿、提比略（Tibère）或日耳曼尼库斯（Germanicus）的说法，它们并不太受法规的约

束。在帝国统治时期，白色、红色和金色的鞋子流行起来。然
而，由于鞋子的材料容易腐烂，它们的发展在某种程度上被我
们忽视了。至于尤维那（Juvénal），他解释说每个季节都有相
应的戒指，冬天戴大戒指，夏天戴的戒指则比较小。季节作为
变化的灵感，很好地说明了时尚的构成。在此之后，有必要分
析为恢复秩序而采取的措施。[37]

纵观古罗马历史，法律资料证明了与服装有关的规则和禁
令的存在。一些著名的禁奢令限制人们穿着过于奢华的衣物，082
另一些则限制人们穿戴专属于皇帝的紫色服饰，或者在古罗马
时代末期禁止在罗马穿柏柏尔人的服装，比如羊毛裤[38]。对道
德败坏的恐惧已经在梭伦的法律中表现出来，该法限定了哀悼
礼仪和葬礼费用。相关法律将主要焦点放在葬礼的规范上，尽
管对其真实性和起源有疑问，西塞罗依然曾两次提到这些法
规。古罗马立法者有组织地规范人们的行为，这从侧面体现了
他们的担忧。

在公元前 215 年的第二次布匿战争中，加图（Caton）从
古希腊模式中汲取灵感，执行了《奥皮亚法》。它直接关系到
妇女，禁止她们穿闪亮的衣服，以及佩戴超过半盎司的金
饰。[39]人们对贵族式的奢华趋之若鹜，对宴会会客人数量的限
制就证明了这一点。蒂特里夫曾提及，《奥皮亚法》实施 20
年后，妇女们公开示威要求将其废除。罗马与迦太基的战争已
经结束了 7 年，大量珍宝从希腊涌入，政治和经济状况已经不
再适合这种限制性的法律。不过，执政官卡托反对废除《奥
皮亚法》，他认为，如果女性的要求被满足，就意味着她们拥

有了政治影响力。

《奥皮亚法》只是一系列禁奢令的开始。恺撒禁止55岁以下没有丈夫和孩子的妇女佩戴珍珠。苏维托尼乌斯认为，这是一种针对独身施加的压力。所以，珍珠的流行承载着恺撒的野心。然而根据普林尼的记载，即使是低收入的女性也佩戴珍珠耳环。作者清楚地表明，法律没能阻止这种流行趋势。[40]妇女通常首当其冲受到禁令的影响。普劳特在他的《一坛黄金》（*Aululaire*）中告诉守财奴欧几里得，索要嫁妆的女人特别可怕。他说："她们要求穿戴紫色服装和金饰，还索要仆人、车子，她们就是损失和破产的代名词。"[41]骨螺紫既时尚又奢华，穿戴骨螺紫色服饰尤其引发人们的担忧。根据苏维托尼乌斯的记录，恺撒不得不采取措施来平息这种狂热，奥古斯特则把这个任务留给了法官。此后，奥勒留禁止男性穿黄色、绿色、红色或白色的鞋子，因为这些颜色被认为是女性专用的。即使到了2世纪，对男人女性化的恐惧和制定行为规则的需求，依然令执政者不时寻求皇帝的干预。

针对服饰的选择、奢华程度和异国情调、颜色或样式进行限制的法律的数量，表明它们实际上是低效的。如果人们真的遵守这些法律规定，他们就不会被定期提醒要守法。对奢侈、模仿以及异国情调的渴望，似乎是无法抑制的。法律在这些欲望面前形同虚设。正如奥维德所指出的："被允许的毫无魅力，被捍卫的才令人兴奋。"[42]

羊毛、棉花、丝绸……罗马和各行省市场上的纺织品和纤维混合织物证明了人们对服装的兴趣。[43]可供选择的种类繁多的颜色——有的价格昂贵比如紫色，以及织布工坊的行业组织，帮助我们想象各种各样的服装充斥市场的盛景。奴隶制提供了所需的大部分劳动力。[44] 纺织和染色工坊的规模最多可达百人，分布在帝国的各地。一些城市成为行业标杆。[45] 服装业蓬勃发展，生意兴隆。[46] 价格谈判和调整非常常见。对于远途商品特别是中国丝绸，中间商参与相关贸易的协调和交易。某些职业如女鞋工匠、凉鞋或套鞋制造商的专业化，表明了皮革分层技术的重要性。珠宝制造商则在处理珍珠、黄金或半宝石方面的工艺上相互竞争。

工坊在不同社区的分布显示了各行业的组织情况。古罗马服装的特点是比古希腊服装变化得更频繁。[47] 装饰品和配饰也发挥着更重要的作用，表明裸体的价值降低。必须承认，即使当时的服装仍以衬袍为基础，但领土征服确实为时尚提供了重要的资源。这些现象的结果便是，古罗马人的服装出现了各种变化。[48] 最后，外表参与了社会等级的划分。从小童到寡居者，服装提供了定义个人角色的象征性符号。[49] 在古罗马时期，逾矩、滥用和法规的模糊不清是被质疑的主要内容。逾越社会地位的行为是问题的根本所在。

第三章　中世纪的服装与审美

476 年，随着西罗马帝国的灭亡，弗拉维·芝诺·奥古斯都成为拜占庭帝国权威的唯一保有人。历史学家认为，395 年古罗马帝国的分裂标志着罗马人在西方统治的结束，这种统治逐渐被游牧民族所取代。对服装的影响显然受到了漫画式的歪曲。

从 4 世纪到 9 世纪，拜占庭在经历了一段不稳定时期后，成为西欧重要的文化和政治中心。时尚现象在精英阶层中再次浮现出来，则要等到 10 世纪经济复苏。然而，尽管西欧一直很不稳定，但时尚及其变化形式在古希腊和古罗马时代就已经存在。因此，并不存在真正意义上的诞生或复兴。柏柏尔人的首领戴帽子，头发梳理精致。他们的文化并不否认外表的区别化和对他人的模仿。寻找这些转变的根源是一项挑战。一些历史学家认为，周期性变化概念的引入应该被视为时尚的起源。但新颖的事物注定要消亡。把中世纪服装经济的发展速度与文艺复兴、启蒙运动，甚至 20 世纪的社会发展速度进行比较，是完全不合时宜的。同样，关注发型的细枝末节并不能证明时尚经济的存在。

历史学家必须承认自己并未拥有全部资料，尤其是 13 世纪和 14 世纪之前的资料。发型、鞋子和服装设计在当时已经有了重要的创新。[1] 事实上，衣服的样式从不分性别变成了清

087

晰的性别区分。位置和样式更合适的纽扣改变了衣裙的线条。此外，服装制度遵循基督教的意识形态，后者是社会更新的引擎。人们对社会差距有着较负面的认识。时尚不是中世纪才出现的，不稳定时期同样促进了服装的变化。

时尚的伪开端

如果每一个危机时期都对应一场时尚的"断电"，那么我们只能考察 20 世纪 80 年代后中国时尚的开端，等到苏联解体后再想象那里服装选择的变化……直到下一次"断电"。我们不应把以前的时尚看作过时的时尚，而应了解它们的具体特点。社会、经济、技术或政治危机都是体现时尚重要变化的载体。北欧城市在中世纪第一个动荡时期之后的崛起及其对物质文化的影响，已经被学者分析得很透彻。正如费尔南·布罗代尔所解释的那样，安特卫普、代尔夫特和阿姆斯特丹进口商品的增加、政府的稳定以及意大利银行的增多，都有利于服装样式的更新。[2] 阶级分化与商业资产阶级的崛起交织在一起，对社会进步的渴望成为变革的动力，新事物和人们个性的表达则是时尚体系的动力。它们推动时尚茁壮成长，并在可持续的基础上建立起来。[3] 时尚往往与文明进程联系在一起。在法国埃皮纳勒（Épinal）的版画中，女性在家里编织和加工织物的形象揭示画家既忽略了她们在家庭之外所扮演的角色，也忽略了男性在服装系统中的重要作用。

然而，中世纪社会时尚的发展，对个体意识的出现及其地位的理解产生了影响。[4] 两种极端的力量同时存在：一种是教会和国家普遍遵守的集体规范，另一种是个体自我表达的愿望和欲求。身体通过服饰为个人提供了一种表达方式，比如，扔掉手套是一种挑战性的行为，可能会引发决斗。有意识地操纵服装的社会意义，有助于赋予时尚更强的内涵。此外，艺术也受到社会深刻变化的影响：哥特式风格取代了古罗马风格。社会不是一成不变的，西方与东方的接触当然相对较少，但并非不存在，十字军东征正是通过新获得的中东财富实现了变革。无论如何，在这个时代，欧洲的主要特征是不稳定性，这种不稳定性一直延续到了 9 世纪。9 世纪以后，欧洲便长时间占据089　时尚的中心地位。

穿着：稳定与变化

　　中世纪早期，西方一直被黑暗时代的形象所困扰。人们对中世纪最初的 5 个世纪中的服装知之甚少，当时的服装风格似乎是古罗马风格与游牧民族服装形式的结合体。男士上身穿长袍或短上衣，下身穿宽松或紧身的羊毛裤，鞋子由布带或皮革条绑制而成。女人穿着衬袍和一件罩袍，外面披斗篷或大衣。已婚女性的头发用纱巾遮住。拜占庭人的影响则反映在丝绸服装和袖口、领口和衣襟的边饰上。这一时期的政治是不稳定的，但在中世纪的 11 世纪和 12 世纪，服装的基本样式相当稳定。男人穿非常像四角短裤的内裤和衬衫。女人只需要穿一件宽大的亚麻衬衫，下半身有可能是裸露的。有或没有兜帽的罩袍在男女服装中都很常见，被挂钩或别针固定，由羊毛制成。地位较高、不需要从事体力活动的男性穿较长的长袍。衬袍的颜色或材质通常与身上的其他衣物形成对比，可以从敞开的衣襟、领口和袖口末端被看到。中世纪早期，服装的风格主线几乎是固定的。只有在政治、经济、技术和社会发生变革后，风格才会发生变化。

　　欧洲罗马政权倒台后，地方统治者管理着旧帝国残留的版图。查理曼大帝（Charlemagne，768～814 年在位）是一个名叫法兰克（les Francs）的日耳曼部落的国王，他的权力在西欧部分地区得到了显著的扩大，并于 800 年在罗马被教皇加冕为皇帝。虽然这个帝国存在的时间不长，但一个有组织的封建社会建立了。人们聚居在领主和他们的城堡周围。贸易展销集市形成，道路也很安全。欧洲经济繁荣，法院数量成倍增加。教会是罗马教皇和大城市地方主教的统一力量。权力的稳定和扩张无意中带来了新的时尚。

　　教皇呼吁封建领主和他们的士兵从穆斯林手中解放圣地，这为重游东方开辟了道路。成千上万人积极响应。对一些人来说，这是一种宗教狂热；对另一些人来说，这意味着掠夺的可能。十字军东征（1095～1291 年）为欧洲服装带来了新的面料和图案。与此同时，平民服装中融入了军事服装的元素。十字军参与发展与中东的贸易和交流通道。欧洲商人利用这一机会与远东地区重新建立联系。城市中心恢复了活力，再次成为生产和贸易的场所。纺织品生产的技术进步，如羊毛的浸泡缩绒工艺以及卧式织机、转轮等新设备，提高了纺织工业的生产能力。最后，行业组织为薪酬制度制定了规范和标准。

经济和政治环境的变化对服装行业的影响是巨大的。一
方面，从 13 世纪到 14 世纪，术语变得越来越复杂和混乱。
正如当时的英语专有名词所显示的那样，服装名称通常源自
法语。新服装出现了，比如风帽斗篷（garnache），这种宽大
的外衣从头顶上套下来，有衬里、领子或兜帽，还有开衩，
有的外衣有袖子。[5] 这种服装有各种变形，塑形和剪裁方式各
不相同。法语在欧洲服装领域很受欢迎。法文单词在英语世
界越来越流行："cotte" 代替了 "coat"（上衣），"surcote"
代替了 "outcoat"（外套）。经济和政治稳定最终导致服装流
行趋势的不稳定。

生产的组织：从新品到二手商品

服装经济的发展需要确保公路和商业通道的安全，并使作
为手工业温床的大城市稳定。当时意大利、德国、法兰德斯和
英国的一些地区正在成为著名的纺织中心，专门生产各种纤
维。游商为地区贸易展销会提供各种商品。这种活力刺激了商
业，推动了交易和货币的发展。意大利北部正在成为会计、银
行和法律体系的先导区。贸易的组织变得更加便捷。14 世纪
中期的大瘟疫甚至可能是由沿丝绸之路行进的商队运送的毛皮
中的跳蚤引起的。从人们衣橱中消失的毛皮制成的衣服似乎也
是这场灾难的后果之一。[6] 此后，城市更大和更集中的发展方
式、商业生活日益重要的地位、财富分配的变化（特别是商

业和制造业资产阶级兴起）以及国家的稳定，催生了更严格 092
的贸易组织。理发师行会的发展体现出理发师职业的再次发
展。除了理发外，理发师行会成员还负责客户的皮肤护理和牙
齿保健。

　　行会是一种专门的行业协会，负责监督生产过程。该体系
以一段通常很长的学徒时间为基础，学习结束时，学徒必须接
受考核，确定符合行会制定的从业标准。行会涉及所有的技术
职业，如帽匠、织布工、鞋匠等。这些规则的目的是保证生产
质量和减少竞争，有些规则还规定了被允许的最高工资。[7] 在
某种程度上，它们是消费者保护条例的雏形。时尚领域起初是
以男性为主导的，之后女性开始控制那些实践中的生产活动。
然而，女性在管理层面没有任何话语权。中世纪早期，欧洲的
主要城市建立了裁缝行会。"裁缝"（tailleur）一词起源于法
语，直到 14 世纪才出现在英语中。裁缝们设计、裁剪、调整
和制作完成为特定客户量身定做的衣服。个性化在当时比在工
业经济中简单得多。某些部件的制作，如亚麻甲（衬在铠甲
下面的亚麻衣），为该行业带来了声望和名誉。1100 年，亨利
一世授予牛津裁缝皇家权利和特许权。在伦敦，亚麻布裁缝和
亚麻甲织造行会于 1299 年有了自己的徽标。这个团体于 1466
年转化为公司，并最终与强人的裁缝贸易商合并。法国与英国 093
的差异则体现在巴黎裁缝和亚麻甲制造商之间的分化。女性工
作的组织从男性行业体系中获得启发。法国的洗衣女工于
1485 年有了正式的地位。[8] 不过，相关立法的目的更多是限制
妇女在工作中的自由。妇女经常因被怀疑行为放荡和制造丑闻

而得不到社会尊重。然而，在实践中，一个生产单位中的男性和女性不可能真正被隔离开，因为男性和女性在生产链的每个阶段都有接触。

度量体系在历史上发生了根本变化，因此出现了不同地域之间单位换算的问题。裁缝们一直面临着为各种不对称的身材设计三维服装的艰巨任务。服装设计师开发了复杂的系统来测量客户的身材。比如，他们使用一个大的木制尺子，上面有与当时的长度单位"一拇指"①（pouce）对应的凹槽。每个国家甚至每个城市都有自己的度量系统，从卡斯蒂利亚系统到法国系统或里昂系统，这些度量系统相互之间都需要转换。因此，裁缝同时也是优秀的数学家，具有明显的抽象思维能力。然而，正如大多数之后出现的手册所指出的那样，没有一种系统能取代专业人员的眼睛和手，后者能识别形体的细微差别。直觉在服装设计中起着重要作用。

然而，毫无疑问，西方人衣橱里的主要服装仍然是二手服装，换句话说，旧衣服。档案资料显示，欧洲各地都有卖旧衣服的人，还有捐赠旧衣服的传统。上层阶级的妇女把她们的衣服送给慈善机构，再由慈善机构卖给二手服装商。后者为社会经济地位较低的群体提供了机会，新衣服对这些社会群体来说太贵了。二手服装商可能有自己的商店，有时会在市场租用橱窗，或者只是在街上摆摊贩卖。⁹早在 1266 年，佛罗伦萨就有

____

① "一拇指"是法国中世纪的长度单位，相当于"一脚"（pied）的 1/12。"一拇指"后演变为英寸，"一脚"后演变为英尺。

一家零售公司经营二手服装。它经常成为新衣顾客和二手服装买家之间冲突的根源。在法国，二手服装商行会因其出色的贸易表现而受到蔑视。它们因商品卖得太贵、处理偷来的货物、与穷人和罪犯这些被认为很危险的人有联系而被指控。13世纪中叶，巴黎的二手服装商试图通过证明他们的行业是一个有着良好组织的手工业领域，来摆脱这种负面形象。

虽然我们看到了古文明时代服装经济的共同结构，但不同时代人们对穿戴的看法大不相同。宗教和礼仪之间的联系在很大程度上决定了古希腊和古罗马的服装。这种联系在基督教的中世纪也很普遍。教会组织了一个新的社会，并借用服装来奠定和巩固它的权力。

被僵化、固定、隐藏或展示的身体

对教会机构来说，服装有两种功能：通过建立一种明确清晰的视觉身份来保障宗教习俗和传统，以及通过任命制度来控制成员的个人身份。由此，教会定义了道德和谦逊的着装规范，借以控制行为尤其是性行为。这些着装规范实际上是对身体的约束。在意识形态的校准下，身体表达了集体身份，并成为一种建立父权控制的手段。[10] 当宗教使用服装来强化传统时，它通常与时尚背道而驰。从本质上讲，时尚现象是动态的，强调个性，这与宗教拯救毫不相容。

然而，基督教不像犹太教那样清楚服装的价值。事实上，基督教神学关于身体的价值观是矛盾的：女人的身体被认为是诱发欲念之处。从这个意义上说，自从亚当因为夏娃的性感而堕落以来，男性的性负罪感就一直投射在女性身上。因此，基督教妇女在展露身体方面被要求谦谨且克制。但这一禁令不适用于男性。作为宗教保守主义的关键指标，服装分为两类：神圣的和世俗的。在父权社会的宗教中，男人有责任确保指导着装规范的宗教规则得到实施。[11] 总的来说，天主教牧师的服装自 6 世纪以来一直没有改变，这是一种僵化的风格，随时间的推移而完全凝固。同样地，司祭法衣处于两个极端之间：宗教上的男性化和服装上的去男性化。裤子被禁止，取而代之的是宽松飘逸的长袍。作为性的象征，头发被剃掉或剪掉，以表示对欢愉世界的放弃。意识形态还涉及平民服装的样式、颜色和图案。

在西方，条纹和花哨的织物长期以来一直是被排斥或耻辱的标志，指向那些处于基督教社会边缘甚至被排除在外的人，比如杂耍演员、乐师、小丑、刽子手、妓女、被定罪的人、异教徒、犹太人、穆斯林，以及魔鬼和他所有的创造物。条纹的妖魔化有一个历史上的解释。对条纹的拒绝始于 1254 年夏末的一桩丑闻。结束十字军东征并在圣地被戏剧性地囚禁 4 年之后，路易九世在卡梅尔修道会几个教友的陪同下回到了西方。这些隐士自该教团成立（13 世纪）以来一直居住在巴勒斯坦的卡梅尔山（Carmel），穿着装饰着条纹的斗篷。僧侣们一抵达就受到当地人的嘲笑和伤害。在英国、意大利和朗格多克，他们被讽刺为"条纹修士"，也遭受了讥讽和身体暴力。不过，衣服只是一个借口，人们不接受正式出家的修士不在修道院隐居这一事实。其后果是，教皇亚历山大六世在 12 世纪 60 年代禁止了条纹服装。卡梅尔人最终采用了一种白色的披风。卜尼法斯八世也确认了这种变化的必要性。从那以后，条纹被负面看待。在纹章艺术中，它们总是与篡夺王权的王子、卖国贼、私生子、恶魔和异教徒相关。[12]

　　由此，单色布料与条纹和圆点相对立。满花的纹样是个例外。这种由百合花组成的重复的白底黑花图案，赋予穿着者尊贵、隆重、庄严、神圣的品质。它是一种力量、财富及君权的象征。在另一个极端，圆点则让人想到脓疱、黑死病和麻风病。至于条纹，它意味着从一种状态过渡到另一种状态，滑向欺骗或麻风病。妓女和边缘化的人被"肮脏的"横纹包裹着。在纹章学中，它甚至意味着私生子。米歇尔·帕斯图罗（Michel Pastoureau）解释说：

　　　　有时条纹仅仅表明矛盾心理、模棱两可：带条纹的服装被认为属于该隐、犹大，甚至约瑟夫，因为他曾抱持异端的想法，相信耶稣的自然受孕。因此，条纹被认为是对社会秩序的侵犯。它将主人和仆人、受害者和刽子手、圣人和疯子、选民和被诅咒的人区分开。[13]

　　中世纪，服装被严重污名化。衣饰的每一个细节都至关重要，它们揭示了一个人行为的好坏。一般来说，中世纪的服装让身体变得僵硬和紧绷，纽扣的增加就证明了这一点。

　　女性服装剪裁本身就很服帖，因此它们不受配饰增多的影

响。系带和纽襻更适合塑造端庄顺畅的线条。查尔斯·德·布
洛伊斯（Charles de Blois，约 1319 年至 1364 年）的紧身夹克
是男装上衣军人化的一个好例子。这是一款全新的夹克，在胸
部和手臂的位置收紧，前部有 32 颗纽扣，肘部和袖口之间还
有 20 颗纽扣；腰部和胯部由 7 个缝在夹克内侧的挂钩勒紧。
这其实就是一件紧身胸衣，包裹着前挺的胸部，意味着里面必
须穿有一件衬垫很厚的裹身衣，即 14 世纪后半叶被普遍穿着
的普尔波万（pourpoint）。还有一种新式短外套，整件做了衬
垫，它塑造了一种显得异常好斗的身体曲线。当时，男性的时
尚反映了社会的军事化。[14]

纽扣在服装的穿着中起着至关重要的作用。勃艮第公爵菲
利普三世（1396-1467）在威尼斯投资了制造镶珍珠玻璃纽扣
的工坊。一些纽扣由木材或金属制成，价格更亲民；另一些则
是工匠使用刺绣工艺制成。球形的双孔纽扣取代了斗篷和外套
的别针。

服装实现了对身体的训练和修正。除了在古文明时代非常
罕见且独立的例子（克里特人通过系紧的皮带来塑造身体线
条），支撑并收紧腰部的紧身胸衣在中世纪并不存在。彼时，
每一个涉及身体的问题都可以用两种方式来解释：畸形或缺少
合适的服装。对男人而言，理想化的身材是强壮高大的。严格
的身体训练在中世纪后期非常常见。[15]成年人必须成为一个与
社会及其要求和谐统一的人。如果承认身体是理想行为的首要
载体，体育锻炼就显得尤为重要。身体必须得到纠正，因为人
们担心会出现无法控制的激情。在很长一段时间内，纠正身体

意味着限制身体。人们甚至怀疑儿童也会因失控而导致混乱。[16] 中世纪，人们憎恶失控。

098

　　用衣服紧紧包裹身体，将肌肤遮盖得严严实实，人们也这样对待双脚。凉鞋的时代结束了。7 世纪，以君士坦丁堡为大本营的罗马基督教帝国颁布了一项法令，禁止在异性面前露出脚趾。接下来的几个世纪里，凉鞋只能由修道士穿着。包头鞋代替了凉鞋，这是罗马凉鞋和一种名为奥潘克（opanke）的鞋子的混合体，后者是伊朗和科普特基督徒穿的一种包头便鞋。鞋子边缘有一整圈缝线，鞋底是硬的。12 世纪，鞋子得到了改进，特别是双道缝纫技术防止了鞋子破漏。在习惯光脚的文化中，人们不会注意双脚。然而，当它们被隐藏起来时，女性的双脚便被视为一种强大的性刺激。它们比男人的脚更小，也更窄。它们的存在感反而得到了强调，正如中国女人极端的缠足所证明的那样。

　　在中国，接近 1000 年的时间里，女人的双脚被认为是极端精致和性感的身体部位，除了每周清洗和敷香粉的时间，它们总是被布条牢牢地捆绑着。据信，这一习俗要归功于 10 世纪的某位皇帝，他要求他的妃子绑紧双足跳舞，以刺激他的欲望。在短短一个世纪里，这种缠足法普及到社会的各个阶层。西方对女性的脚没有那么狂热。14 世纪农民常见的木屐不会让人联想到性，并且它还具有以下优点：防水、便宜、坚固。尽量减少调情，女人就能跑起来，但封闭的鞋子同样成为一种强大的具有性意味的物品。理所当然地，它们导致了鞋形和装饰的发展。

099

从 10 世纪到 12 世纪，商业资本主义经济的发展得益于阿拉伯人的技术知识，这些知识被东征的十字军带回欧洲。东方的华丽服饰刺激了贵族们寻找新时尚的欲望。大约在 11 世纪晚期，被称为"波兰靴"（poulaines）或"克拉科夫靴"（cracow）的翘头鞋开始流行，据说它们起源于波兰的克拉科夫。这种鞋的鞋尖顺着大脚趾延伸出去，越发展越长，在英国甚至到了 10 厘米，以至于爱德华三世于 1363 年颁布了一项禁奢令，根据穿鞋者的收入和社会地位限制鞋尖的长度。年收入低于 40 镑的平民禁止穿这种鞋，其他人的鞋尖长度必须小于 6 英寸①，绅士的鞋尖最长 12 英寸，贵族不超过 24 英寸，王子的鞋尖长度则不受限制。[17]14 世纪，精致的纺织品和皮革被用来制作鞋履，成为优雅和个性的象征。宽头鞋在 15 世纪末取代了翘头鞋。时尚就是如此：潮流的变化需要人们采取一种与之前相反的夸张行为，长形鞋大行其道之后，必然被宽的鞋所取代。在法国，木屐以外的鞋似乎是专供精英们使用的。但在英国，大多数人拥有一双鞋。加工和修理旧鞋的修鞋摊发展壮大。直到 16 世纪末，所有的男鞋都是用皮革、丝绸和其他布料制成的，并且都是平底。在西方文化中，过度着装是女人的拿手好戏。然而在中世纪情况并非如此，因为女人的身体被长袍遮住了。鞋子的多样化发展确实是由男人促成的。

① 1 英寸约等于 2.5 厘米。——译者注

宫廷服装

　　宫廷为流行趋势定下基调。在法国，路易九世（1226～1270 年在位）的统治标志着贵族阶层的一个转折点，他们穿的衣服更简朴，不那么浮华。然而，14 世纪中期，男性和女性的服装开始出现分化，尤其是在长度上。所有社会阶层的男人都穿一种短套裙，这是罩袍的变体。它连接着一件到达腰部以下且缀满纽扣的上衣，里面穿着带衬垫的裹身衣。尽管历史学家试图固定服装术语，但他们也明白，服装在当时还没有得到明确的定义。[18] 法国的王后和公主们的衣领有巨大的开口，透过这些开口可以看到里面衣服的布料，也就是紧身衬裙的布料。腰带由一整排装饰着宝石或刺绣的别针组成。在上流社会，一个旨在优化服装设计、降低成本和确保质量的严谨组织正在形成。

101

　　为了研究亨利三世（1216～1272 年在位）的服装管理，历史学家保留着一份特殊的文献：《密函和自由卷档》（*Close and Liberate Rolls*）。13 世纪中叶，国王服装管理作为服装管理部门的一个分支出现了。这种细分表明了服装在王室的数量和重要性。这个服装的管理中心开设在伦敦塔，衣服做好后被直接送往王宫。服装管理的首席行政官是亨利三世的裁缝。这一切都始于作为"国王的裁缝"的罗斯（Roder de Ros，1238-1257）的办公室。服装管理在 13 世纪就依靠专门生产服装的小型车间组织起来了。文件显示，"国王的裁缝"早已作为一名行政管理人员，在宫廷、藏衣室和大型集市之间穿梭，是唯一有权为皇家衣帽间采购服装的代理人。他通常由文员陪同，后者不仅负责衣帽间的交易，还负责财政部的交易。亨利三世为英国和外国商人以及工匠之间的交易提供担保，这确保了稳定的服装政策延续到下一个世纪。买家会牢牢把握当地官员推荐的好生意，以有竞争力的价格寻找最优质的纺织品。来自科尔切斯特或斯坦福德的英国羊毛和意大利丝绸是首选。[19] 国王的裁缝也是时装部部长、会计和商人，其对国家的华丽形象负有重要责任。[20]

102　　　关于勃艮第宫廷的衣帽间也有详尽的文献，让我们了解了大约两个世纪之后的后勤工作。在菲利普三世的统治下，勃艮第宫廷体现了一位公爵能够拥有的所有威望。作为消费的象征，炫耀是至关重要的。日常生活由大笔支出构成，给竞争对手们留下了深刻印象。通过这些支出，宫廷整合了统治阶层，保障了君主的安全，让他能够管理和统治一个地区。勃艮第宫廷也是一个制造场所，越来越多的专业人士在这里工作。衣服的原料是什么？皮革、丝绸、羊毛、帆布和绒布各自大行其道。宫廷需要哪些男装和女装？上衣和下装，当然还有靴子、手套、内衣和头巾，包袋和珠宝也很重要。为了满足宫廷的需求，纺织品物流系统建立起来，分工得到了优化。原材料的采购和运输需要一个庞大的代理商网络，之后就是接收和分配。最后，王宫外的工坊将服装的收尾工作交还给宫里的侍从们。宫廷服装系统要求对库存进行管理，并定期维护服装的各个部件。[21]

欧洲王室的稳定对时尚起到了推动作用，因为宫廷汇聚了欲望和交易。与此同时，国家或城市试图阻止时尚的发展，因为它通常令人们的社会等级变得模糊不清。

从禁奢令到政府厌女

禁奢令与社会文化的目标相呼应。1337 年，英国的一项法律表现出对新时尚的抵制，凸显保护公共道德、维护和平和维护社会差异的意愿。它还支持国民经济和促进国内工业，压制新富阶层的强烈热情。在商人阶层的争取下，1337 年的法令最终根据穿着者的财富规定了着装禁令。比如，爱德华三世将允许穿皮草者的收入门槛从 40 镑提高到了 100 镑。另一些律法则强调稳重："我们不应冒犯上帝。"英国的情况便是如此，1483 年的一项法律禁止女人穿"无法遮住私密部位和臀部"[22] 的短裙。总的来说，禁奢令被用来重申谦逊和抑制人向上流动的欲望。在意大利，这些法律还保护了性侵者。

女人是这些规定瞄准的主要目标。首先，妓女和交际花被要求穿与众不同的衣服，比如斗篷、长袜、条纹或带圆点的纺织品——现在我们知道这些图案暗示着什么。她们还在腰带上系上小铃铛，这种标记也适用于其他贱民，包括麻风病人和犹太人。面对这些法律，妇女们并非无动于衷。1272 年，安茹王朝的查理一世（Charles I[er] d'Anjou，1227–1285）签署的限制城市女性奢侈生活的梅西纳法，很快就引发了抗议。第二年，女性居民们向国王请愿，要求废除这项法律。意识到改变

104　衣着习惯的复杂性，查理一世最终放弃执行该法案。[23]但中世纪的法律对女性尤其具有攻击性。1427年，意大利发布了一条针对女性淫欲的法规。在1504年的帕多瓦，女人的本性被描述为虚荣和诸多罪恶的根源。1433年9月，佛罗伦萨的地方法官们公开指出妇女的野蛮和不可抑制的兽性。女人的行为必须加以遏制，因为她们忘记了她们属于自己的丈夫，而她们的丈夫被女人邪恶的本性所扭曲。这种歇斯底里在锡耶纳和佩鲁贾引起了共鸣。"我们必须保护男性，他们是女性吸引力的受害者；我们必须拯救这座城市免于毁灭。"这项明显歧视女性的立法将女性变成了性侵犯者；她们成为宗法秩序的威胁。

　　抗议行为表明，女性从未被动地接受法律。然而，所有针对两性的规定直到18世纪才被废除。

中世纪的审美

　　中世纪，人们对外表的重视和对服装的敏感被夸大其词地说成"卖弄风情"。在反对变化和差异性的意识形态框架内，时尚的演变具有一种特殊的敏感性。这种敏感性可以在十字军东征期间与东方相遇后获得灵感而生产的鞋和钱包的变化中看到。

　　1350年后，衣服变得越来越合身，衬衫和配饰，如领子、头网、帽子和手套也变得越来越重要。与此同时，十字军东征
105　激起了人们对异国情调的渴望。

从 1190 年到 15 世纪，关于十字军东征、安提约基雅（Antioche）、耶路撒冷（Jérusalem）以及被俘人员的故事传开了。对战斗场景的描述融入了许多装饰元素，描绘了苏丹们的盔甲和衣服。这些故事建立了一个东方时尚体系，介于想象与梦幻之间。对异国情调的喜爱，以及对消费、新颖事物和满足好奇心的强烈渴望都是显而易见的。15 世纪，男性和女性的幻想内容都证明了这一点。最能说明问题的似乎是在男人头上围成一圈的头巾，有时还会装饰一圈皮毛。同样地，在圣保罗对哥林多教会的劝诫之下遮住头发长达几个世纪的女人们，也开始露出头发并把它们垫高。[24]

手袋或钱包发生了深刻的变化。13 世纪，它仍然被称为济慈袋，指的是装有慈善物品的施舍袋。拥有一个漂亮的济慈袋意味着财富和慷慨，它代表一个积极的女性形象。1362 年，"钱包"一词出现，它概括了袋子里的物品，同时消除了基督教的道德内涵。毫无疑问，贸易的发展是这种变化的原因。零钱包在恋爱中也扮演着重要的角色。最精致的零钱包可以追溯到 14 世纪，作为送给恋人的礼物，带有寓言场景的刺绣和与浪漫考验相关的图案。一些手袋上描绘的女人摆出驯鹰人的姿态，她的情人则模仿鹰隼，仿佛女人在调教她的猎物。订婚或结婚的手袋则是中世纪传统的一部分，未来的丈夫需要送给他的未婚妻一袋硬币。

如果不考虑东方时尚体系和鞋子、手袋，中世纪其实是一个相当不适合新事物发展的时期，基督教道德和社会重组是中世纪不适合新事物发展的部分原因。然而，黑色在这一时期的

106

重要性表明，尽管受到政府和宗教的限制，人们还是拥有相当
的创新能力。

黑色：一种颜色的价值

中世纪，颜色具有复杂的含义，它们一直在变化，越来越
多地与情感联系在一起。[25] 最引人注目的是黑色含义的变化，
这种变化一直持续到 15 世纪中期。

黑色是一种冷静、不做作、与道德和克制有关的颜色，首
先被神职人员和司法人员使用。社会对黑色的采用在此之后使
这种颜色变成了时尚。在 14 世纪的意大利，贵族和富有的商
人都穿着黑色的衣服，因为着装规定禁止他们使用鲜艳的颜
色，比如华丽的威尼斯红或佛罗伦萨的孔雀蓝。随着社会的飞
速发展，这些人试图绕过禁令展示自己的成功，因此需要颜色
更深、更稳重、更吸引人、质量更好的黑色服装。在这种需求
的刺激下，早在 13 世纪 60 年代，染料制造商就开发出了高品
质的黑色染料。在许多城市，黑色还使人们得以绕过针对珍贵
皮毛的禁令，尤其是最昂贵和最黑的皮草——紫貂。这些昂贵
的黑色服装吸引了君主们和王室。1528 年，巴尔塔萨雷·卡
斯蒂里奥内（Baltassare Castiglione）出版了《朝臣之书》
（*Livre du courtisan*），其中黑色因其克制的道德价值而被大力
倡导使用，虽然在节日期间人们其实更喜欢其他颜色并佩戴奢
侈的配饰。作者将黑色和西班牙的哈布斯堡模式联系起来。[26]
克制的服装意味着穿着者能够很好地控制情绪。其他一些 16

世纪的意大利作家提出黑色体现了男子气概和刚毅等品质。

此后，黑色成为天主教徒和新教徒之间冲突的象征。这种对抗的局面使得黑色的时尚得以延续下去。在一个宗教张力巨大的时代，穿暗色或彩色的衣服表明人们所属的阵营。天主教式的过分鲜艳被"击败"，黑色变成了严谨的标志，宗教改革者则变成了反色彩的人。红色作为淫欲、罪恶和教会高级官员的专用颜色被首先禁止使用。然而，一些天主教徒也遵守相似的戒律。西班牙菲利普二世（即腓力二世）是勃艮第公爵的后裔，他最喜爱的颜色便是黑色。中世纪晚期，社会各个阶层都在推广黑色。纹章体系帮助它去除了险恶的一面。然而，如果没有染料制造商的努力，黑色肯定不会有如此高的地位。

城市、贸易和纺织工业的发展是与时尚齐头并进的。早在13世纪，严格的规定就被制定出来，以指导污染严重的城市工业的选址、公司的权利和义务，以及被允许和禁止使用的染料清单。专业化成为必然，人们需要区分材料（羊毛、丝绸、亚麻和大麻）的类型、颜色或颜色的组合。比如，在意大利的羊毛染色行业，一个染红色的工人是不能染蓝色的。在纽伦堡，普通染料制造商不同于豪华染料制造商，后者使用的昂贵染料能够深入织物纤维。在工作记录或配方手册中，没有任何内容表明当时发现了一种新的黑色染料。染色商仍然使用大多从波兰进口的栎瘿。不过，社会需求先于材料和技术的进步，欲望的出现比化学早得多。 108

14世纪末，黑色的衣服被装满米兰公爵、萨瓦伯爵，以及曼图埃、费拉拉、里米尼和乌尔比诺的贵族们的衣橱。从意大利开始，黑色时尚逐渐蔓延到法国宫廷，国王的叔叔们和国王的弟弟路易·德·奥尔良（Louis d'Orléans）尤其喜爱使用黑色，后者无疑受到了妻子瓦伦丁·维斯康蒂（Valentine Visconti）的影响。同样，在英格兰国王、查尔斯六世女婿理查二世（1377~1399年在位）统治的最后几年，他走到哪里都穿着黑色的衣服。君王们对黑色的喜爱使得黑色成为意大利北部最流行的颜色。在整个欧洲，从帝国到斯堪的纳维亚半岛，从伊比利亚半岛到匈牙利和波兰，人们都被这种深邃的颜色吸引。此后，黑色的地位又被勃艮第公爵菲利普三世提高，1419~1420年，他继承爵位成为欧洲最强大的君主（在位时间为1419~1467年）。根据当时编年史家的说法，菲利普三世为了纪念1419年被谋杀的父亲"无畏的约翰"而终生穿着黑色的衣服。至于约翰，他从14世纪末就一直穿黑色衣服。据记载，约翰的十字军于尼科波利斯被土耳其人打败，这导致了他开始穿黑色的衣服。勃艮第公爵菲利普三世的个人威望最终确保了黑色在西方的全面推广。15世纪变成了整个教廷的黑色世纪。强大的西班牙国王菲利普二世也穿着黑色的衣服，黑色对他来说不但有家族含义，而且彰显着神秘意味——菲利普二世认为自己是所罗门的继承人和信仰的捍卫者。西班牙的黄金时代也是黑色服装流行的时代。[27]

政治、社会和经济事件对中世纪服装形成了直接和间接的影响。原材料的供给情况、穿着者及其家庭的社会地位以及需要满足的实用或美学需求，在服装的转型中发挥着重要作用。罗马帝国灭亡后的地缘政治变化，给服装制造者带来了新的影响。西欧稳定后，城市的繁荣使纺织企业得以继续发展。男性在服装生产中所扮演的角色得到了确立。这个行业太庞大了，不可能仅仅是一个由女性从事的领域。然而，妇女完成了生产链的初步任务，特别是纺纱。染色更多是男性的工作。与此同时，纺织业变得越来越重要。十字军东征改变了人们的品位，将异国情调与西方传统联系起来。宫廷的发展令精英们在各自的地盘展开审美和财富的竞争。这些发展促进了技术革新或新技术的发展和普及，比如由占领西班牙的穆斯林从印度带来的水磨、卧式织布机或纺车。[28] 竞争的加剧导致了对纺织业更严格的约束。纺织业协会在 12 世纪组建，比商业协会晚了一个世纪。进口问题已经引发了争论。有关规定限制了每一种工作的工匠人数，也规定了质量标准、工资率和工作条件。熟练工匠的流动性正在增强，法国的意大利染色工证明了这一点。

与此同时，基督教的道德观导致了人们对裸体的真正排斥，这听起来像是一个战士的宣言，他要武装起来与欲望和情感做斗争。服装受到拜占庭、罗马和柏柏尔的多元文化因素的影响。旅行、摩尔人的征服和对西西里岛和西班牙的占领也促进了技术的传播。社会的军事化引入了类似盔甲的服装形式。服装反映了贵族和新兴资产阶级的财富和悠闲生活。服装业越繁荣，就越显示出穿着者与生产系统之间的距离。13 世纪以后，这个系统在没有任何重大变化的情况下加速发展。在商业城市中，制造商、商人和工人在行业中的角色得到了合理的布局，他们处于生产和分销链的不同位置。[29] 长期和严格的职业教育培训出合格的裁缝。他们掌握了制作一件衣服所需的长度

110

单位的换算能力以及剪裁、缝纫和成本控制能力。纽扣的重要性越来越显著，显示出分工越来越精细。[30] 从巴勒斯坦到土耳其再到俄罗斯，染料和织物贸易的国际化使制造商能够专门生产特定的服装，如内衣、靴子、鞋子或帽子。服装风格的多样性正在加速发展。[31] 根据皮波尼耶（Piponnier）和曼（Mane）的说法，彼时服装的风格每 50 年会有一次明显的调整。[32] 中世纪晚期的经济变化和繁荣发展是人们对时尚兴趣增加的主要原因。服饰生产线受益于这种经济上的稳定，也促使富裕的消费者更频繁地更换服装。

第二部分

缓慢推进的时尚革命

第四章　品位经济的稳定化

　　文艺复兴时期的时尚变化是在复兴的商业和城市中心的基础上发生的。然而，理解一种新的世界观需要一些先决条件。考察欧洲国家的前提，便是不能将它视为一个整体。

　　美第奇家族掌控的意大利从 15 世纪初就开始繁荣昌盛，而法国直到 16 世纪初才开始崛起。我们不应该试图用时下的术语来命名当时的服装，对时间的划分也不能过于死板，以至忽略细微的变化和动态。我们之前否认时尚出现在 14 世纪，我们在这里依然断言：时尚在文艺复兴时期也不是革命性的。不过，这并不意味着否认这一时期发生的重要变化。我们更想强调的是新世界的发现，它再次令人们爱上北美海狸皮毛。流行的加速导致人们对服装支出的增加。在各企业的支持下，时尚界人士的聪明才智令富有的人更加渴望为自己和家人买合适的衣服。

　　文艺复兴时期的特点是不同欧洲国家对服饰有着各自的兴趣。这种兴趣在所有领域都得到了体现。细心的艺术家在作品中描绘了他们在旅行中发现的异国情调。这些作品组成了当时服装的剪影，它们并不是时尚专辑，而是风情和习俗的载体，展示着不同的着装方式。时尚是名片，不同的衣服被冠以"法式"、"意大利式"、"米兰式"、"英式"或"西班牙式"的前缀。文化声望无处不在，人们模仿自己的偶像；游商也通过在所谓的国际展销会上出售他们的商品来推动这种传播。

经济与服装：时尚中心的出现

时尚的变化虽不是线性的，但它有可能帮助我们捕捉到文艺复兴的精神。伴随着时间的推移，大规模的文化中心支持着不同的变革及其传播。纽伦堡、佛罗伦萨、阿姆斯特丹、伦敦和卢瓦河谷都在时尚经济中扮演着各自的角色。

14～15 世纪意大利的情况表明，文人和艺术家对古希腊和古罗马的文学和哲学重新产生了兴趣。这并不是一种突然发生的变化，因为中世纪的人们对古希腊和古罗马并不陌生，但人文主义思想与中世纪的精神形成了鲜明对比。从意大利到北欧，肖像画展示了一种新的世界观。它们的清晰度和精确度促使艺术家们对衣服的针脚进行细致刻画。君王们华丽的天鹅绒和织锦被忠实地描绘出来。服装的发展令人着迷。王室和贵族都有豪华的衣帽间，富裕的商人阶层则对他们进行模仿。[1]欧洲大家庭之间的联姻有助于在各国之间交流和传播时尚。纽伦堡印刷厂的发展也有助于服装图录的传播。然而，我们需要仔细研究这些图录，以便将作者的自由幻想与真实存在的服装区分开来。[2]14 世纪初，意大利服装出现了北欧早期服装元素与中东甚至亚洲服装元素。事实上，我们可以看到它们与土耳其长袍和斗巾有一些相似之处。意大利人摒弃了极端的尖头鞋，也不喜欢女性穿的高腰 V 领连衣裙；他们更喜欢觉腰和低胸样式的服装。半裙和罩衣合为一体，变成连衣裙。服装面料展示了意大利工人的专业知识，他们擅长制作织锦和使用大马士革织法。肘部和衣衫接袖处有精致的袖衩，露出来的内衣也很奢华。然而，西班牙帝国和法国对意大利城邦的统治使时尚中心的地理位置发生了改变。[3]

1492 年哥伦布的航行和被称为欧洲霸主的查理五世（Charles Quint，1516–1556）的影响，使伊比利亚半岛成为人们关注的焦点。从荷兰到神圣罗马帝国，西班牙的影响被广为接受。女性的身体被华丽的深色织物包裹。宫廷时尚则向着硬挺和精确的方向发展。为了突出身体线条，一种由芦苇、柳条、绳子或铁棒制成的钟形衬垫被放置在裙子下方，以放大臀部曲线。裙撑把身体的下部搭成了一个真正的平台形状，并在 18 世纪和 19 世纪演变成裙篮和衬架。葡萄牙的珍妮公主（1438–1475）是第一个使用裙撑的人，她的目的是掩盖孕肚。这种时尚在整个欧洲得到了传播，1501 年，凯瑟琳·阿拉贡与亨利七世的长子阿瑟王子结婚，把裙撑带到了英国，裙撑继而成为都铎王朝的一件重要时尚单品。身体的上部，尤其是面孔，被点缀着白色和黑色刺绣的衣领包裹起来，与服装的其余部分形成鲜明对比。女性服装的演变启发了设计男装的人。然而，这两种性别的身形是颠倒的：男性的胸部和肩膀占据了主导地位，沉重的刺绣和坚硬的花边缀满前胸。肖像画和财产清单让我们了解到许多细节。最后，亨利八世和伊丽莎白一世（1533–1603）色彩艳丽的服装取代了黑色服装，在法国和伊比利亚半岛也很受欢迎。[4] 显然，文献资料更多涉及精英阶层

117

和王室成员，他们是潮流的启动者。然而，众所周知，中产阶级同样推动了前工业时代的成衣经济发展。

从文艺复兴时期开始，绣花的可拆卸袖子就在商店里销售并出口到外国。16 世纪伦敦海关的文献还记录了大量进口物资：比利时、西班牙和意大利的手套、发网、草帽、针织睡帽以及法国长袜和裙子。英国从意大利订购原材料如生丝，然后把它们加工成丝带摆放在商店里出售，售卖的位置紧挨着丝绸领带和袖子。以男性为主的加工者行会将一些产品分包给在家工作的女性。档案清楚地表明，从最重要的服装部件到最微不足道的配饰都是大规模生产的。[5] 慈善募捐制度也证实了这一点。每年，在圣星期四的净足仪式上，英格兰的伊丽莎白一世都给尽可能多的妇女每人提供一件羊毛长袍、一件衬衫和一双鞋子。一位富有的纽伦堡公民在 1577 年的遗嘱中写道，每年 10 月 31 日要向 100 名穷人分发一件马甲、一件白色亚麻衬衫和一条黑色羊毛裤子，以及一顶黑色帽子和一双鞋子。这项捐赠一直持续到 1809 年！被分配到这项任务的裁缝和熟练工必须把工作方法标准化，并从专业工匠那里批发原材料。由此可见，成衣并不是在 19 世纪或 20 世纪才出现的。[6] 不断发展的服装行业推动了二手服装市场的发展。事实上，16 世纪初，一件斗篷的平均价格相当于纽伦堡一位女仆年收入的一半。可以预见的是，二手服装市场有着巨大的潜力。[7] 巴黎帽匠的例子说明了当时人们对旧帽子的重复使用。公司章程规定，为了回收利用破洞、褪色或变形的帽子，需要对它们进行修补和染色，也就是说，翻新这些帽子。这项工作通常是临时抽调技术人员进行的，他们被称为"旧帽子修理师"，只需要很少的工具便能完成旧帽子的翻新。[8]16 世纪，修复或转售旧服饰的商店网络变得更加密集。这证明当时有足够多的服装和足够高的更新频率，能够产生大量的二手服装，使下层阶级的需要得到满足。

　　西欧的城市化和经济增长使成衣的发展成为可能。一些城市中心迅速崛起，并显然有能力为服装行业创造美好的未来。伦敦拥有繁荣的码头和强大的商业经济，在中世纪晚期就已经是一个商业和文化交流中心。它继承了罗马的传统，成为美国贸易的主要港口之一。15 世纪，这座英国城市已经是世界最大的城市之一，但由于地处偏远，它无法与巴黎、佛罗伦萨或罗马等欧洲中心竞争，[9]尚未登上强大的时尚产品生产和展示中心的舞台。在国际时尚体系中，伦敦更像是一个中转站，出口原材料或未加工产品（羊毛、金属），进口奢侈的毛皮服装和有刺绣工艺的服装。然而，由于伦敦的重要政治和文化地位，它在国家内部具有巨大的吸引力。伦敦议会、法院和王宫吸引了富人和有影响力的人，这座城市成为英国的时尚中心。汉普顿宫、格林尼治宫和白厅既是戒备森严的住宅，也是展示西班牙、法国和意大利的工艺品及奢侈品的地方。根据规定，生产必须在公众场所进行，最好是工坊或商店，而不是私人环境。[11]相同的内容也被法规和技术文献记录，制定法规的人梦想着一种海市蜃楼式的同质化。不过，类似的工作确实更适合在一间单独的屋子里进行，无论是商店、阁楼还是卧室。企业档案，特别是巴黎企业的档案显示了工坊和精品店的选址策略。[10] 根据规定，生产必须在公共场所进行，最好是工坊或商店，而不是私人场所。[11] 一些行业集中在某个街区或某条街上，比如巴黎圣雅克街周围的时尚配饰制造业。[12]

位于圣日耳曼·德佩（Saint-Germain-des-Prés）的艾罗帽子店（Chapelier Hélot）的工作室占据了一家私人酒店 27 个房间中的 18 个。[13] 在地下，至少有 3 个地窖可以存放工具和燃料；一楼有印机室和商店；二楼有客厅和艾罗的卧室，里面有烘干帽子的炉子；三楼有存放货物的房间，灰色帽子和黑色帽子分开存放；最后，顶层有一个小阁楼、一个待装修的长廊、一个布料房、一个粗重工具房和一个存放海狸皮帽的房间。在私人空间和职业空间之间的明显混淆中——两者至少要到 19 世纪末才开始分离——生产在巴黎的心脏地带进行。有一些明显不合理的地方，尤其是工坊顶层的布局。事实上，较重的材料更应该储存在一楼，艾罗帽子店的例子相当罕见。一般来说，精品店都会连着作坊、房间或者仓库，工匠在这些地方储存商品和原材料。这些房间可能位于底层，与商店相连，也可能在楼上。

与此同时，已经享有盛誉的城市中心的发展，以及贸易的本地化，也催生了制造业的中心，它们的地位成为所在国声誉的一部分。15 世纪末的图尔就是一个很好的例子，它帮助法国赢得了在奢侈品领域的威望。

图尔财政区（La Généralité de Tours）是法兰西王国最古老和最大的财政区之一。1470 年 3 月 12 日，路易十一（1423–1483）颁布法令在图尔建立了皇家丝绸和金丝床单制造公司，使这里成为丝绸之都。国王的意志决定了一个潜力无限的奢侈品行业的发展。[14] 通过直接监督，路易十一保护工厂，组织工人移民（尤其是从里昂调派工人，因为那里有合格的热那亚技术人员），帮助工人和匠师免去兵役义务，并促成他们获得更高、更稳定的收入。[15] 1512 年，大约有 60 名匠师以社团形式组织起来，由此受到法规的保护。路易十一的举措提高了法国奢侈品的声望。这些举措对应着一个独特的时期，即文艺复兴时期，在这一时期，政治狂欢伴随着中央集权，在古典时代取得胜利。专门性的服务部门负责组织和支付宫廷中的娱乐活动。纺织品和服装的奢华令来宾惊叹不已。欧洲王室常年在政治、外交和军事竞争的气氛中争夺首位，处于时尚前沿有助于权力的增长。这场斗争也在奢华艺术和造型领域展开。图尔和那里的制造商们令这些象征性的战争在丝绸生产领域得到具体化的体现，为政治权力赋予了美学意向。然而，当议会离开图尔地区后，政客和制造商之间的关系危及工厂。事实上，路易十一在西班牙被俘后定居在图尔郊区的普莱西城堡，将接任法兰西国王的弗朗索瓦一世则更喜欢巴黎，尤其是巴黎的枫丹白露和圣日耳曼昂莱城堡。1530~1545 年，王室离开的影响开始显现。1536 年，国王向里昂的工厂颁布了准许令，图尔的工厂陷入困境。市场发展要求制造商不断创新丝绸图案，而图尔过去一直致力于生产单一颜色的丝绸。皇家丝绸厂商孤立无援，无法满足新的美学和技术要求，同时面临组织低效的内部困难。[16] 这座城市最终未能从无法改进染色技术的困境中恢复过来。得益于欧洲中心的地理位置，里昂取代图尔成为制造

122

商和熟练技术人员的集中地。

对美丽外表的不断追求要求对行业进行重新配置，建立更严格的组织。为了丰富产品线和生产高质量产品，有必要明确时尚领域工人的工作。

16世纪，裁缝制作所有的户外服装，以及衬布和里子。由鲸鱼骨和柳条支撑的女性轮廓极其复杂，极大地改变了裁缝的职业。作为真正的身体工程师，裁缝需要通过测量来建立三维结构，诠释它们并将它们转换成二维图形。裁缝也是一名雕刻家，用各种剪刀、熨斗和细针进行调整，纠正各种不完美和不对称的材料。帽匠的工作尤其能说明操作概念，他们的技能揭示了手工艺行业的全部智慧和应用的技术操作。[17]拿毛皮帽子的生产举例，帽匠首先需要准备材料。修剪羊毛、压毡、煮毡、根据帽子的质量和类型对羊毛进行分类、混毛和去除杂质，这些都是帽子制作的具体工序。在准备工作期间，帽匠备好材料，把它们分成4块相同的三角形，然后每两片连成一个梅花形，最终制成一个双层的钟形。在准备工作的最后阶段，帽匠在火炉上的盆里按揉这些毛毡。随后的压毡环节尤其困难，要求帽匠具有极高的灵活性。他们必须徒手或用一卷木头把钟形的帽子敲打大约30分钟，不时地把淡水和煮过的酒泥混在一起洒上去。压毡工的手法类似于厨师用手或卷筒揉面团的手法。帽匠如上重复操作几次，持续时间可达3小时。当帽子最终达到所需的尺寸和形状时，他们会把多余的、边缘不规则的部分剪掉，之后是矫直，这是帽子最终成形的时刻。最后，帽匠在他的作品上做出标记以获得报酬。[18]

帽匠的工作条件非常艰苦。染料和滚水令他们的双手总是乌黑的，且布满烫伤。贝纳迪诺·拉马齐尼（Bernardino Ramazzini）在 1700 年首次出版的《工匠疾病论》中，描述了车间的气味与厕所的气味十分接近。画匠、彩绘匠或烫金工人即便没有因为吮吸画笔而中毒，也可能双目失明。[19] 更常见的现象是，站立工作的工人形容枯槁，患有哮喘，由于车间的气味和湿热，他们经常咳嗽和恶心，或患有静脉曲张和背痛。

生产的组织帮助塑造国家的影响力。这对工人的日常工作和生活产生了影响，但他们的工作条件并没有因此得到多少改善。另外，制造商和匠人们意识到人们对外观和新奇事物的兴趣日益浓厚，于是制定营销策略，以说服未来的客户屈服于自己对时尚的欲望。

广告与传播

在竞争日益激烈和加速的情况下，人们必须选择有利的沟通工具，以便在城市、国家甚至全球范围内设想的经济中获得新的市场份额。

16 世纪，店铺招牌是公共空间中进行视觉交流的重要指示物之一。它为客户指明了前行的方向。视觉艺术家更喜欢小桶、城堡、钟、大钻石或酒瓶这样的物品，或者金狮子、银狮子、公鸡、牛头或圣人（比如圣朱利安、圣犹士坦）的形象。这些标志是城市广告的开端。当时的巴黎至少有 1342 名帽匠和商人，其中 4 名是老帽匠，339 名熟练工，59 名普通帽匠，

656 名学徒，26 名专业工人（刺绣工、梳理工、染色工、剪毛工），11 名帮工和杂工。每座工坊都希望自己与众不同，并脱颖而出。因此，为了吸引距离更远的客户，套着时髦服装的人偶和公众人物成了模特。

根据马克斯·冯·波姆（Max von Boehm）的说法，第一个时尚人偶模特是法国制造的，它与真人一般大小，1396 年被赠送给了英国王室。[20] 刷过油漆的木头身体上套着最流行且贵重的衣服，有着刺绣和花边。从 15 世纪开始，迷你人偶模特便在商店里展出，甚至由女裁缝送给富裕的顾客。这种人偶也被称为潘多拉，取其被宙斯打扮的含义，尺寸较小，便于运输。演员、富有的资产阶级或贵族，也被当作时尚传播者。从文艺复兴时期开始，职业演员就对观众产生吸引力，即使他们在 20 世纪之前一直被与放荡的性行为联系在一起。意大利假面喜剧界的男男女女影响着时尚的趋势。[21] 那个时代的明星在悲剧和喜剧中扮演丑角，以及聪明伶俐的侍女。袖子末端或衬衫前部的花边都能让人想起戏剧里的丑角服装。喜剧小丑服装的菱形图案，也就是所谓的"钻石"，颜色对比鲜明，可以在女性袖子的剪裁中找到，也可以在男性上衣的不同部位找到。最后，我们怎能忘记宫廷这一时尚的秀场呢？最新的潮流在宫廷中展示、被追随和被摒弃。交际花和宠臣们来来去去，展示着一个时代的品位和各种组合。贵族们争相模仿他们。一些公主被认为是时尚的引领者，尤其是伊莎贝尔·德·埃斯特公主（Isabelle d'Este，1474-1539），她在意大利北部以优雅著称。正如宠臣们所证明的那样，男人也不例外，他们非常在意自己的外表，在这方面的花费和女人一样多。这不是时装秀，因为当时并没有专门展示最新时尚的展览会。但宫廷服装展示难道不正是由那些具有影响力的、寻求与众不同的人开展的持续而有组织的时装秀吗？时尚在一个国家的内部垂直传播，在国家之间水平传播。16 世纪，独立的时尚话语出现了。

竞争的加剧和人们对公众外表的渴求，导致了行业的快速发展。西方服装经济在 16 世纪得到了真正的确立。商店里出现了洲际贸易的商品，真人和仿真人偶都在扮演着时尚变化的倡导者。这种对与众不同的渴求引发了一场外表的争斗。每个贵族或家族都深知，服装是战胜对手的武器。国王也被卷入其中，他试图阻止贵族们继续这种争斗。对服装自由的压制有利于国王的统治。

政府对时尚的压制与控制

如此之多的让自己区别于他人的可能性，导致了贵族和欧洲君主的放纵。贵族们利用外表扩大影响，在宗教战争的背景下，这种现象令国王非常不悦。主权国家的回应是制定影响整个欧洲的禁奢令。至于君主们，他们把争斗从战场转移到外交领域。此时的外交武器已经不再是刀剑，而是王室成员的外表。

近代的禁奢令仅针对衣着，而在古文明时代，它们还涉及宴会上的客人数量。这些法规具有规范性和压制性，规定了着装标准，即谁应该穿什么，并规定了相应的惩罚措施——通常是罚款或没收财产。[22] 为了压制各路贵族，从弗朗索瓦一世到亨利四世，国王们利用诸多法律对服装进行规范。

弗朗索瓦一世在 1543 年宣布：

> 鞍辔猎具之外，无论制作袍子、长裤、紧身裤、紧身短上衣还是其他服装，都不得使用带金银线的布单和厚布，有金或银的镶边、刺绣、绦带、天鹅绒或其他使用金线或银线的丝绸。如果穿着者违反法律，要被处以 1000 埃居①的罚款，并没收物品。

不过，他给了那些拥有这类衣服的人 3 个月的时间来穿戴或处理它们。4 年后，在亨利二世的统治下，这些规定的效力"延伸至妇女，但公主、女王和国王姐妹的继承人除外"。1549 年，一项新的法案增加了禁令的数量。除了纽扣之外，法案禁止人们在衣服上使用金银。只有王子和公主才能穿深红色的丝绸衣服。亨利二世还禁止工匠和下层阶级穿丝绸衣服。他在 1561 年和 1563 年先后颁布了两次新法案。亨利三世在 1576 年、1577 年和 1583 年先后颁布了三次关于服装的法案；亨利四世在 1599 年、1601 年和 1606 年也颁布了三次相关法案。

法律被用来通过重申王室的至高无上，以及限制大贵族和小资产阶级的权利来纠正过度行为。他们的拖裙的长度、帽子

128

---

① 埃居为一种古代法国货币单位。——译者注

与珠宝的形状和材料都在被控制的范围内。不过，这些法律并没有过分限制女性的服饰：妻子的服饰必须要显示自己丈夫的地位。然而，法国法律背后的动机更为复杂和微妙。[23]挥霍无度让人们担忧大家族的毁灭，进而担忧国家的毁灭。1547 年，亨利二世颁布的法律表明，他害怕贵族的消费会损害封建战争制度，因为贵族的首要任务是为军队和设备提供资金。这也是一个维持社会阶层的问题。事实上，16 世纪，如果整个贵族家族在战争中被屠杀，平民通过购买头衔很容易获得其贵族地位。当然，时尚产品的丰富和变化会使人们的外表失去符号意义。1615 年，安托万·德·蒙克雷斯蒂安（Antoine de Montchrestien）抱怨道："现在已经不可能通过外表看出人们之间的区别了，商人穿着和绅士一样的衣服。"[24]

但是，同样的禁令被新法律不断重申的现象表明，这些禁令并没有得到遵守。在法国，以蒙田（Montaigne，1533-1592）为代表的散文家认为禁奢令的制定是不当的，且毫无用处。被禁止的东西反而会变成诱惑。相反，蒙田建议允许消费这些物品以消除贪婪。彼时所有人都在强调正在逐渐瓦解的社会等级制度。积累了财富的城市居民组成的富裕阶层不愿意遵守禁奢令，他们想要上升到更高的贵族阶层。最贫穷的人也不会受到影响。这一点在马托伊斯·施瓦茨（Matthäus Schwarz，1497-1574）的《服装之书》（*Livre de Costumes*）中得到了特别的体现。[25]

129

金锦营：政治权力的展示

自中世纪晚期以来，宫廷仪式的兴起推动了越来越庞大的奢侈经济。在 16 世纪的重大事件中，被视为世界第八大奇迹的金锦营会晤无疑是最辉煌的。[26]

1520 年 6 月 7 日至 24 日，经过两年的谈判，弗朗索瓦一世和亨利八世决定在法国太子弗朗索瓦（François）和玛丽·都铎（Mary Tudor）之间缔结一项和约和联姻协议。虽然这次外交会晤以失败告终，但从各个角度来看，这都是一次由双方精心准备的盛会。英吉利海峡两岸数百名工匠参与了会晤。"在这片土地上，每个人都大胆且疯狂地出售和抵押牧场、城堡和庄园，以获得花边、天鹅绒、绸缎、金色织锦、珠宝，尤其是英国人戴的金链子。"[27] 这是贵族排场。在阿尔德雷斯和吉恩斯之间的平原上，一个豪华的营地建成。英国和法国投入大量甚至是毁灭性的资源来实现这一目标。建造营地（帐篷、房间和操场）和组织庆典活动（比赛、化装舞会、宴会、短暂的装饰和烟花活动）既需要动员无数工匠，也需要制作无数的服装。

这次会议的主要组织者是英格兰红衣主教托马斯·沃尔西（Thomas Wolsey）和法国外交官加利奥特·德·热努亚克（Galiot de Genouillac）、首相安托万·迪普拉特（Antoine Duprat）和海军上将纪尧姆·古菲耶·德·邦尼维特（Guillaume Gouffier de Bonnivet）。作为王室授权的高级官员，他们令手工艺在政治形象

中发挥了关键性的作用。其成本高得令人咋舌。显然，服装是　130
君王和朝臣物质文化的重要组成部分。它揭示了诺伯特·埃利
亚斯（Norbert Elias）所称的"宫廷社会"的密码。

> 为了维护在宫廷中的名誉和声望，以及不被嘲笑、蔑
> 视，不丧失威信，宫廷中的人必须根据宫廷社会不断变化
> 的规则来调整外表和举止。宫廷社会规则的这些变化旨在
> 越来越多地强调独特性和差异性，以及维持宫廷精英的身
> 份……宫廷中的人必须穿由某些特定布料制作的衣服和特
> 别的鞋子，还必须做宫廷仪式要求的那些动作。[28]

这种现象既是服装变化的原因，也是服装变化的结果。匠
艺是链条的核心。宫廷发展出一种以华丽为基础的服装体系，
涉及布商、服装商、裁缝、绣匠和内衣商，他们直接与订货商
联系，或通过中间人间接联系，从而产生一种经济形式。丹尼
尔·罗什回忆道："对制造技术和传播渠道的研究显示了人类
自由的创造力以及社会变革的影响。"[29]通过研究供应商、宫廷
账目和商业网络，我们还可以了解国王们的着装选择。

关于英国服装的记录，特别是 1520 年 5 月凯瑟琳·阿拉
贡女王的衣橱的记录，以及在斗牛场和化装舞会上的穿着记
录，显示了当时服装的奢华程度。在意大利和西班牙的服装样
式中，坠穗、开衩和袖衩都非常流行。处理了亨利八世的事务　131
后，国王的服装管理官安德鲁·温莎爵士得到了 746 英镑 3 苏 8
旦。作为王室的一个部门，服装管理部包括几间工作室。总管、

裁缝、记录员和分送员对王室服装和部门运转至关重要。他们订购布料及其他材料，然后制作衣服。国王还动用他的私人账户。爱德华·霍尔（Edward Hall）描述了他第一次见到亨利八世时国王穿的衣服：衣服由银色的布料制成、镶着花边和金边，嵌着珠宝，国王还戴着一顶镶有羽毛的黑帽子。1519 年 10 月，约翰·德·帕丽斯（John de Paris）被任命为国王的御用裁缝，他的日薪是 12 旦。1502 年 11 月成为女王礼服官的埃利斯·希尔顿（Elys Hilton）在 1520 年 4 月和 5 月先后为凯瑟琳·阿拉贡采购礼服。裁缝托马斯·凯莱维特（Thomas Kelevytt）为女王制作服装，他经常使用的面料有白色缎子，绿色、黄色和红色天鹅绒，反射着金色光芒的绿色布料，塔夫绸，黑色的缎子以及天鹅绒。这些面料主要是从布鲁日和荷兰进口的。[30]

归根结底，留在人们记忆中的不是外交事件的结果，而是为了国王的荣耀而进行的不可思议的财富和奢华生活的展示。最有才华的工匠被召集起来。特殊服饰的制造使采购者、中间商、绣花工人和裁缝等从业者的角色合理化，这些从业者接力完成生产的各个环节。服装确实是一种特权的政治工具，它通过华丽的外表带给对手强烈的感受。时装设计师、成衣工、男装裁缝、鞋或裙装的制造商、皮匠或缝衣工无一例外地投入服饰制作。黑色天鹅绒帽子由孔雀或鸵鸟的羽毛装饰，上面装嵌着金纽扣、簪子和别针。许多衣服用宝石和刺绣图案来点缀。大约 6000 名贵族簇拥着自己的君主，后者决定自己和朝臣穿什么。贵族和绅士都有自己的预算，他们必须尊重和凸显自己的地位。1519 年的法令提醒人们：禁止穿得比国王更华丽。

面孔的社会建设

在集体的想象中，旧政权执掌者的面孔通常是苍白、布满麻子的，脸蛋通红，头上撒着闪闪发光的粉末。这种表象显示了人们对 16 世纪知之甚少，这个广阔的学术领域直到最近几年才开始被探索。[31]"身体的社会建构"并没有忽视面部。美化的愿望在道德上是可疑的，因为它是人为的，改变了自然，而只有自然美才堪称唯一真正的美。然而，从 1530 年起，种类繁多且有时结合在一起的理念和科学概念——炼金术、家庭经济学、实用化学、医学——促成了关于各种配方或秘密图书的出版。当时的人们开始使用"化妆品"这个词，各种图书的内容显示家庭制作化妆品已经是一种普遍现象。美容配方在 16 世纪的印刷品中占有越来越重要的地位。虽然化妆品的制作仍然与植物学密切相关，还不是一门独立的学问，但它在大多数关于医学或药学的文献中被提及。

1524 年前后在威尼斯匿名出版的《配方集成》（*Bastiment des receptes*）结集了大量秘方，1560 年由让·吕埃勒（Jean Ruelle）译成法语，是关于当时层出不穷的实用配方的绝佳配方书。这本书在欧洲的畅销一直持续到了 19 世纪 30 年代，有过 60 多个法文版本。虽然该书的建议主要涉及家庭生活的技术知识或狩猎，但身体护理在其中占据了重要位置。

让头发变黑的方法：

把铅捣碎并碾成粉，加上同等量的生石灰，一起倒入热水并搅匀。用这种水洗头发，它会让你的头发变黑。

永久脱去身体任何部位的毛发的方法：

取大约50个蛋壳，充分烧烤、碾成粉并放在水里煮开。把这种液体涂在你想除毛的地方，立竿见影。

让女人容光焕发的方法：

将欧芹和荨麻的种子，加上桃子和杏子一起煮开，澄清或直接用果泥敷你希望改善的部位。

给女人涂胭脂的方法：

把红檀香捣碎并碾成粉。浓醋煮沸两次，然后把檀香粉放在醋里再一起煮，当它快被煮干的时候，在里面放一些明矾粉，你将得到非常完美的腮红。如果你想让它有香味，在里面放一些麝香、麝猫香、龙涎香或其他任何你喜欢的香料。[32]

这个由白色和红色组成的面孔强调了一个特权阶级的成员资格，与农村劳动人口和他们被太阳晒黑的肤色相对立。白色象征着灵魂的纯洁，因此美容意味着抛光、软化、清洁、打磨和净化皮肤。各种配方书揭示了由植物、小麦或大米、金属、铋、西班牙白垩粉和汞混合制成的"神药"。这些无害或有毒的产品被加工成软膏、乳液或水溶液。红色化妆品越来越重要，因为它们能衬托出皮肤的苍白，而苍白是吸引人的关键因素。比如，英国女王伊丽莎白一世用一种混合了阿拉伯树胶和蛋清的胭脂虫来修饰润泽的红唇。[33]巴洛克诗人马克·德·帕皮永（Marc de Papillon，1555－1599）在提及面部的白色和红色时写道："这难道不是情人间的诱饵吗？"但这种红色与白色的搭配也强调了身体的健康，凸显了明亮的眼睛。红色在当时更多用于脸颊而不是嘴唇——直到 18 世纪，嘴唇的状况都很糟糕。

　　购买化妆品的开支构成了家庭开支的一部分。王室主要消费并且组织人员生产这些护理产品。化妆品使用手册上标注的收件人提醒我们，王公贵族也是化妆品的制造商。工匠教贵族们根据控制表情的原则来保养他们的脸。在瓦卢瓦王室，阿格里帕·奥比涅（Agrippa d'Aubigné）对宠臣们所热衷的这些改变身体、衣着和面容的过分行为感到愤怒。腮红受到的大量批评表明了它的受欢迎程度，涂腮红已经变成一种"社会病"。化妆品制造商和香料制造商逐渐扩大了产品范围，从而扩大了客户范围。然而，16 世纪，化妆品仍然主要是在家庭环境内生产的，以牛奶、脂肪、鸡蛋、油、花和根茎、黄瓜浸渍液为基础，经过煮沸、碾碎等工序制成。食物与化妆品之间的区别在于使用方法。腮红和香粉暗示着一种文化和经济的现代性，这种现代性构建了一种引导、约束和呈现面部的权威话语。

135

　　文艺复兴时期的化妆品展示了一种活跃的、奇思妙想的、创造性的专业氛围，这种氛围也影响着城市居民的家庭生活。[34] 盥洗室里的活动受到他人目光的牵制，产生了一系列动作和姿势的鄙视链。[35] 然而，男性和女性不仅受到纯粹模仿的驱使，而且展示出主动汲取和调适的能力。

无法抑制的幻想：对细节的赞美

诸多禁奢令表明，15世纪和16世纪显然是排斥时尚的时代，但它们也是充满幻想的时代。我们认为这些幻想促成了进一步的差异化发展。

这似乎是针对妓女和犹太人的立法的结果。[36] 早在1432年，在佩鲁贾，犹太妇女就不得不佩戴样式过时的头巾，否则会被罚款。因此，旧的时尚是留给他者的，这种人的时髦是为人们所无法忍受的。1514年，在博洛尼亚，妓女被要求戴上清晰可辨、会发出声响的铃铛。作为补偿，她们可以选择自己的衣服和帽子。9年后，长长的黄色针织发带取代了铃铛。然后在1545年，妓女被强令佩戴黄色面纱，且禁止在头上佩戴黄金和白银制品。同样，在1507年的卡斯特洛城，黄色面纱和黄色帽子分别成为犹太女人和犹太男人的标志性配饰。这些规定限制了社会边缘人口提升和美化自己的可能性。身体被标记出来，以便马上能被理解和识别。即便如此，我们仍然不能低估人们的创造力。人们用珍珠、刺绣、首饰和头发的衍生品来装饰和覆盖头部，使受到约束的日常生活变得个性化。原本表达谦逊品质的面纱变成了饰物的一部分。在尽量避免被指责抵抗的同时，女性表达了参与社会生活、追赶时尚和突出自己容貌的愿望。

同样，文艺复兴时期人们对鞋也很感兴趣。15世纪，威尼斯贵族对高底鞋情有独钟。这种鞋用皮带固定脚踝，鞋底高

高架起鞋身，它们体现了社会地位。最初，鞋底的高架是为了
保护脚和衣服不受威尼斯街巷中的泥巴和碎物的伤害。然而，
人们对高底鞋真正的兴趣在于它们能让穿着者变高。它们越来
越受欢迎，高度也不断上升，一度到了 50 厘米。这种高跷式
的鞋让穿着者的脚步异常不稳，穿着者需要一个仆人扶着来保
持平衡。高底鞋的风潮一直蔓延到了西班牙，西班牙人更喜欢
圆锥形和对称的鞋型。教会成员对这种"堕落"的享受感到
厌恶。莎士比亚也不喜欢它们，他在《哈姆雷特》中写道：
"老爷比穿着高底鞋时更接近天堂。"最后，1590～1600 年，
高底鞋被高跟鞋取代。[37] 这种对雅致、纤细外表的偏好正是文
艺复兴时期的特征，几乎影响了服饰的所有元素。

　　我们已经提到了钱包的重要性，现在轮到手袋来吸引注意
力了。手袋形状和尺寸多种多样。最袖珍的手袋又一次受到了
上流社会的青睐。它们是方形的，绣着花，里面装满了香膏、
玫瑰花瓣和稀有的香料，只是用来给裙子和袖口增加香味。在
特别喜欢寓言故事的伊丽莎白时代的英国，有些手袋被做成橡
实和青蛙形状，存放硬币或被当成珠宝佩戴。劳动阶级的手袋
是用袜子或布料做的。[38] 但变化最大的饰物还要数帽子。

　　随着 15 世纪意大利人文主义和文艺复兴的兴起，资本主
义受到海外贸易和资产阶级财富增长的刺激。功能主义和心血
来潮往往是相辅相成的，这使帽子成为帮助人们脱颖而出的理
想工具。在很短的时间内，对个人物质主义的强调扩展到北欧
的许多地区。在法国、法兰德斯和巴伐利亚的王室，人们戴着
最精致的帽子，尤其是圆锥形的大帽子、丝绸帽子和有面纱的

137

天鹅绒帽子，这些都是仙女童话中常见的典型形象。由丝绸制成的奢华帽子被填充物撑出巨大的角。在德国特别受欢迎的是大圆顶的蜂巢形状的帽子，在英国受欢迎的帽子则是由金线、丝绸与珍珠编在一起，上面覆盖着薄纱。这种帽子受到奥斯曼人的影响，后者的势力范围离维也纳并不远。

最后，有些服装见证了特定活动的发展。为了适应浴场的条件或为了能在体育活动中发挥最大的作用，服装起到了一定的作用，因此也成为我们研究的对象，其中就包括泳衣和运动鞋。

直到 19 世纪，泳衣才成为一种重要的时尚产品。然而，我们必须考虑它的发展在 16 世纪对社会态度、个人卫生、身体暴露和谦逊品质意味着什么。在古文明时代，沐浴是一种常见的活动，即便在古罗马帝国最偏远的地区，也有专门供人沐浴的场所。中世纪温泉浴场衰落之后，16 世纪，人们对作为一种医学治疗手段的沐浴重新产生了兴趣。沐浴者前往巴斯和巴登的温泉，因为那里的温泉有治疗作用。参与这项活动需要合适的衣服，特别是可以当场租用的女式亚麻长袖外衣。女人绝不能暴露自己的皮肤，否则就如同犯下了奸淫罪。[39]

关于运动，根据一些历史学家的说法，英格兰的亨利八世需要一种特殊的鞋子，一种更具运动精神的鞋子。显然，在当时的画像中我们可以看到国王的身材。为恢复身材，他重新开始了年轻时喜爱的网球运动。然而，他对自己的鞋不满意，特意订制了 6 双毛毡底的鞋。运动鞋在当时尚不存在，为了提高运动性能，他选择了一种更轻便、外底更实用的鞋来提升舒适感，这些其实都是运动鞋的特点。[40]

服装在文艺复兴时期的欧洲发生了变化。社会环境抑制外表的差异化，这推动人们追求新衣服。其他服饰也进行了调整，以提高穿戴者的舒适性和活动能力。紧身胸衣作为当时的衣着亮点之一长盛不衰，一直持续到了 1900 年。这种服装受到很多人谴责。然而，从其他"极端性时尚"的角度来重新解读它的历史，我们便可以理解它的社会效用。

139

重读极端性时尚

男性和女性的身体在垂直或水平形状的基础上被几何化。紧身胸衣是上半身着装的一部分，它强调身体轮廓的垂直线条，而裙子，尤其是从内部支起来的裙撑，则创造了一个水平的平台。身体的步态、姿势和张力构成了高贵的举止。年轻男孩也会穿紧身胸衣，以获得他的地位所应该具有的优雅体态。

关于紧身胸衣的文字数不胜数。这是一种有 400 年历史的女性服装，是服装的重要组成部分，而且经常被认为是一种折磨人的用品，是父权社会的一种强制性工具，用来在性方面控制和剥削妇女。这种观点忽略了经验并非一成不变这一事实。相反，紧身胸衣揭示了一种本地化的实践，在不同时间满足不同愿望。紧身胸衣还具有社会地位、自律、体面、美貌、年轻甚至性感的积极含义。因此，有两点需要弄清楚：极端性时尚并不只存在于西方文化中，它也并非仅限于女性。无论时尚的起源是什么，它最常见的特征都是夸张的形式。放大肩膀和裙

子的宽度，缩小腰和脚的尺寸……[41]

放宽和收窄服装都是为了强调体型，并从视觉上改变身体。一般来说，西方人认为对身体的长期改变，比如通过服装放宽或收窄身形，是一种极端行为。[42] 为了描述外观的持久变化，身体通常被认为是"残缺的"。这个词意很强烈，意思是被"剥夺"了某种东西。它具有双重含义：穿戴者的身体可能被剥夺了它原本的形状，旁观者也被剥夺了真相。这是 15 世纪教会面对女性臀部被裙子夸大时的批评言辞，认为这种服装是一种关于女性生育能力的谎言。身体的中心，即上半身和下半身的交汇点，实际上是腹部。在许多文化中，尤其是古文明时代，女性的腰腹部被服装紧紧包围。在日本，和服上系着一条宽大的腰带，在身后形成一个复杂的结，比例巨大。因此，紧身胸衣不应被夸张对待。此外，由于紧身胸衣和裙撑阻碍了妇女的自由行动，只有那些没有义务参加工作的上层阶级才能允许自己有这种"残缺"——当然不是一整天。[43] 其他男女通用服装或男性服装也具有大致相同的效果。

皱领这种褶皱和花边在衬衫领口处的延伸，作为男女通用的服装元素，也表现为一种身体的变形。从 1540 年到 1600 年，它大行其道，成为流行服饰的一部分。正如让·克洛埃特（Jean Clouet）在 1557 年前后创作的安托万·德·波旁（Antoine de Bourbon）的画像所显示的那样，皱领从领口处微微露出，提亮了画像中那件深色的衣服。1588 年吉斯公爵的一幅匿名画像也描绘了一个超大的皱领，这是亨利三世统治末期皱领的特征。皱领可以让佩戴者的脸得到强调：它带来了精

140

英阶层所追求的磊落和高贵的正直品性。裙撑阻碍了行走的步伐，而上过浆的皱领挡住了脸，也让进食变得不方便。

裆袋是身体的另一种延伸。中世纪晚期，士兵们穿着盔甲，裆袋是腰带下盔甲的突出部分。当时法国雇用的德国步兵是这种金属外壳的时尚推手。1532 年，弗朗索瓦·拉伯雷在他的《巨人传》中写道，这是"士兵最重要的盔甲"。裆袋成为"世俗"衣橱的一个组成部分，一种"阳亢的时尚"，代表着勃起的性器官。最初，它只是一个小的可拆卸的三角形口袋，被填充物撑起来，再被针和皮带绑在腰带上；之后它的尺寸便发展得越来越令人印象深刻。裆袋凸显了性器官的尺寸和使用者的力量，这种现象一直持续到 15 世纪 80 年代。裆袋还有一个实用的功能，即它可以被当成一个真正的口袋来使用。劳动阶层的裆袋不太显眼，或者根本没有。蒙田延续对裙撑的批评视角，坚持在他的《随笔集》中抨击这种生殖器崇拜的谎言。他说，这是一种"荒谬的物品"，"通过虚假和欺骗增大了它们的自然尺寸"。从 1580 年起，由于被口袋取代，裆袋越来越少被使用。

对于男性来说，身体通过服饰的延伸也表现在肩膀或臀部宽度的扩大。男性的阳刚之气是通过强调男性胸部的三角形来增强的，尤其是宽大的泡泡袖或更紧的紧身上衣。

为了塑造与众不同的曲线，耻骨或阴茎被强调，服装被收紧、钉钩、搭扣、系带、别别针、垫层、填充或支撑。服装构成了一种性别差异，并为那些已经通过体育锻炼塑形的精英阶层带来了一种特殊的说服力。这种服装使人们能够通过华丽的外表来表达穿着者的力量，并支配和统治一个社会群体。

142 　　新式服装供给有钱人，家庭制衣和二手服装供给家境一般的人。从文艺复兴时期开始，服装供应就足以满足消费者的需求。[44] 二手服装市场依赖于强大的倒卖网络，倒卖者同样也被归为商人。商店里可以买到的衣服则更典型、更刻板。当时可能已经出现了成衣。意大利、勃艮第、法国、西班牙和北欧政权主导着制造业，显示出许多跨文化的影响。然而，北欧和南欧的服装有很大的不同。亚洲和奥斯曼帝国的影响可以在织锦和头巾中看到。服装的奢华在意大利的大家族中尤其明显，这些家族主导着强大的经济和工业，并对一种以艺术、文学和哲学文化为标志的新的人文主义精神持开放态度。1500 年以后，外国的影响削弱了意大利城邦国家的力量，交通的改善和工匠流动性的增强使时尚的影响日益国际化。欧洲时尚之间的融合为各个国家传播了特定审美，更本土的时尚也通过人们在国外的旅行传播出去，16 世纪早期印刷的书籍更扮演了时尚助推器的角色。[45] 最后，文艺复兴时期的欧洲积累的经验保证了行业的健康发展：生产组织不断完善，直到前工业时代的成衣出现，人偶模特被用作传播工具，一个国家的强盛通过华丽的塔

143 夫绸表现出来。

第五章　身体的大时代

17 世纪是人类外表历史的一个转折点，服装的更新和时尚的节奏终于成为一件被严肃对待的事。各国对制造业和手工业都抱有前所未有的兴趣，大国之间的对抗与竞争正在欧洲范围内进行。尽管如此，以专制主义主张为标志的法国王室仍然强硬地定下了时尚基调。巴黎夺得了它持续至今的地位：时尚之都。

服装及配饰的生产由于工具的大规模改进而变得更容易，并得到新的工艺法规的支持。在全世界科学化的背景下，新时尚的产生变得更加系统化。与此同时，身体正在成为一种真正的"建筑"，证实了一个世纪之前已经预见的趋势。人们对身体的关注度越来越高。所有人，无论是宗教人士、文人、政治家还是医生，都在追求时尚，各界对时尚的谴责也越来越少。随着文艺复兴的延续，时尚的传播变得更加容易。制造商和从业者更加系统地使用已有的广告手段，如人偶模特，并借助快速发展的印刷品和时尚杂志来展示潮流和产品。凡尔赛宫成为潮流产生和更迭的地方，这里有组织的时装展示，早在 19 世纪下半叶时装表演出现之前就开始了。对新奇事物感兴趣的人群当然包括贵族，他们深知如何才能走在时尚的最前沿。然而，弄虚作假的技术也被用来满足那些想要穿得更时髦的普罗大众。

服装经济的飞速发展

17世纪，时尚成为政治的重要筹码。虽然法国和英国的产品不同，但它们的目标是相同的：促进本国工业发展。法国宫廷借鉴西班牙或意大利时尚，并在其中注入法式元素。加莱的花边和里昂的丝绸征服了世界，法国产品引领潮流。路易十四（1643~1715年在位）穿着它们并影响了他的宫廷成员：法国时尚的调性就这样被君主确立下来。法国时尚业高超的技术借由穿着法式时装的人偶传至国外。在英国，根据塞缪尔·佩皮斯（Samuel Pepys）的《日记》，查理二世于1666年选择了一种更为收敛的风格，以支持陷于激烈竞争的英国羊毛和亚麻织物，这种竞争一部分来自印度的色彩艳丽的棉布。[1] 竞争也在海外进行着。法国和英国之间的抗衡主要围绕着产品的目标市场。法国把自己定位为奢侈品和高级品位的国度，英国则聚焦成衣。

在查理二世统治时期（1660~1685年），英国船主和海军大量订购粗布衣服，为英国船员在海上数月甚至数年提供服装。因此，早在17世纪，英国对海洋及殖民地的征服就刺激了纺织业。承包商与政府或航运公司签订合同，购买制造服装所需的材料，再雇用工人在家中制作。承包商向工人支付按件计酬的工钱，并且经常故意少算件数，工人经常入不敷出——这是一种分包生产的体系，让人想到今天在欧洲边境上依然存在的现象。在英国，时尚的趋势是简约化，服装样式不那么正式，剪裁更加宽松。所有阶层的男装需求都在下降。随着城市工作的变化，特别是妇女工作的变化，服装也在适应经济和社会的变化。这种现象一直持续到 20 世纪。[2]与此同时，欧洲人继续在地球上遥远的地方探险。欧洲对来自世界另一端的布料和服装并非漠不关心。从 17 世纪开始，印度男式长袍（banyan）和棉布就开始影响欧洲的经济政策和制造商的生产。然而，新衣服流通的加速并没有阻碍二手服装贸易的发展，甚至对其产生了推动的作用。

伦敦人塞缪尔·佩皮斯在他的 1660～1669 年的《日记》中记录了关于服装的许多账目。这位英国的显要人物喜欢时尚，热衷于追随潮流。佩皮斯请求他会缝纫的父亲让那些过时的衣服"重获新生"。这些过时的衣服是佩皮斯从他有钱的朋友家拿来的。佩皮斯深谙这一点：既然人们由于经济问题无法频繁更新服装，就需要投资一件时髦的衣服或配饰就足够了。[3]17 世纪，伦敦的旧货商人尤其活跃，他们既卖新衣服也卖旧衣服。这些商人在水手身上发了财，水手们出于工作原因，相同的衣服需要购买很多件。商人们销售大量服装，有时可以赚几千英镑。相反，在威尼斯，二手服装生意受到严格的监管。瘟疫带来的创伤仍然萦绕在这座城市，二手服装的交易被密切监督。此外，妓女在二手服装店里租用或购买服装，这使很多人对二手服装店避之不及。时尚的变化被视为商人的财富和国家威望的来源。

得时尚者得天下

商品陈列并不是现代的产物。自古文明时代以来，销售活动就在市场上或商店里进行。然而，17世纪，商品陈列有了新的要求，它试图通过强调产品的稀缺性和奢华来展示价值。17~18世纪的商场，比如威斯敏斯特厅，为了吸引老主顾进行了合理化改造。由此，被理解为一种休闲活动的购物，作为零售业繁荣的必然结果而诞生。[4]

巴黎-凡尔赛这对搭档赢得了时尚的"桂冠"。16世纪，欧洲的服装仍然非常多样化。但在1618~1648年的三十年战争之后，法国成为欧洲最富有、最强大的国家。君主，尤其是路易十四，将时尚当作一种强大的政治武器，使法国得以确立卓越的文化地位。君主通过要求贵族在宫廷里穿合适的衣服来控制他们，这也是他们确保贵族服饰消费的一种方式。1665~1683年担任财政总监的让-巴蒂斯特·科尔贝尔（Jean - Baptiste Colbert，1619-1683）的角色至关重要。他统筹法国纺织和服装经济，以确保国内产品的供给和质量。法国的领导地位正是通过政治理想、经济合理化和时尚变化的结合而得到巩固的。

由此，时尚实际上是一种战争策略，旨在维护一个王国的文化优势。这场文化战争首先发生在西班牙和法国之间，伊比利亚半岛的影响在绘画和文学中尤其显著，之后法国的重要竞争对手变成了英国。凡尔赛宫廷光芒四射，但法兰西王国当时的生产情况无法满足贵族的需求，因此必须刺激、组织更高质量的奢侈品生产。法国国王鼓励朝臣们消费本国的奢侈品和纺织品。法国工匠穿外国衣服意味着低人一等。蒙特斯潘夫人（Madame de Montespan，1640－1707）——国王官方承认的情妇，是第一位穿"Made in France"（法国制造）衣服的人。她的立场坚定，公开抵制外国的影响。管理贸易的让-巴蒂斯特·科尔贝尔认为，进口正在使法国陷入贫困。一个想要致富的国家必须创新、组织生产、增加出口，对进口产品征收更多的税。宫廷由此成为一个窗口，展示法国最好的一切。专制主义和17世纪典型的奢侈主义的结合产生了非常好的结果。

　　科尔贝尔和路易十四把赌注压在制造商组织和工坊集群上。[5]此后，路易十一、弗朗索瓦一世和亨利四世等君主也都感受到了奢侈品对王国声誉的影响。制造商获得经济特权，贸易公司按照特殊规定行事。即便未获得特殊权益的制造商，也享受着更大的自由。1662年，科尔贝尔在巴黎创办了一家名为"戈贝林"（Gobelins）的挂毯和地毯制造工厂。他还对里昂的丝绸工厂提供支持。外国工人被雇来向法国工匠传授技能。限制进口似乎是欧洲政策的一个关键目标。欧洲人深知时尚背后的利害关系。甚至名字也被用来交易，随着法兰德斯花边的名声越来越大，它们在伦敦的商店里被称为"英格兰针绣花边"——这是限制从意大利进口的经典策略。[6]这种区别实际上是技术性的：法兰德斯花边可以折叠，这样便可以用来做皱领，而意大利花边则用来做扁平的领子。阿朗松工厂建立之后，法国国王禁止使用外国花边，8000名生产花边的工人

149

必须生产本国的替代产品。如果说他们最初是在模仿外国服装和配饰的样式，那么他们很快就摆脱了这种约束。科尔贝尔还借鉴了伟大世纪①的花边样式，它们既出现在男女服装的衣领、袖子、马甲上，也出现在神职人员的衣服上，还出现在马车上……科尔贝尔很快就明白了将围绕宫廷的消费系统化的重要性。制造业竞争秩序的建立是对合理化生产的需求回应。

从 16 世纪开始，裁缝利用印刷品来展示他们的职业和制作过程。[7]人们可能认为有些书是为家庭制作服装所写的，但它们的成本体现了恰恰相反的事实。胡安·德·阿尔塞加（Juan de Alcega）的《构形、剪裁实践和图样》（*Livre sur la géométrie, la pratique et les patrons*, 1580）似乎是这类书中的第一本，在 17 世纪被多次重印。[8]葡萄牙公主的裁缝埃尔南·古铁雷斯（Hernan Gutierrez）和阿尔贝公爵的裁缝胡安·洛佩兹·德·伯吉特（Juan Lopez de Burgette）证实了这本书的价值："它非常好，实用且对公众有益。"这本书的第一部分既有历史内容也有教学内容，解释了"我们在卡斯提尔王国使用的古尺"的缘起，测量单位被分为"1/12、1/8、1/6、1/4、1/3，最后是 1/2"古尺。阿尔塞加用了 22 章来讨论这个问题，并将分式作为教学工具，这样每个人都可以在不浪费或不缺布料的情况下正确地传递布料订单。在这本书的第二部分，阿尔塞加展示了 135 种图样，用于制作男人、女人、神职

---

① 伟大世纪（Grand Siècle）指法国在路易十三及路易十四统治下的历史时期（1610~1715 年）。——译者注

人员、军事指挥官的服装，甚至用来制作战斗服和战旗，这些图样的质量令人印象深刻。作者借助表格详细说明了每件衣服所需的布料数量，表格中 3 种长度和 14 种宽度都可以交叉使用。17~18 世纪，这种出版事业在伊比利亚半岛、法国、英国和神圣罗马帝国迅速发展起来。服装的剪裁、拼接、内衬和缝纫都以数学的形式加以理性说明。由此，服装得以批量生产。技术资料的大幅增加，以及数学领域不同分支给予的支持，促进了世界的科学化。专业人士也可以阅读时尚杂志。比如，《风流信使》杂志（*Mercure Galant*，1776-1824）并不局限于传播时尚，事实上，它还为购买合适的材料和制作当时流行的样式提供了必要的建议。服装业人士、裁缝或假发制造商的活动是长期业务的一部分，我们可以通过人们为工坊的物料起的名字一窥究竟：法兰绒、鲁昂棉、图尔横棱绸、博韦哔叽呢，乃至全球范围的西班牙袖、荷兰呢、勃兰登堡胸饰、暹罗扇、扇子爪或波兰貂。[9]时尚杂志提供了制作时尚服装所需的地理标志。

伟大世纪的服装经济特点是时尚加速变化、生产的合理化和国家的投入。时尚已经成为欧洲大国博弈的一部分，它们都意图争夺政治舞台上的关键位置。18 世纪下半叶，时尚中心的地理位置朝着法国发生了转移，法国成为奢华和品位的化身，意大利则被边缘化。1648 年，西班牙哈布斯堡王朝宣布各省独立，标志着西班牙黄金时代的结束。时尚的传播主要借助新型传播工具，这些传播工具让制造商和经销商为产品做广告成为可能。

时尚的传播：人偶、版画、时装秀

人员和货物的流动有助于时尚的扩张。伟大世纪的特点是营销工具的诞生和发展。消费和外表经济的繁荣可以从时装人偶、图片和杂志以及早期时装秀的增幅中体现。

"时装人偶"是一种微型模型，从巴黎被送到各省或国外。它的出现可以追溯到 17 世纪之前，但在 17 世纪，它的使用有了显著的增长。[10] 有着玻璃眼睛、皮肤和头发的人偶是由各种低成本的材料制成的，如纸黏土或蜡。在德国，丹尼尔·纽伯格（Daniel Neuberger）在奥格斯堡制作了似乎非常迷人的蜡娃娃，它们"色彩缤纷，栩栩如生"。人偶的缺席在当时甚至会阻碍交易。它们的受欢迎程度使其能够获得皇家通行证，以便即使在战争时期也能顺利跨越边界。法国和英国在西班牙王位继承战争期间持续且频繁的贸易证明了这一点。1704年，在战争最激烈的时候，神甫普雷沃斯特（Prévost）写道：

> 他们不让这个大娃娃从巴黎来到伦敦。作为一国之内所有女士的模型，她是一个三四英尺①高的雪花石人偶，穿着最时髦的衣服。有人说，英法两国的部长为了向女性献上某种不配被载入史册的殷勤，承诺为这个人偶颁发专享护照，并且在两国激烈敌对的背景下，双方共同承认并

---

① 1 英尺约等于 0.34 米。——译者注

执行放行。如此一来，这个人偶或许是当时唯一受到武器"尊重"的东西。[11]

153

　　人偶是"唯一受到武器'尊重'的东西"。在战争期间，法式风格的优雅对贵族和国家来说仍然是必要的。在将时尚潮流传播到世界各地的其他方式中，时尚版画占有重要地位。

　　时尚版画出现在 17 世纪，与服装收藏不同，后者更多用于民族志分析。版画本身就是对时尚的检验。在巴黎圣雅克街的印刷厂里，这些版画是由著名艺术家绘画和雕刻而成的。图片旁边标有标题和比例尺。标志性的《风流信使》杂志面向巴黎、外省或外国的高质量读者，并发布宫廷最新的男女服装趋势。[12]冬装和夏装的季节性分离正在出现，制造商利用这点来发展他们的业务。产品线得到了更新，新的需求逐渐出现，颜色和图案每年都在变化。时尚杂志是服装行业传播和推广产品的重要媒介。虽然服装的多样性被普遍接受，但反对时尚潮流的人仍然存在。讽刺某个国家坏品位的漫画出现在版画和餐盘上。法国雕刻家雅克·卡洛（Jacques Callot，1592－1635）是一位敏锐的观察者，他利用这些潮流为自己的讽刺作品提供素材。[13]

　　新的服装潮流从至尊的法国宫廷和朝臣们那里扩散出来。作为法式奢侈品的代言人，宫廷人员和朝臣传播着法国产品和法国风格。弗里蒂尔（Furetière）在《通用词典》（*Dictionnaire Universel*）中解释说，时尚"尤其是指宫廷接受的穿着方式"[14]。外表经济学是朝臣们最关心的问题之一。17

154

世纪 30 年代，用亚麻、丝绸和金银制成的花边成为财富的外在标志，出现在袖口或头饰上。此外，男人和女人都戴着假痣。这些贴在脸上的丝粒有不同的含义，这取决于它们的位置。美白的愿望借由化妆品实现并得到强调。有着超长拖地下摆的豪华宫廷服装在欧洲很流行。由于来自凡尔赛宫的竞争加剧，以及上层资产阶级和贵族之间的界限日益模糊，精英们争相投资罕见的服饰。时尚处于一种表象体系的中心，这种表象体系要么让朝臣成为模特，要么让他们成为苍白的模仿者。国王起床、在花园里散步甚至游戏，都是暴露身体、展示和炫耀自我的时刻。传统历史将 19 世纪下半叶定居巴黎的英国时装设计师弗雷德里克·沃思（Frédéric Worth）看作时装秀的奠基人。[15] 然而，宫廷生活留给装扮的时间确实是事先计划并安排好的。宫廷人员用最时髦的服饰打扮自己，这是一场价值观的竞赛。[16] 潮流在宫廷形成，也在宫廷消失，整个欧洲都在观看宫廷的时尚大秀。

在权力斗争的中心，随着文艺复兴的延续，按照马塞尔·莫斯（Marcel Mauss）的概念，作为"彻头彻尾的社会现象"[17]，时尚变得越来越极端。

政治身体-医疗身体

受以装饰、曲线和直线为特征的巴洛克运动的启发，服装的形状被夸大了，外表的风格也变得繁复。衣服的华丽重新塑造了女性和男性的身体，以至于把身体变成了真正的"建筑"。在人们对卫生和健康的兴趣日益浓厚的背景下，身体也成为医生关注的对象。现代社会的特点是生产的优化，特别是有系统地使用科学方法。[18]工程师、科学家和医生都在争取话语权，试图将自己与技术人员区分开来，后者由于从事手工劳动而被认为天生低人一等。服装成了辩论的话题。医学专业人士对服装的优点、缺点甚至危险程度都有自己的看法。最后，医生会给病人提供着装建议。

羊毛面料受到很多人批评，特别是那些生活在热带地区的人。17~18世纪，医生们一直在强调清洁这种面料的困难。这种面料是传播疾病的跳蚤和虱子的温床。将婴儿过久地包裹在羊毛织物中是造成婴儿死亡的原因之一。这样看来棉布似乎是一种更健康的面料，更适合炎热的气候，因为它更容易清洗，对皮肤的刺激更少，并能持续为身体降温。人暴露在过堂风中会患上许多疾病——脑炎、咽炎和风湿病。因此，为了避免这种情况，即使在炎热的天气里，人们也有必要以一种夸张的方式把自己裹起来。一些不太具有包裹作用的薄纱被称为"肺炎衬衫"[19]。17世纪，紧身胸衣还没有引起医生的注意，也还没有被指控为身体畸形的"罪魁祸首"。

156

从路易十三统治时期开始，那些拥护或反对时尚的作者就以辩论家的身份相互回应。外表成为文人讨论的焦点，文人出版的小册子像论文一样，批评或赞扬当时社会习俗的变化。批评家们也加入了质疑宫廷制度的讨论风潮，但他们的论调听起来可能让人感觉模棱两可。事实上，法国的时尚被认为相比其他国家高人一等，法语也比英语更优雅。攻击性的内容主要涉

及时尚的过速发展、不断发生的变化和短暂性。法语被描述为
"变色龙"。几个世纪以来的争论涉及如何遏制资产阶级的急切
行为，后者一直试图展示出一种自己尚未实现的面貌。这些小
册子谴责奢侈行为、男性的女性化和扭曲个人的奇技淫巧。先
驱者、英国医生、培根派哲学家约翰·布尔沃（John Bulwer）
在 1650 年出版的《人体变形记》（*Anthropometamorphosis*）一
书中，采用了人类学而非道德的视角。布尔沃是人体和人类
交流的探索者，他谴责那些不舒服和不正常的新奇事物。他
特别指出，在袖子或裤子上开衩是一种野蛮的做法。他认
为，17 世纪初佩戴大量饰带，尤其是在耻骨处佩戴饰带的流
行趋势，是不体面和原始的，因为它强调了性。在布尔沃看
来，隐藏在先进文明背后的时尚最终会导致人类风俗的历史
倒退。[20]

大众服装可能不会受到首饰潮流的影响，但任何有能力
这样做的人都愿意牺牲自己的一部分财富。下半身的宽裙子
157 是整个女性服装架构的基础。紧身胸衣越来越窄，紧紧地夹
住上半身，使女性的轮廓显得僵直，这形成了一种区别于他
人的形象。男性的情况正好相反：胸部比下半身宽，男性形
象被认为符合天神的形象。无论是服装材料还是它们所带来
的形体变化，医学话语倾向于对它们开出"处方"或使其道
德化。

对路易十四来说，服装是一种政治工具，他通过严格限
制凡尔赛宫朝臣的服装来压制他们。在英国，国王的支持者
和清教徒派别之间的对立在 17 世纪表现得十分明显。[21] 英国

教会的改革理想激励着清教徒，从他们的服装上可以看出，衣服样式更简单，甚至更有道德感。由于这种政治对抗而产生的内战，以及查理一世的失败和被处决（1649），18 年的君主政体被共和制取代。查理一世死后的财产清单和肖像画表明，清教徒，也就是所谓的圆头教徒，穿着线条简洁的服装，装饰极少，偏爱纯色且深的颜色。人们的富有体现在织物的质量上。随着英国君主制的复辟，在路易十四的保护下，刚刚从法国宫廷归来的查理二世，用服装来抵制清教徒的影响。按照法国的风格，他穿着一件带刺绣和花边的夹克，此后花边成为男装不可缺少的装饰。作为 19 世纪男性套装的前身，17 世纪的男装由三件套组成：一条到膝盖的马裤，一件盖到膝盖以下、扣着纽扣的长夹克，还有一件罩在衬衫外面的同样长度的背心。[22]

　　清教徒并不是 17 世纪唯一反对过度奢华服装的群体。保守的西班牙社会也倾向于抵制服装的创新。大约在 1600 年，裙撑在欧洲其他地方消失了，西班牙人则一直使用裙撑，直到 17 世纪中叶。除此之外，西班牙的紧身胸衣一直延伸到腰部以下，并覆盖裙子的上部。女装使身体成为一种"建筑"，其精神让人想起伟大世纪西班牙祭坛的宇宙秩序。同样，翻领在很长一段时间里都发挥着矫直男性身体的功能，这带来了尊严和与众不同。然而，没有修饰过头发的身体是不完美的。假发使被服饰修饰的身体变得极其精致。直到 18 世纪，伊比利亚半岛才接纳了欧洲的时尚。[23]

头部的装饰：身体护理大发展的指标

身体护理的发展表现在戴假发上，这是真正的头部装饰，但也是不同职业行为之间冲突的象征。

16 世纪，在米兰附近，帽业经由生产丝带、手套和草帽而蓬勃发展起来，并在 17 世纪进行了重组。在 17 世纪的最后 25 年里，为女性设计和销售帽子、头饰的工作由一类特殊的女裁缝（modiste）承担。我们在查理二世统治时期宫廷女眷们的绘画中看到一种厚布料的帽子，人们在冬天和夏天都戴它以遮蔽阳光。田园风格直到 18 世纪才达到顶峰，正如伊丽莎白·维热·勒·布朗（Élisabeth Vigée Le Brun）所绘玛丽·安托瓦内特的肖像所显示的那样。意大利，尤其是里窝那，一直因一种无比精致的草帽而闻名，直到路易十四统治下的法国在政治和艺术上得到肯定。到 1680 年，帽子的结构越来越复杂，变成了由铁丝、花边、丝带和天鹅绒制成的多层复杂结构。这些头部装饰以建筑支架的形式完成了塑型。17 世纪，人们用烙铁和卷发纸使头发打卷，头发盖上一层由钢丝、别针、人造花和纸黏土塑型，使用真人卷发制作的假发。漫画家们欣喜若狂，把戴假发的剪影描绘成贵宾犬，并对路易十四的宫廷进行批判。[24] 道德家谴责这种被视为罪恶的时尚的虚荣和张扬。1690 年发表的著名的《蒂尔神甫论著》谴责了过度精致的男性发型[25]。尽管该论文对消费者和专制主义都持批评态度，但它也可以被解读为外表经济蓬勃发展的证据。假发的重要性是如此之强，以至于一个世纪后，艾蒂安·罗伯特（Estienne Robert）把女人的美发师比作"首席梳妆师"[26]。

1654 年，路易十四针对剃须匠、假发师设立了 40 种征缴费用，以便将钱存入国库，并在宫廷旅行时命他们陪伴在侧。12 年后，包含 200 名技师的剃须匠-假发师行会成立了。蒸汽浴室的经营者此后也加入了该行会。自此，一种职业身份形成，即身体护理师；行会成员从 1700 年的 610 人增加到 1780 年的 900 人。17 世纪，它是巴黎最富有的行会之一。剃须匠-假发师是一流的高级职业之一。购买这种职业身份特别昂贵，因为在 1722 年，它的成本可能高达 6500 英镑。这项职业活动的声望和它所带来的利润导致了剃须匠-假发师与美发师之间的对立，后者是一个较晚形成的职业，美发师这个词直到 1650 年才出现。1769 年巴黎女士美发师协会的投诉揭示了一个世纪前就开始的冲突的源头。该美发师协会指责假发师为女士理发。最根本的问题是，美发行业中为女性美发和为男性美发的工作分配。美发师认为，剃须匠-假发师可以为男性理发和剃须，但他们不具备为女性理发的技能。然而，这也是两种职业之间的不同之处，剃须匠-假发师用木制人头做练习，其技术是机械性的技术；美发师的技术则被视为建立在自由艺术的基础上。美发师拥有天赋和品位，而假发师则只会制作和出售假发套和假发卷。由此可见，将服务商业化是一种职业自卑感的表现。最后，法官赋予了美发师为女性理发的权利。毫无疑问，法院的裁决只是确认了一种惯例，而美发师很快就受到了女性的青睐。1663 年，一部名为《美发师香槟》的喜剧在巴黎马莱剧院上演，讽刺了最早为人所知的美发师之一。[27] 在戏中，人称"著名的香槟"的明星美发师在女士们身上运用他的"才能、技艺或社交能力"，并把她们变成"仙女"[28]。

美发只是外表护理的一部分。每一个细节都前所未有的至关重要，尤其是当下层阶级也想办法得到一瓶护肤液或一件配饰时。

161

精英的极端考究

香水、化妆品、配饰和鞋履激发人们的欲望，并变得越来越重要。大众普遍使用上层阶级物品的仿造品，在这一背景下，时尚产品比以往任何时候都更成为凸显差异性的必要产品。

在几个世纪里，制革工人和手套制造商所需的熏香制品主要来自格拉斯市。香水制造商特别喜欢生长在阳光明媚的山坡上的薰衣草、茉莉花和晚香玉。香水的推广在很大程度上归功于法国王室。18世纪，香味无处不在且不可或缺。它们被喷洒在身体和手帕上。一些工匠甚至专门生产芳香珠宝。王室的香水是由王室的珠宝商和香水制造商制造的，后者会对任何任性的需求做出迅速反应。戒指、耳环、带香味的腰带和手镯被认为是富裕阶层的成年男女和孩子不可或缺的物品。

然而，身体护理也引起了不那么富裕的人群的兴趣。他们从家居手册、烹饪书和代代相传的食谱中获得灵感，在家中制作化妆品。化妆品的生产必须由女性掌握。面霜和护肤液显示了美与药剂之间的密切联系。野生植物根茎、野花与水、啤酒、醋和香料混合制成的护肤品可以美白面容，改善肤色，消除天花的疤痕。化妆品的制造在很大程度上受到了加利安（Galien）体液理论的启发，化妆品是保持健康和美丽的重要产品之一。[29] 对自然周期的力量和占星术的信念也适用于美容产品，一些配方使用 5 月的露水或春天植物的头道汁液。[30] 殖民者接管新大陆的植物后，美容产品的配方发生了一些变化。传统的蜡、猪油和核桃油被添加到加拿大血根草中，以调制一种美丽的红色。17 世纪，护理秘籍出版的热潮仍在继续。

玛丽·莫德拉克（Marie Meurdrac）的《专供女士使用的简单好用的化学书》（1666）第六部分专门论述"美化面部，以及如何使人变得更美并保持姣好容貌"。此外，人们还需要保养手部和头发。这部"美容手册"提供了一些方法以防止肤色暗沉或淡化皱纹、防晒、增加面部红晕、改善嘴唇颜色、美白牙齿、染发、促进头发再生。一种帮助人们获得自然美和健康肤色的方法在不同的书中被重复引用。

取睡莲、甜瓜、黄瓜、柠檬汁各一盎司；再取泻根、野菊苣、百合花、琉璃苣、蚕豆，每样一把；把 8 只鸽子剁碎；再把上述准备好的材料与硼砂、樟脑、面包屑、白葡萄酒和糖一起放进蒸馏器里。浸泡 17~18 天，然后蒸馏并收集蒸发液。

有了对自然的信念和信仰，魔法就会在你的脸上起作用……不过，用于美白皮肤的乳霜、粉剂和珐琅，即便能产生预期的效果，也往往含有砷和铅等有害物质，危及健康。

制造商擅长生产专供精英使用的化妆品。法国和英国宫廷鼓励研究白色香粉和腮红，以美化面容和覆盖面部疤痕。这些时尚甚至传播到殖民地。大城市的香水师、美发师和药剂师为女性和男性提供大量时尚化妆品。正如马塞尔·莫斯在 20 世纪 30 年代所定义的那样，人们在一种身体技术的基础上确定了真正的仪式。[31] 在文学作品中广泛传播的对面部表情的诠释和归纳，是在一种强制性的政治和社会结构的框架内完成的，即宫廷社会加强了视觉相对于其他感官的首要地位。17 世纪的人们见证了香水行业的形成、店铺数目的飞速增长、营销策略的制定，以及无数颜色和味道的商品。融 "鼻子"、画家和炼金术士于一身，香水师有诸多知识和技能傍身，站在了科学和技术的十字路口。

直到 17 世纪，佩戴手套一直是精英阶层的特权。手套象征着佩戴者的财富和地位，此后成为服装的一种必要配饰。虽然 17 世纪初，男女手套很相似，但它们已经发展出诸多不同的颜色、样式和材料。手套由鹿、羊和山羊的皮制成，具有各异的天然颜色，并逐渐出现用刺绣、金银或宝石做的装饰。这一配饰的成功可以从大众戴的布料手套或钩织手套中看出来。手套已经成为欲望和优雅的代表，并没有任何实用功能。由此，这种商品催生了一系列新规则。手套和社会地位之间的新联系使它成为一种特别的礼物。法官和高级官员经常收到它。

手套不仅是他们的服务酬劳，而且是国家权力的象征。如果在手套里面偷偷放入一些钱币或喷洒了香水，手套的价值还会增加。[32]新的规范形成了，包括正确佩戴手套或脱手套的手势。在 17 世纪的最后几年，男式手套和女式手套之间开始有了区别。女式手套五颜六色，长至肘部；男式手套的样式则更为简洁。在伟大世纪，手套对着装起到必不可少的补充作用，手袋亦是如此。

手袋的兴起主要是由于棋牌的发展。为了携带和保管硬币或筹码，玩家使用与桌子形状相衬的小扁平手袋。为了避免收益和损失之间产生混淆，玩家在手袋上会绣上首字母或纹章。17 世纪，手袋的复杂性不断提升。几个世纪以来占主导地位的方形手袋被新月、五角形和盾形手袋所取代，以讲述殖民企业故事或历史的刺绣图案为装饰物。手袋成了一个表达自我的载体，充分显示了使用者的优越地位。[33]

最后，人们越来越喜欢用珠宝装饰的鞋，它们的巨大成功有目共睹。过度奢华的威尼斯鞋子，比如超过 50 厘米的高底鞋，令鞋子的高度成为一种社会标志。在法国的宫廷里，男人和女人的鞋后跟都在变细。昂贵的丝绸鞋显示着闲散的生活方式和积累的财富。塞缪尔·佩皮斯认为，在 1660 年前后，鞋带（最初仅仅是为了系紧鞋）体现出更多的装饰性功能。无论是由金丝还是银丝制作而成，它们都被做成花朵形状，成为真正的珠宝。在詹姆斯一世（1603~1625 年在位）的统治下，宫廷里的男性时尚变得更加引人注目，最富有的人用夸张的弓形或玫瑰线装饰鞋子。但在查理一世统治时期（1625~

1649 年），政治的不稳定和战争主宰着英国和欧洲，有军事元素的时尚产品风行，尤其是及膝皮靴。然而，法国宫廷再次定下了基调。在路易十四统治时期，女性的鞋后跟有 2 ~ 3 英寸高。为了展示它们，女士行屈膝礼时必须要伸长腿，因为长裙会遮住它们。鞋的装饰涉及诸多技术，如丝绸、丝绦刺绣和金银线刺绣，由刺绣行会（由男性主导[34]）完成。在凡尔赛宫，红色鞋跟的鞋只准在宫廷里穿着，因为它们被认为是贵族的标志。这一限制赋予了红色一种权力光环，它成为整个欧洲贵族精英的专用色。

有些配饰是必不可少的，但眼镜不是。[35]打磨抛光和嵌入镜框的玻璃片——当时的眼镜还没有镜腿——说明配戴眼镜的人的视力有问题。精英们起初并不拒绝使用眼镜，但当眼镜于 1700 年前后在社会各阶层都得到普及后，他们在公共场合会尽量减少使用眼镜。因此，三个世纪以来，眼镜一直属于私人物品。然而，对它们的客观需要引发了眼镜外形的变化。比如，手柄提供了一个展示优雅手势的机会。脖子上的绳子或丝带可以让眼镜随时可用。最后，一个巧妙的装置被设计出来，以便在临时有需求时让眼镜瞬间消失：安装在眼镜中间螺丝两侧的玻璃镜片可迅速折叠在框架上——没人知道和看到眼镜。

英国工业化初期的特点是试图将棉花生产机械化，使棉布比进口面料更具竞争力。技术创新和工业资本主义共同改变了纺织生产。[36]这种结合是消费者数量和类型的增加，以及消费社会出现的重要原因。相对便宜的棉布刺激了人们的消费欲望，并开始成为服装业的旗舰产品。随着人口的增长和销售策略的发展，中心市镇鼓励人们对拥有的渴望。利益激发国家制造欲望。然而，直到 19 世纪，社会的所有成员才能够以更低的成本购买产品。

西欧传统社会等级制度的瓦解，尤其是商业资产阶级的出现，模糊了服装价值的边界，同时证实了外表的重要性。欧洲、亚洲和中东之间贸易的加速发展提供了许多灵感来源，使基本服饰发生了前所未有的变化。印染成为一种改变颜色、图案和增强设计精确性的手段，也被报纸和时尚手册用于印刷最新信息。时装和配饰的设计贯穿于宫廷生活，在 18 世纪下半叶尤其光芒四射。凡尔赛宫是一个"大客商"，时尚已经成为路易十四政治权力和法国影响力的一部分。它也是一种约束贵族的工具，后者早已被驯服，整天忙于花费大量金钱来展示自己，君主对他们施加压力的手段变得简单。

167

168

第六章　永远更快

自启蒙运动到第一次工业化的结束（1700~1860年），从传统社会到现代社会的转变主要表现为时尚的加速发展。丹尼尔·罗什提出了"消费者革命"。城市、资产阶级和贸易的发展以及创新和发明的连锁反应，改变了人们与事物的关系，以及人们的需求和情感。[1] 服装和配饰参与了生活方式的改变，也巩固了消费社会的基础。

时尚从此变得不可或缺。虽然直到18世纪中叶，法国帝国主义仍是无可撼动的，但英国人在服装的某些领域树立了自己的威望，并塑造了现代男性的形象。这一时期的一个特点是真正的时尚中心出现了，巴黎和伦敦之间竞争激烈。这一时期的另一个特点是大规模生产和分销系统的确立。人们越来越希望买到便宜的服装和配饰。不过，一些工人对机器的增加持非常消极的态度，他们毫不犹豫地反对机械化。然而，如果仔细观察，我们会发现工业化生产并不是万能的。旧衣服回收利用和二手服装仍然很普遍，甚至受到大众成衣市场的青睐，人们可以更频繁地更换衣服。服装行业已经成为一个充满活力的行业，它依赖职业的重组、分工和企业家的新形象。这个正在巩固的行业的优势之一是使用所有可能的广告媒体。时尚在人们的日常生活中扮演着重要的角色，一些消费者把它当作一种真正的生活哲学，比如"通心粉男人"（macaroni）和花花公子

（dandy）（尽管这种极端的精致被认为是反常的，甚至是所谓同性恋的特征）。从婚纱到囚服，生命中的每一刻、每一种环境似乎都在采用新的规范和习俗。与此同时，医学上的争论越来越激烈，科学家们把女性身体的所有不适和病痛都归咎于紧身胸衣。医生们的意见促进了特定材料的使用和特定服装（比如泳衣）的设计，比如泳衣。正如化妆品所显示的那样，整个 18 世纪继续在自然与矫揉造作这两个极端之间摇摆不定。

从旧制度到19世纪60年代

　　从 1700 年到 1860 年的一系列快速变化从根本上改变了身体。这种转变从未如此明显。有四个时期值得注意：首先是大革命前的时代，它已经改变了服装的形式。1789～1795 年，服装变得非常政治化，具有革命和反革命的双重面貌。从驻外领事馆到整个法兰西帝国，男性的外表继续简化，而女性的外形则逐渐变得硬朗。从复辟时期到第三共和国时期，法国男性的服装风格稳定下来，女性则再次被沉重的硬裙限制了行动。不过，服装保守主义遇到了对手。

　　1720～1770 年，服装的线条始终是弯曲的，但更加精致。亚洲图案和花卉图案布满扇子、连衣裙和短上衣，之后新古典主义的影响开始占据主导地位。早在 17 世纪，男装就由三件衣服组成：及膝短裤、马甲和短上衣。然而，短上衣的纽扣变少了，剪裁也合身了；马甲的长度则缩短了。礼服总是被精心装饰，中产阶级的礼服则变得越来越正式。女装仍然受到巴洛

170

克风格的影响，裙子的周长可达 2 米，裙子连着低领口的胸衣。裙子下面的裙撑起初是圆锥形，然后是圆形，最后是前后平、两侧宽。它们通过视觉上的臀部扩张来增强女性的自然曲线，并在视觉上缩小腰围。衣服的背面可以通过平褶调整或装饰。事实上，这样的服装要求房屋的门必须是对开的，桌子也要足够高，否则就会影响女性的行动。这种潮流随后向着相反的方向发展。服装始终强调宽臀和细腰，但用垫子代替裙撑会让女性的身形显得更纤细。浅柔的色彩、细腻的布料和丝带取代了刺绣和镶花边的宝塔袖，让女性的衣服变得更加轻盈和柔软。法国大革命期间，简洁的服装造型才开始被采用。[2] 男装和女装的设计灵感来自被称为"盎格鲁热潮"的英式节制。[3] 路易-塞巴斯蒂安·梅西耶（Louis-Sébastien Mercier）这样描述那些对英语一无所知、从未到过英国的年轻人："他们穿着又长又窄的外套，头上紧紧箍着帽子，脚上穿着粗厚的袜子，打着鼓胀的领带，戴着手套，留着短发，拄着手杖。"[4] 早在法国大革命之前，服装的简约化就已经使社会秩序被打乱。

1789 年 9 月，攻占巴士底狱成为一个象征，相关图案立即出现在最狂热的革命者的扇子和纽扣上。从丝带制造商到布料制造商，服装行业正在为培育新的意识形态贡献力量。自由是自带表象的。生产者把自由的颜色——红色和蓝色，用在帽子、夹克和鞋上。染料罐和涂料成为革命的武器。制造商正试图借助政治领域的契机，挽救因为面料日益简单和服装造型简化而流失大量富有客户而陷入困境的服装业。必须加倍发挥创造力，挽救奢侈品经济和时尚经济。从 1789 年起，革命理想成为营销策略的一部分。时尚达人是接受最新思想的人。帽子上别着"为了国家"或"三等级融合"的徽章，象征着"长期受辱"的第三等级①的胜利，后者促成了"人人皆为公民的法国"。妇女们用蓝色和白色的蝴蝶结装饰巴士底狱的塔楼和炮眼。在工业化进程中，比全套衣服便宜得多的配饰正在风靡。但是，代表巴士底狱地图的过于复杂的环状配饰很快就被放弃了。一种克制、政治化的潮流正在形成。⁵在这种不利于高调着装风格的环境下，时装制造商付出了加倍的努力。时尚杂志的目标读者之一是贵族，夹在过往奢华的生活方式和当下的简朴风之间。"宪法袍"或民族服装使他们能够融入新的国家。制造商将设计等同于革命，不是出于爱国主义，而是为了增加销量。自由和平等的原则被用来使身体和服装更加现代化。服装通过改变行为和习俗，改变了人们的思维方式。

然而，服装也揭示了革命热情的破灭。事实上，从1790年底开始，革命事件就变得充满血腥，服装必须提供新的价值。制造商很快就会把颜色从红色和蓝色调成粉色和天蓝色，通过染色工艺促进和平与节制。⁶制造商们正在生产一种反革命的服装及配饰：细布领带、黑色亚麻布外套、黄色马甲、绿色马裤和白色丝袜。红色和断头台一起被抛弃了。王后又开始受欢迎，新形制的连衣裙甚至以她的名字命名。模仿她的发型的女人可以"显得更年轻"。她们的头发被剪短，然后烫成卷

172

---

① 第三等级是指法国大革命之前社会中除了教士阶层、贵族阶级之外的其他公民组成的阶级。——译者注

发。随着革命的发展，法国人从时事中获得的灵感越来越少。女人失去了她们的头衔，也就失去了她们的财富，不再能凭借衣着打扮来突出自己与他人的不同。1792~1793 年的服装实际上是 1790~1791 年流行服装的苍白复制品。[7]1789 年以前，新古典主义温和与睿智的影响就已经初见端倪，后来这种影响显得更为必要。白色高腰长袍源自古代的雕像，而男人留着罗马皇帝"提图斯式"的短发。纹饰越来越少，只在长袍、半裙、低领衫和披肩末端出现。自然风格成为被强调的重点。但手袋的流行依然延续了几个世纪。

18 世纪初，男女手袋是不同的。男人把小袋子塞进袖笼，或者往腰带上绑一个小袋。对于女性来说，虽然她们的系着绳子或有拎手的钱包越来越精致，但是这些钱包太小以至于无法放下所有个人物品。大的梨形口袋被绑在裙子上或裙子下面。然而，由于很容易被偷，这种口袋最终被手包取代了。扇子、化妆品和看歌剧的眼镜都装在珠光宝气的袋子里，上面描绘着热门事件，比如热气球升空，或者第一个飞行员罗齐尔（Rozier，1754-1785）的旅程。《时尚杂志》（*Journal des Modes*）在 19 世纪初写道："女人们可以离开丈夫，但永远离不开手袋。"19 世纪前 10 年的女用小包与我们今天的手袋极为相似。手袋的提手、形状和尺寸都与衣服相互呼应：裙子越宽大，手袋就越小。装着个人物品的针织袋或袖袋永远取代不了手袋。手袋黑色缎子上的鲜花或哀悼场景，是维多利亚时代浪漫主义的特征。购物时，皮包是必不可少的，使用不同种类的包暗示着一个女人丰富多彩的活动和个性。[8]

在大西洋两岸，政治事件影响着 19 世纪的服装。法国君主制的复辟让人们从旧政权的想象中获得了时尚灵感。欧洲和北美的运动则以更民主和平等的社会为导向，为男装的全面革命做出贡献。[9] 174

19 世纪，服装风格的变化越来越快，每 10 年或 20 年就会发生一次。不过，深色的三件套正式成为经典样式。年复一年，帝国风格发生微妙的变化，高腰线逐渐下调。腰线的下降预示着紧身胸衣的回归，它在 1805 年前后消失了一段时间。然而，衣袖变得越来越宽，给人一种腰更细的视觉印象。富裕阶层的女人最多会穿 7 层衬裙，直到 19 世纪中叶，堆叠的衬裙被柳条和钢条制成的裙衬所取代。[10]19 世纪 20 年代，服装的线条与浪漫主义（1820~1850 年）联系起来。在这段时间里，男性的服装风格几乎没有变化，女性服装则随着君主立宪制的回归而有了变化。

上层阶级的女性质疑社会赋予她们的角色，服装也成为讨论的内容。1837 年维多利亚女王登基后，理想的女性形象是一个大家庭中的妻子或母亲。她管理家庭、监督仆人，过着平静的生活，没有丑闻。废奴主义者为解放奴隶而斗争的言论鼓舞了一些妇女，她们认为自己被奴役了。那些要求投票权的女性表示，服装阻碍了行动自由和身体活动。这些要求涉及服装的改革和合理化。比如，19 世纪 40 年代，美国邮政工人和女权活动家阿梅莉亚·布卢默（Amelia Bloomer，1818 - 1894）175提倡一种更舒适、更方便骑自行车的蓬松裤（bloomer）。[11]但是，只有少数几个进行西部之行的美国妇女穿这种裤子，以示先锋们的一丝不苟。[12]

　　骑术服装具有舒适、实用和防风雨的特点，是运动服装的基础款之一，同时影响着 18 世纪末崇尚英国文化的法国人的民用服装。英式马术风衣（riding coat）备受青睐。上衣后面的开衩便于人们从事马术活动。骑马的女性则穿着专门设计的裙子，尤其是在维多利亚时代裙子变得很宽的情况下，万一女人从马背上坠落，传统裙子会被马鞍勾住。类似哈维·尼科尔（Harvey Nicholl）[13]这样的制造商设计出"安全裙"并注册了专利。裙子被缩短，从后面扣上纽扣，里面有一层遮住腿的衬裙。英国人主导了马术服装的生产。裁缝们特别擅长制作运动服，这种运动服有时比舞会礼服还要贵得多。

　　19 世纪上半叶，上层阶级妇女再次成为家庭财富和地位的陪衬。她们体现着丈夫或父亲的消费能力。[14]与此同时，商店的选择大幅增加。巴黎和伦敦已经成为时尚的引擎，确立了各自的定位。

巴黎与伦敦

　　关于 19 世纪购物或时尚旅游的研究，通常被认为实际上是关于百货公司的研究。但是城市和街道的地理位置在启蒙时代就已经确立了。因此，营销技术必须被视为社会的主要特征。[15]这种现象是如此重要，以至于雕刻家和画家都把它当作素材。[16]

　　早在 1690 年，第一批导游就展示了巴黎街道的吸引力，指出了不可错过的步行街和时髦景点。第一批以小开本印刷的巴黎地图指出了在哪里可以找到精品店，有哪些不可错过的商品。产品质量上乘，陈列样式和商品的种类让人眼花缭乱，人们的购物习惯也随之改变。巴黎已经发展出了出售无用之物的艺术。德国、英国和意大利的导游，甚至《巴黎年鉴》（*l'Almanach Parisien*），都把巴黎描述为"欲望之都"，"目力所及处皆为商店"，"人在巴黎往往会买一些闻所未闻的东西"[17]。时尚正是在法国首都诞生的。

罗斯·贝尔坦（Rose Bertin，1747-1813）是阿贝维尔的一名时装商学徒，被认为是玛丽·安托瓦内特的时装部部长。贝尔坦出身于一个贫穷的乡下人家庭，她一步步攀升，最终在巴黎圣奥诺雷街拥有了自己的店铺"Le Grand Mogol"，并成为法国王后的服装师。她对王后着装的服务助长了后者的疯狂消费和坏名声。贝尔坦作为女装裁缝，拥有超过 1500 名客户，其中包括介绍王后给她的沙特尔公爵夫人、奥尔良公爵夫人、杜巴利伯爵夫人、德文郡公爵夫人和异装癖者路易·迪昂·德·博蒙（Louis d'Éon de Beaumont），加上维斯特里斯（Vestris）的舞者家族，以及女演员兼舞蹈家圣瓦尔（Sainval）小姐。罗斯·贝尔坦享誉国际。她克服了旧制度的障碍，特别是单身女性获得更高社会地位的困难。最后，为了获得更大名气，她利用了时尚出版物。当时尚女性从业者行会于 1776 年成立时，贝尔坦被选为首席专家，获得了为真人大小的人偶选择服装的权利，这些人偶随后被送到欧洲各国的商业中心，以推销法国人的时尚品位。1777 年，贝尔坦已经雇用了 40 名员工，这还不包括分包商和供应商。第二年，媒体称她为"时尚部长"。但是玛丽·安托瓦内特受欢迎程度的下降、贝尔坦令朝臣们感到愤怒的平民出身、高得令人望而却步的服装价格、傲慢自大的性格，都导致了她最终的失败。法国大革命、贵族离开法国、她在王后的挥霍无度的生活中所扮演的角色，以及"无套裤汉"① 的简朴理想，都让她担心自己的生命会受到威胁。1792 年，这位女裁缝移民到布鲁塞尔和法兰克福，后来去了伦敦，在那里她继续为外国人和法国流亡者提供服装。尽管贝尔坦曾两次被列入政府的移民逃犯名单，但她仍证明了自己离开法国是为了合法的事业。回到巴黎后，她发现自己处于孤立无援的境地，许多客户死在了绞首架上。后人将贝尔坦视为奢靡、独创性和法国优雅风格的象征，并且认为她使缝纫成为一种艺术。[18]

时尚无处不在。路易-塞巴斯蒂安·梅西耶解释说："在 9 个小时的工作时间里，假发制造商马不停蹄地跑来跑去——他们的外号'鳕鱼'便来源于此——一只手拿着卷发烙铁，另一只手拿着假发。"[19]梅西耶很好地说明了散步在时尚发展中的重要性。人们在散步时希望被别人看到拥有和使用各种产品，这混淆了社会阶层。1787 年，吕贝萨克（Lubersac）伯爵对此提出了抱怨。

---

① "无套裤汉"是 18 世纪末法国大革命时期对激进共和主义民众的称呼。——译者注

让我们公正地审视法国的主要城市，并将它们目前的状况与 40 年前的情况进行比较。

以巴黎及其周边地区为例，从工人到大领主，各个阶层都发生了多么突然的变化啊！如果我们把他们的衣服、住所、食物和奇思妙想的开支——简而言之，就是他们现在的各种消费——与当时对比，这种转变是彻底的，甚至是不可想象的。[20]

18 世纪制定了一项贸易法典，在该法典中，旧的习惯、易货和信贷与消费模式的变化和新需求并存。巴黎被誉为购物和品位之城。

然而，伦敦也对服装产生了巨大而持久的影响。英法两国的外交和贸易关系促使英国人选择自己国家的服装，而不是"法式"服装。首先，1685 年路易十四废除《南特敕令》①后，许多法国新教徒流亡伦敦，伦敦从中受益。设计师克里斯托夫·博杜安（Christophe Baudoin）是斯皮塔佛德②伦敦丝绸工业基金会的成员。[21] 启蒙时代初期，汉诺威家族的到来、活跃的职业阶层的崛起，以及伦敦成为日益扩张的殖民地网络的

---

① 《南特敕令》又称为南特诏令、南特诏书、南特诏谕，是法国国王亨利四世在 1598 年签署颁布的一条敕令。这条敕令承认了法国国内胡格诺教徒的信仰自由，并且胡格诺教徒在法律上享有与公民同等的权利。这条敕令是世界近代史上第一份有关宗教宽容的敕令。亨利四世之孙路易十四却在 1685 年颁布《枫丹白露敕令》，宣布基督新教为非法，《南特敕令》亦因此被废除。——译者注

② 斯皮塔佛德（Spitalfields）是伦敦著名的市场街。——译者注

mama

首都而导致的民众收入的增加，结束了不稳定的政局，并推动伦敦市进入一个崭新的发展阶段。它日益增长的民众信心和城市的复杂与完善，伴随着服装建立起来的身份认同，对未来3个世纪的全球时尚潮流产生了深远影响。

179　1666 年伦敦大火之后，开发商和建筑师转而关注城市的西部。贵族们在西区定居和做生意，因为议会和王室都居住在西区，而且这里还有很多公园。舞会、戏剧表演等社会活动的兴起为制造商提供了刺激消费的机会。从 17 世纪 40 年代开始，萨维尔街、杰米恩街和圣詹姆斯街的工匠们成了一种受体育影响的男装风格的倡导者。伦敦还出现了西服三件套。萨维尔街发展起来的缝纫方法启发了女装的设计，19 世纪末出现了严谨的女裙套装。英国工业的力量在于在一个不断扩张的帝国中拓展其产品范围，无论是正式的还是非正式的。伦敦西区成为高质量产品的代名词，伦敦东区或阿尔盖特和贝斯纳尔格林则接纳了不那么有名的生产商。当时的英国已经能够以较低的成本为中产阶级批量生产时尚服装。零售业的可持续性创新也在进行着。从 19 世纪 30 年代开始，由当时的王储兼摄政王与约翰·纳什（John Nash）改造的伦敦西区，建成了皮卡迪利大街拱廊和摄政街拱廊，伦敦西区塑造了购物的新概念。从此购物被中产阶级和上流社会视为休闲活动。这些新型购物场所的吸引力来自精彩的海报、舒适的环境和给人带来的精神满足。[22] 尽管伦敦通过简化服装主导了男性时同，但是巴黎在女装方面的领导地位在 19 世纪依然得到了巩固和延续。

巴黎工厂的发展，特别是专门生产配饰（扇子、雨伞、羊绒披肩等）的工厂，伴随着手工作坊向大企业的转变。其中一些企业专门生产奢侈品。它们以一位特定人物为核心，主要由在技术上具有竞争力的专业工人组成。[23] 这是高级时装诞生的时刻。[24] 当然，定制服装，无论涉及的企业有多大，始终是客户、设计师和工人之间讨论的主题。然而我们必须承认，19 世纪末高级时装公司的集中，最终证明了巴黎的吸引力和影响力。

批量生产与销售

一些经济学家认为英国发生的经济变化是一场消费者革命。不过，为了满足所有人的需求，有必要进行大规模生产和大众市场分销。[25] 大规模生产意味着机械化，能够为大多数人生产中等质量的服装。大众分销则需要成衣零售、销售技术和广告策略的系统化。这些改变通常归因于 19 世纪的英国工业革命，当时的世界经济进入了工业和资本主义经济发展阶段。事实上，这是一场缓慢的革命，由一系列微小的创新组成。煤炭的使用以及蒸汽机、缝纫机或机械织布机的发展（约 1860 年）并没有构成清晰的断裂式飞跃。技术是不同创新的混合产物，我们需要对其进行长期分析。机器并没有被工人立即接纳，他们对机器的使用经历了缓慢的过程。这就是对 19 世纪的研究需要从 18 世纪开始的原因之一。1750～1850 年，经济、技术、科学、社会和政治因素帮助贸易、生产、分配、工人和权力逐步走向工业化。

　　长期以来，来自印度的棉布被认为直接引发了 18 世纪消费的飞跃。它当然是一种代表消费革命的产品，比丝绸更便宜，比亚麻更有吸引力，方便洗涤，颜色鲜艳，但对它的作用必须正确看待。一方面，印花棉布揭示了法国和英国之间日益激烈的竞争。在 1759 年之前，印花棉布在法国是被禁止销售的，英国也禁止在其领土上销售它，但允许印花棉布出口。它的影响力在当时被夸大了，尤其是被那些捍卫传统羊毛、亚麻和丝绸工业的制造商夸大了。[26] 这些不同的面料针对的目标市场是不同的，消费者所属的社会阶层也不同。印花棉布热潮（calico craze）并未发生，棉布也并没有取代其他布料[27]。另一方面，棉布更低的成本让中产阶级有机会拥有时尚、色彩艳丽和新颖的服装。而上层阶级开始讲究床上用品和墙纸的搭配。欲望和时尚正逐渐成为日常生活的一部分，各国正在进行一场涉及许多低成本产品的创新竞赛。

　　法国垄断企业的销售和英国的特许经营让一些企业享有特许的限量生产权。比如，巴黎奥伯坎普夫的欧恩若萨（Jouy-en-Josas），或 18 世纪下半叶阿蒂尔和格勒纳尔（Arthur et Grenard）的墙纸制造。[28] 与此同时，纺织工业正变得越来越重要。这种动态导致劳动力集中在制造业，从工人到雇主的严格等级制度建立起来，并使工人的资格认证正式化。19 世纪初，分工的专业化似乎已经确立，工人们各自完成自己的制衣工序，而不是一个人从头到尾完成所有制衣工序。最后，在企业家的鼓励下，发明家对机器进行改良并申请专利。他们中的一些人，比如发明提花织机的雅卡尔，甚至成了传奇。[29] 在工业领域，人们对技术进步抱有坚定的信念。

然而，创新也令人担忧。早在 16 世纪，当一位神职人员发明出一种比手工编织快得多的织机时，伊丽莎白一世就反对这种机械化，担心这会造成英国纺织女工失业。法国和英国之间的对抗加速了工业化进程。从 18 世纪末开始，纺纱和织造工厂就利用水或蒸汽的力量来促进生产。在英国，为了满足人们对廉价服装的需求，发明家、制造商和商人调整了他们的设备、组织和展示橱窗。即使是低收入的人也会想方设法弄到一件漂亮的丝带或配饰。[30] 在英国，由内德·卢德（Ned Ludd）领导的"捣毁机器"运动，显示了工人对失去工作的恐惧。[31] 然而，改进非但没有停止，反而逐渐涉及纺织、制鞋和花边生产。工人从呼吁变成了反抗，他们谴责城市中心工厂的工作条件、工人阶层的贫困和机器的引进。1831 年发生了里昂丝绸工人起义，1834 年和 1848 年先后发生了一次工人起义。里昂是工人阶级城市中的先锋城市，是大工业时代初期最伟大的社会起义之一的诞生地。第一次起义是在里昂城的红十字山，队伍由从事丝绸生产的工人和工匠组成。从曼彻斯特到维也纳再到巴黎，这些社会运动最终蔓延到了欧洲的大多数工业城市。

机器和工厂通常是工业化的代表。纱线和纺织品的生产正在逐步机械化。19 世纪的装配线工作是 18 世纪分工的延续。我们可以通过纽扣的批量生产很好地考察时尚领域的机械化过程。

18世纪被认为是纽扣工业的黄金时代，因为当时纽扣的图案、材料和尺寸千变万化。人们可以在外套、袖子、马甲、马裤上，或夹克后面的开衩上找到纽扣。它们最初只是一个小球，之后它的尺寸增大，形状变得扁平，直径最多达到了3.5厘米。装饰作用可以占到其价值的80%。狄德罗（Diderot，1713-1784）在《大百科全书》（*Encyclopédie*）中称赞了纽扣制造商的创造力。[32] 也有人将高质量的纽扣当成别针或吊坠佩戴，微型肖像、政治活动和旅游风景都在纽扣上彰显着真正的力量。[33]

1773年，陶瓷制造商乔赛亚·韦奇伍德（Josiah Wedgwood）与马修·博尔顿（Matthew Bolton）合作，从浮雕中获得灵感，制造出覆盖着新古典主义大理石浮雕的钢纽扣。韦奇伍德很快就意识到，各种产品，无论是花瓶还是纽扣，都可以作为古典主义风格的营销工具。转印技术还可以扩大可用主题的范围。服装的个性化正在成为一种常态。随着技术的革新，19世纪的纽扣工业发生了变化。标准化的主要推动力是战争。1812年，阿龙·本尼迪克特（Aaron Benedict）在康涅狄格的沃特伯里创建了一家制造金属纽扣的工厂，产品专门提供给军队。[34] 然而，同年，美国和英国之间的战争结束了大西洋贸易。金属纽扣仍然是批量生产的主要类型，因为这种材料很容易量产。成立于1825年的法国阿尔伯特·帕伦特公司（Albert Parent et Cie）展示了将大规模生产技术与手工细节结合起来，以18世纪的方式生产者侈纽扣的能力。产品目录显示了为客户提供数千种产品的可能性。[35] 让-菲利克斯·巴普特罗斯（Jean-Félix

Bapterosses，1813-1885）的职业生涯令人惊讶，他从制造步枪开始，之后专门研究纽扣。作为一名工人，他在工业环境中长大，因对机械工程感兴趣而闻名，尤其是他改装了一个步枪模型，将其制成了纽扣冲压机。巴普特罗斯最终成为企业家，申请过多项专利。在参观了使用干压机系统的英国明顿一家纽扣厂之后，巴普特罗斯想出用蒸汽机提高效率的办法。然而，这种蒸汽机对英国人来说太贵了，巴普特罗斯的机器没有被采用。1845 年，他在巴黎开了他的第一家所谓的"陶瓷"纽扣厂。巴普特罗斯的机器一次可以制作 500 个纽扣，他取得了巨大的成功：朗顿、明顿和张伯伦的工厂放弃了生产，而法国人巴普特罗斯的工厂则不断扩张和搬迁。他也是 19 世纪天主教家长式企业家的代表，十分重视工人的身心健康。

185

　　虽然标准化促成了成衣的兴起，但它并不排除其他持续存在或新发展的消费方式。1784 年，第一艘悬挂美国国旗前往东方的商船"中国女皇号"满舱停靠。船上的货物是弗吉尼亚人参，计划在广州交换成瓷器和雨伞、600 双女式袜子和缎面鞋、250 多件男式缎子裤和大量纺织品。这些产品沿着美国东海岸卸货。到 18 世纪末，已经有相当多的零售商大量销售现成的商品。在布里斯托尔，有 200 多家贸易公司出口袜子、帽子、毛毡帽、衬衫、裤子或夹克。然而，二手服装仍然很普遍。[36]17~18 世纪，二手服装业的复杂性已经显现。此外，乡村与城镇提供的服务之间的差距非常大。二手服装在各个阶层都很普遍，在日常生活中扮演着重要的角色，这是爱丁堡人所熟悉的服装。[37]然而，越来越具价格优势的成衣正在改变二手服装的移动路径，二手服装交易最终进入了非洲。[38] 礼赠也是利用二手服装的一种形式。当一个主人给他的仆人一件旧衣服时，实际上是为这件旧衣服赋予了第二次生命。服装和配饰的再使用包含一系列操作：从简单的修补或清洗到原材料的回收利用，以及将服装翻转到磨损更少的内面的工序。19 世纪已经出现了专门从事服装回收的行业。这个想法是在拿破仑战争中发展起来的。早在 1834 年，在英格兰北部，成衣的基础材料便是羊毛、棉花和劣质亚麻的混合物。废旧面料的回收由此应运而生。

在巴黎，顾客聚集的配送中心也很早就出现了。1832 年，阿尔萨斯画家亨利·勒贝尔（Henri Lebert）在巴黎旅行时表示，商家生意兴隆，"城市呈现出前所未有的繁荣景象"。他提到孟德斯鸠街的巴黎新品商店"可怜的魔鬼"。这家商店"每天至少有 15000 法郎的收入……下午 2 点，商店里的货品凌乱地散落着，以至于商店不得不关门整理，然后重新营业"[39]。勒贝尔的描述比左拉在《少女的幸福》（*Au Bonheur des dames*）中的语句早了半个世纪。[40]

三种创新深刻地改变了商店和顾客之间的联系。首先，大型百货公司占据好几层楼，顾客可以在这里购买服装、化妆品和床上用品，这直接宣布了专门化商店的"死亡"。1734 年，位于德比市的 Bennett's of Irongate 是已知的第一家百货公司。1784 年，企业家雅克·卡尔曼（Jacques Calmane）与商人埃米尔（Emile）和阿方斯·弗莱克（Alphonse Fleck）一起，在巴黎圣马丁街 67 号开设了一家名为"红地毯"的商店。这家商店占据了好几栋三层的建筑物，并用巨型窗户采光。[41] 其次，乐蓬马歇、塞尔福里奇和其他百货公司绞尽脑汁相互竞争，调整橱窗以吸引消费者，让他们感觉自己才是时髦的甚至是前卫的。1830 年以前，陈列台摆在摊位前面或遮阳篷下面。玻璃橱窗带来了一场真正的商业革命。商品被移入商店既是为了减少盗窃，也是因为政府征收的摊位税在增加。玻璃橱窗用黏合剂固定，支持大窗户和污水处理系统（下水道、沟渠和人行道）合理化的工作，显示出自身的价值。最后，出于一些原因，道具模特对大商店的发展也起到了至关重要的作用。第一个模特是根据要求定制的，出现在 18 世纪中期。[42] 1835年，一位巴黎五金店老板引进了一种铁丝制成的半身像。19世纪中叶，道具模特出现了。第一批获得专利的是裁缝拉维涅（Lavigne）。他开了一家生产道具模特的公司，模特由编码和标准化的人体模型组成。拉维涅和他的学生、雕塑家弗雷德·斯托克曼（Fred Stockman）一起，在半身像上加上了腿、头和手。这些道具模特是蜡制的，比以前用纸黏土制作的模型更逼真。[43] 1850 年以后，穿着衣服、画着头发、有玻璃眼睛的道具模特，对英国和美国商店的顾客产生了足够的说服力。

　　服装生产的合理化和标准化尚未完全实现。人们获得衣服的途径仍然多种多样。然而，对时尚行业的分析使我们能够捕捉到当时正在发生的变化。着装规则正在逐步建立。巴黎和伦敦也继续发展，并占据主导地位。

职业的重构

从 18 世纪末开始，时尚变化和技术创新导致人们对理发师、假发师和美发师的职业失去兴趣，使这些从业者面临巨大的困难。工厂工作和男女职业上不平等的加剧，改变了工作条件和人们对职业活动的看法。

18 世纪，假发仍然盛行，但发型师要求更高的社会地位。如同前面提到的"美发师香槟"，莱昂纳尔（Léonard）成为最著名的假发制造者，这要归功于玛丽·安托瓦内特佩戴的令人惊叹的假发。这位享有盛誉的顾客对她的发型师的信任度非常高，以至于 1791 年王室成员逃离时，她把莱昂纳尔送到了布鲁塞尔，并把王冠上的珠宝送给了他。革命者所要求的朴素的外表和公司垄断的结束使假发业回归理性发展。19 世纪人们的外表变得不那么戏剧化了。男人开始剃须。直到 18 世纪末，理发师或仆人的技能都是磨刀和控制手劲，掌握热水和软化剂的使用。一位名叫让·佩雷（Jean Perret）的刀剪制造商在 1769 年发明了安全剃刀，将刀片固定在了木柄末端，并与一本名为《剃须学》的使用手册一起出售。[44]

剃须匠变得越来越不为人们所需要，他们成为最贫穷的商业群体之一。专门服务女性的美发师承受着最新流行的自然长直发型带来的冲击，失去客人之后不得不去做女仆。发型艺术逐渐被时尚排除出局。[45]

自 14 世纪以来，女缝纫师（couturière）一直是服装生产

188

蓬勃发展的主力。大量的廉价女工保证了有吸引力的服装价格，但也限制了她们找到替代工作的机会。这段历史几乎不为人知。然而，业界最近重新讨论了妇女在推动服装生产和消费中起到的作用。"女缝纫师"这个词相当宽泛。它既适用于镶边、衬衫、连衣裙的制作者，也适用于纽扣的制作者。在这一称谓下，手艺和技能高超的设计师、刺绣师和裁缝被单独归类，最昂贵的奢侈品市场对缝纫的要求更高。季节性需求和时尚变化导致的裁员使女缝纫师的生活条件特别不稳定。[46] 在维多利亚时代，由于对哀悼服装的强烈需求、对舞会礼服的紧急需求以及顾客的反复无常，她们经常过度紧张和焦虑。她们的工作方式差别也很大，可能是计件工作、在家工作或在车间工作。结婚后，她们在为家庭成员设计简单的服装或改进旧的廉价服装方面发挥重要作用。[47] 在工作中，她们还可以接手一部分家政人员的工作，并积累缝纫工作以换取每日工资，这种做法一直持续到第二次世界大战。1860 年前后缝纫机的普及并没有改善劳动者的工作条件。女缝纫师必须提高效率，做出更多服装部件，并作为分包商在家工作。如果服装价格下降，她们的工资也会下降。许多人试图通过立法来规范她们的工作和薪资，但效果并不显著，企业家利用了女工的贫困。克扣工资或逾期付薪很常见。此外，女工们必须担负成本——电线、针、蜡烛、柴火和交通等费用。[48] 1825 年，纽约的女缝纫师发起了第一次女性大罢工。此后，在同样的背景下发生了多次示威活动，目的是控诉工人悲惨的生活条件。女缝纫师名声不好，被控不道德、涉嫌卖淫或偷窃。一些作家以这些女缝纫师

的日常和困苦生活为题材进行创作。伊丽莎白·盖斯凯尔
（Elisabeth Gaskell）出版于 1853 年的小说《露丝》（*Ruth*）便
是其中之一。小说描绘了女缝纫师受到的剥削，以及自私或无
知的客户的奢侈要求给她们带来的痛苦。在美国，这个问题通
过纽约对罢工女缝纫师的审判得到了解决。[49]

　　与女缝纫师不同的是，制作男装的男性裁缝（tailleur）处
于行业的顶端。在绘画作品中，男装裁缝跷着腿坐在工作台
上，如果可能的话，沉浸在自然光线中，俯身在工具旁边工
作，这表明他们拥有女缝纫师所不具备的数学和几何计算技
能。[50]男装裁缝是服装设计工程师。他们保持着一种竞争精神，
并通过对各种发明或改造申请专利保护来证明他们的业务能
力。车间等级森严，伙计或学徒最初负责采购和打扫卫生，之
后开始学习缝纫、拼接、填充或使用熨斗。缝纫机被引进之
后，工坊雇用操作员（主要是妇女）操作机器。裁缝们利用
卷尺、硬尺和描图纸，19 世纪服装业的几何系统逐渐形成。
他们试图把一种科学精神带入服装制作尤其是男装制作，以抵
抗时尚的反复无常。服装制作必须理性化，结合科学和剪裁艺
术。计量单位正在逐步改为孔多塞（Condorcet）和拉瓦锡
（Lavoisier）提出的国际公制。但是，正如大多数手工业者意识
到的那样，没有任何系统可以取代裁缝专注的眼睛和手，它们
可以感知身材的微小差别，刻意忽略一些无关紧要的直觉或肩
膀细微的不对称。然而，"正常"和"异常"的标准正在形成。
精密的机器被系统化使用，加乔治·德拉斯（George Delas）的
人体测量器或 1839 年的量体仪，后者是一个可调节的金属笼，

用于测量客户的身材尺寸。[51] 女缝纫师、男装裁缝和商人很快就意识到，广告对于他们在竞争环境中的生存至关重要。

广告系统化与时尚评论

18 世纪，城市文化和购物的发展伴随着各种形式的宣传，把文字和视觉效果结合起来。零售商首先借助广告使其商店变得吸引人，之后通过分发传单、名片和刊登报纸广告来对初步的视觉效果进行补充。以固定价格出售新品和二手产品的商店，其声誉在一定程度上就是由广告建立起来的。从 1760 年起，裁缝们也开始宣传自己的技能。杂志开始用更具吸引力的图片取代文字。[52] 虽然一些报纸昙花一现，但罗兰·巴特所谓的"时尚体系"，借由针对男女读者、服装和发型的印刷品，变得更加清晰和突出。《戈迪女士手册》（ *Le Godey's Magazine* ）创刊于 1830 年，仅仅 20 年后的 1850 年已经拥有 15 万名订阅者。[53]

印刷图像的引入、发行速度和较低的成本改变了时尚与人偶之间的关系。人偶适应了市场，不再是独一无二的定制品，而是可以批量生产和成套出售的商品。1825~1850 年，它仍然是传播潮流的工具。[54] 最后，无论是贵族还是女演员，名人对时尚产生了巨大的影响。我们清楚玛丽·安托瓦内特在多大程度上提升了外国人的品位，但她绝不是唯一一个这么做的人。英国女演员伊丽莎白·安（Elizabeth Ann，1754-1792）是剧作家理查德·布林斯利·谢里丹（Richard Brinsley Sheridan）

192

的妻子，也是画家托马斯·庚斯博罗（Thomas Gainsborough）的画中人。[55] 其他女演员也穿着时髦的衣服出现在肖像画里。其中，卡罗琳·阿宾顿（Caroline Abington）可以说是第一个时尚顾问，为她富有的朋友们就特定活动（舞会或婚礼）的着装问题提供建议。[56]

时尚无处不在，它正在成为沙龙的主题。贵族圈的乐趣之一就是评价别人的着装。1760 年以后，在英国、法国、神圣罗马帝国和尼德兰联省共和国，廉价复制品催生了大量讽刺印刷品。英国的新闻自由、个人参政、咖啡馆和报纸的增多鼓励了数千幅漫画的创作。18 世纪，有几种趋势是显而易见的：女性意识不到自己的过度消费（玛丽·安托瓦内特就是例子），以及男性的女性化，比如"通心粉男人"，或 19 世纪初的花花公子。服饰与政治宗族、社会阶层、地理或民族认同之间的关系也得到了确定。漫画中的法国人穿着宫廷服装；西班牙人戴着巨大的皱领；英国保守党人穿着朴素的长袍和靴子，而辉格党人则受法国文化影响穿着华丽的服装。这些漫画热衷于嘲笑和散布谣言，描绘令人惊讶的行为，将服装夸张化，甚至故意丑化某些服装。法国大革命之前，服装被用来败坏对手的名声，并成为一种政治工具。打扮得太漂亮的男人是最显眼的攻击目标。

从"通心粉男人"到花花公子

18 世纪时尚的特点是古怪的男性风格和另一些较低调的

风格。风格受到更多消费者的重视。男性的形象也受到了严厉的批评，主要是针对其女性化和所谓的同性恋。

在意大利，"通心粉男人"暗示着一个由酗酒和过度饮食组成的荒诞世界。1757 年，大卫·加里克（David Garrick）在他的戏剧《风骚的男人》（*The Male Coquette*）中把主角命名为"通心粉"。这个词主要指 17 世纪 60 年代至 70 年代的男性风格。华丽的服装和假发受到了批评。"通心粉男人"的称谓也谴责了一种生活方式：喜欢吃通心粉的年轻贵族在结束"格兰度"① 巡游后，在通心粉俱乐部（辉格党人聚集的圣詹姆斯阿尔马克俱乐部）通宵打牌。[57]大众同样追求时尚服饰耀眼的风格、柔和的颜色、镀金的纱线和镶嵌亮片的刺绣，只是他们购买的衣服更便宜。假发的灵感来自女性时尚，搭配白色香粉、领结和化妆品。除此之外，还有红色的鞋跟、装饰性的鞋带、花俏的帽子和眼镜。这种打扮太引人注目、太法国化了，与当时朴素的英国服装相比显得过于浮夸。[58]当时的流行歌曲利用"通心粉男人"大做文章，后者往往被怀疑是同性恋。借助版画、戏剧和文学的形式，英国的社会讽刺作品大受欢迎。尽管史学界最初只是把这个问题看作社会各种反常现象[59]之一，但的确强调了它的社会和政治影响力。[60]"通心粉男人"变成了女性化的男人和/或鸡奸者的代名词。摄政时期（约 1800 年）花花公子的特征——高端的男性消费、没有责

194

---

① "格兰度"特指 16 世纪以后欧洲的作家、艺术家、贵族在意大利的一条文艺复兴文化旅行线路。——译者注

任心、对生育不感兴趣、拒绝资产阶级的标签——在"通心粉男人"身上已经有了很明显的体现，花花公子实则是其风格的一种延伸。

在英语词义中，花花公子主义是一种风格和实践。然而，在法国，它成了一种生活、散文和诗歌的哲学。1845 年，朱尔斯·巴比·奥勒维利（Jules Barbey Aurevilly）将其描述为法国民族特色的虚荣与英国式的独树一帜的结合体。[61] 被称为"美男子布鲁梅尔"的乔治斯·布鲁梅尔（Georges Brummel，1778-1840）以一种讽刺且乏味的方式穿戴袖套和领结，是花花公子的代表人物。1799~1810 年，即他受欢迎程度的巅峰时期，出身卑微的布鲁梅尔影响了整个英国贵族阶层。人们被他完美的服装所吸引，服装设计精良且巧妙，旨在给人带来惊喜，而不为取悦他人。布鲁梅尔的哲学立场是不代表任何特定的东西，这一立场清楚地反映了贵族没落和民主政治兴起时期的不确定性。此外，他摒弃了法式时尚单品，尤其是羽毛，并让他的服装更适应城市生活，甚至体育运动。大约在 1800 年，
195　英国贵族的"运动服"反映了他们花在庄园管理上的时间。它由高礼帽、低调的燕尾服、亚麻领带、结实的马裤和靴子组成。布鲁梅尔在伦敦的拱廊下散步时的服装采用了这种风格，暗示了社会阶层的消失和娱乐休闲的主导地位。尽管不受欢迎，但他仍然被认为是一位时尚偶像，并且很快对时尚与名流之间的关系了然于胸。[62] 花花公子假装坚持革命理想的简洁性，却通过物质财富来追求个人的外表和自我实现。花花公子的潮流很快风靡了英国，俄罗斯紧随其后。对花花公子主义的文学

解释使它成为一种道德艺术和道德哲学。[63] 然而，对它的批评显示着人们仍然对花花公子们的性取向持怀疑态度。

男性异装通常与鸡奸行为有关。早在 18 世纪，许多欧洲城市就诞生了秘密的同性恋文化。在伦敦，客栈和密室聚集着穿女装的男人。这既是一种自我认同的形式，也是一种吸引性伴侣的方式。他们穿着连衣裙或短裙和有精致鞋带的鞋，戴着头饰。有些人穿着带兜帽的保姆服，或者装扮成戴着草帽的牧羊人。[64] 直到 20 世纪 60 年代，公开宣称的、在街头可见的同性恋文化才真正出现。在公共场合，最重要的着装原则仍然是看上去要像一个异性恋者。但特定的符号和物件表明了性取向。这些身份符号通常以特定颜色或配饰的形式出现。1893 年，佩戴绿色康乃馨的奥斯卡·王尔德（Oscar Wilde）在审判中被判有罪。事实上，这种绿色长期以来一直与 17 世纪 70 年代的"通心粉男人"和鸡奸联系在一起。20 世纪上半叶，绿色仍然是一个有争议的颜色。虽然有些人毫不犹豫地把自己的特立独行彰显到极致，但大多数人更喜欢低调风格。

专用服装：从婚纱到囚服

在工业化之前，大多数人无法获得用于特定活动或仪式的服装，特别是用于一次性活动的服装。[65] 博物馆里也较少见到工人或其他类型劳动者的服装，部分由于磨损和经济考量，人们对这类服装进行改制。此外，与功能性服装相比，研究机构更倾向于保存精英的服装。直到 19 世纪，真正意义上的工作服才出现。根据行业的不同，二手服装仍然占主导地位。大型卖场卖给工人的工作服将社会等级制度强行视觉化，并将老板和雇员分开。比如，仆人穿着统一的、深色的衣服，代表着道德、秩序和洁净的价值观。但消费的增长也是这些服装同质化的原因。员工被认为不应该穿时髦的衣服，不应该表现出对奢侈生活的渴望和虚荣心，更不应该表现出随心所欲的态度。[66]当18世纪50年代塞夫勒陶瓷工厂的画师戴假发、穿城市服装工作时，长罩衫工作服开始流行。[67]

　　在重要的场合，人们用配饰为服装赋予意义。然而，在许多文化中，出于象征性的原因，人们在婚礼上已经穿着相同的衣服，对结婚的夫妇表示尊重和支持。1816年，维多利亚女王的表妹夏洛特公主第一次穿白色结婚礼服。首先在英国，然后在维多利亚女王（1837~1901年在位）长期统治下的世界其他地方，这种服装规范得到了普及。1840年结婚时，女王穿着斯皮塔菲尔德制作的丝绸和蕾丝缎礼服。礼服照片被刊登在时尚杂志上，传播非常迅速。最近，彩色的象征意义才在西方婚礼中发挥作用。在大多数亚洲文化中，白色是哀悼的颜色；红色是唯一被大多数西方国家新娘仍然含蓄地禁止的颜色，因为它有不道德的含义（如红衣女人、红色街区），但在其他文化背景下则没有任何负面含义。相反，红色在印度是纯洁的颜色，经常被新娘采用。[68]19世纪，为囚犯提供特殊的服装是必要的。此前，在北美、英国和欧洲，没有人注意到被关押者，他们几乎赤身裸体，戴着镣铐，大多数罪犯穷困潦倒，但他们必须自己买衣服穿。后来，不同国家、犯罪类型、政权、年龄和性别的囚犯穿上了不同的囚服。在美国，1820～1930年，监狱实施准军事化的隔离，并要求犯人在牢房中保持安静。一种黑白条纹连体服或睡衣形式的囚服被引入，其目的是便于识别被关押者的身份，同时羞辱他们，让自由人害怕被监禁。在欧洲特别是法国，囚犯看管的严格化催生了统一形式的囚服：条纹裤子和蓝色麻布衬衫。[69]服装受到启蒙运动的犯罪理论和行为"正常化"理论，以及19世纪70年代初美国和欧洲监狱改革的影响。[70]

198

在启蒙运动中，医疗环境和服装之间的联系在第一次工业化时期得到了证实。

时尚、科学、魔法与卫生

公共卫生运动的兴起将医学话语投射到服装上，服装成为科学论证或信仰的对象。早在18世纪，紧身胸衣就被指控扭曲身体。此外，被医生建议的海水浴逐渐使游泳变成一种休闲活动，人们同样需要特定的服装。

最近的研究表明，服装有时被认为会引起或预防疾病，从而出现许多相关的观点。科学家们特别感兴趣的是纺织品对汗液的吸收作用。羊毛被认为是一种很好的吸汗材料，它还能使身体变暖。相反，棉花和亚麻不但无法产生热量，而且会使皮肤冷却到非常危险的程度，直到令皮肤脱水。因此，长期以来许多卫生专业人士一直提倡使用羊毛。德国医生和卫生学家古斯塔夫·贾格尔（Gustav Jäger，1832–1917）甚至以他的名字命名了一种服装，他在 1880 年出版的《通用卫生防护服装》中，阐述了这种服装的优点。他建议使用不含植物纤维的贴身的天然织物。一种观念正在传播：羊毛可以过滤不洁净的东西，防止它们进入身体。这种材料的另一个特点是含电荷。因此，18 世纪中叶，许多人认为穿羊毛制品可以保持男性的阳刚之气。19 世纪对电和磁的强烈兴趣也涉及服装。能够起静电的服装被认为能治疗风湿病和肠道疾病。与此同时，过度的日光浴引起了人们的担忧。[71]

　　墨镜最初是一种纯粹实用的安全装置，旨在保护眼睛。直到 20 世纪，它们才成为时尚的配饰。威尼斯的马尔恰纳图书馆保存着 18 世纪为数不多的太阳镜。它们是用玳瑁和墨绿色的穆拉诺玻璃制成的。总督们在华丽的船上走动时佩戴，以保护眼睛不被反射的阳光刺伤。眼镜也可以遮住盲人的眼睛。第一批极地探险者和登山者失去视力后，保护眼睛变成了迫切的需要。受到因纽特人用木头和骨头制作雪镜启发，人们在皮革镜框上嵌入染色玻璃。这些墨镜迅速出口到赤道和热带的殖民地及领地。最后，内衣的效用也成为新的话题。

　　在很长一段历史时期内，洗澡被认为是浪费时间和奢侈的行为，内衣仅仅用来保护昂贵的衣服（比如丝裙）不被身体弄脏。这些不分性别、起间隔作用的服装配饰，尚未发展出任何情色的内涵。彼时几乎只有妓女和小女孩才会穿内裤。然而，性别区分的潮流改变了人们与内衣的关系。19 世纪中期，女士的梳洗指南表明，法国女士内裤有着"不可估量的益处"，可以预防某些疾病或不适。卫生工作者特别强调法兰绒、亚麻或棉布的好处。当时的女士内裤大多是白色或粉色的，长度必须超过膝盖，但不应该让任何人看到。女士内裤的剪裁将两腿独立开来，两腿之间的部分可以采取开放式的结构，或完全缝合。[72] 这些补充性的服装配饰最终成为欧洲和北美洲复杂的服装体系中的一部分。不过，现存的文献资料十分有限，因为在当时的社会背景下，公开谈论内衣就像当众脱去衣服，同时暴露了自己的性欲。与此同时，成为女性专用内衣的紧身胸衣，受到了强烈的批评。

　　紧身胸衣又被称为"鲸体"，最早是将鲸尾翼插入面料，以使胸衣变得坚硬。木材和牛角也曾用来制作紧身胸衣。随着鲸骨变得越来越昂贵，钢条逐渐取代了它们。钢条就像尺子，可以在上面精致地雕刻并把其作为礼物送给情人。1850 年，紧身胸衣正面增加的开口方便了女性的使用，此前，女人需要他人的帮助才能穿脱这种胸衣。即便正如我们之前认识到的，紧身胸衣并不是一种酷刑工具，许多医生仍然把所有的罪恶都归咎于它。女性虚弱的身体需要额外的支持来保持直立，这是紧身胸衣使用的合理之处。人们也会给儿童穿一种材质很硬的胸衣，希望他们在长大的过程中保持身体挺直。但对一些医生来说，身体更容易被过紧的胸衣扭曲。他们还警告说，紧身胸衣会给孕妇和婴儿带来健康风险。医生们列出了这种内衣可能会引起的疾病：中风、哮喘、癌症、贫血、脊柱变形、肋骨畸形、内脏器官（肝脏）移位、消化障碍、血液循环相关疾病和先天性畸形。他们中的一些人赞成穿着"合适"的紧身胸衣，另一些人则完全不赞成使用它。1785 年，冯·赛梅林博

201 士出版了一些对比图，展示了穿紧身胸衣和不穿紧身胸衣的胸廓，他强调使用紧身胸衣最终将导致身体变形。然而，20世纪的一项 X 光研究表明，如果胸部被以正确的方式压紧，它会在脱下紧身胸衣后恢复正常形状。瓦莱丽·斯蒂尔的工作证实了这些分析。

　　18世纪，医疗当局向很多病人建议在海滨城市进行男女分开的海水浴。海水浴要在晨间快速完成，并且被认为是一种必须完成的任务。人们可以在现场安置的篷车内换好泳衣，从沙滩走到海里。步行的路径被一条防雨檐遮挡，这样人们在进入海里之前就不会被人看见。男人几乎全裸，女人则穿着一件由坚硬面料制成的衬衫，这种面料不会贴在身体上，也不会漂起来。19世纪，游泳变成一项娱乐活动。泳装并没有被统一规范，每个地方都有自己的着装惯例。女性在水中越来越活跃，泳衣也越来越短。大约在1840年，人们开始穿较长的四角短裤。泳装的趋势是让身体在水中更自由地运动。[73]

　　科学和服装之间的联系永远不会消失。科学论据甚至被用来推销产品，尤其是化妆品。

对化妆品的思考

　　过量的香粉、腮红和唇膏在18世纪的欧洲和美国引起了许多争议。清教徒显然谴责所有这些体现虚荣心的用品，认为它们背离神圣的秩序，创造了一种虚假的身份。美国独立战争
202 为化妆品赋予了政治含义，人们重视象征着共和党美德的简单

外表，反对贵族精英。19 世纪初，北方新兴中产阶级怀有宗教敏感性和理想主义，既重视自然美景，也重视妇女拥有健康和道德生活的责任。相反，在南方，白人女性保留了以前的审美，依旧使用香粉、腮红和唇膏。直到 1900 年，人们始终把化妆品与妓女联系在一起。

嘴唇的颜色很好地说明了正在发生的感知变化。18 世纪，化妆被认为是正常的举动，对上流社会的人有吸引力，但对地位较低的人有负面影响。嘴唇的颜色是体现社会差异的一个因素。之后的一个世纪里，欧洲和美国的道德评论家普遍反对使用任何化妆品。往嘴唇上涂抹有颜色的唇膏被认为是一种卖弄的行为，引发社会批评。直到 19 世纪末，年轻女性才公开反对这种卫道士的态度。渐渐地，唇膏开始在百货公司里销售——尽管依然有些低调——它们成为新女性美的象征。19 世纪的反化妆态度在手部护理上也很明显。身体卫生和道德纯洁反映在用柠檬汁或醋漂白的指甲上。指甲锉、护手霜和角质推是首选的护理工具。没有多余修饰的双手，就像包法利夫人的手一样，象征着财富和悠闲的生活。

城市的恶臭为香水提供了发展空间。法国大革命期间，人们不再使用香水，因为香水代表旧王朝。直到 19 世纪初，拿破仑·波拿巴成为皇帝，香水才重新受到欢迎。过度拥挤、缺乏卫生设施和污染让城市生活变得难以忍受。对隐藏在水中的未知疾病的恐惧阻碍了人们洗澡。恶臭令人害怕。所有的社会阶层都喜欢香水。古龙水到处都可以买到，其中不乏粗制滥造的产品，有些自封的香水商怪里怪气地穿着厨师的围裙。

18 世纪纺织工业的技术迅速发展。织布机的工作速度更快，发明者致力于改进设备，机械化深深扎根在从业者的心里。这一现象引起服装价格下降，越来越多的消费者有能力购买新衣服。然而，对大多数人来说，旧衣服仍然占用衣橱的大部分空间。市场的扩大，特别是对美洲殖民地市场的占领，迫使制造商对生产设备进行不断的改造升级。法国和英国之间的贸易战在越来越多的制造业企业之间尤为明显。人们更新服装的能力高低加大了社会差异。与众不同、价值、炫耀性消费及财富是奢华和新奇服装所传达的信息。服装体现了社会经济地位，女式连衣裙、裙撑、紧身胸衣和假发是上流阶层悠闲生活的标志。服装同时体现了贸易全球化、外交关系和多种文化影响。印度印花棉布、浴袍、亚洲图案和印第安风格的镶边麂皮，都表明了一种新的、更广泛的世界观。对社会标准的挑战也越来越多。宗教团体避免使用过度炫耀的物品，如假发或刺绣。法国大革命并不是服装史上的一场"地震"。事实上，早在 1790 年之前，风俗就发生了改变。[74] 大革命可能加速了这些改变。男女服装的变化就像法国的政治变化一样突然。虽然革命始终是地方性的，但它所引起的着装变化，无论是人们主动选择还是被强加的，在 19 世纪都传遍了全世界。

第三部分

从民主化到压迫

第七章　极端的 19 世纪

18 世纪之后的时期是动荡的。19 世纪席卷欧洲的革命之风，伴随着织布机和缝纫机发出的声音，支撑着世界的机械化和全球化。这种动荡不仅影响到工厂和计件工人，在越来越多的保守主义和进步主义言论中，也显露无遗。身体正在成为一个战场，即行动自由、选择自由和民主化的战场。

我们熟悉的男性和女性的典型服装产生于 19 世纪末。彼时成衣行业蓬勃发展，服装尺寸形成标准，以便满足越来越旺盛的市场需求，全球分销系统也相互连接成网络。西方的服装正在发生深刻的变化。引发激烈辩论的紧身胸衣正逐渐被抛弃。矛盾的是，紧身胸衣的"原罪"——常常是有失公允的——身体变形，却变得越来越普遍并最终被接受。在开始挽救重大战争中被损伤的面容之前，人们已经借助整容手术来修复耳朵和矫正面部。外表的重要性越来越显著，一方面因为所有人都已经买得起相关产品，另一方面因为时尚媒体、广告公司和好莱坞电影的竞争。时尚世界正在成为西欧国家之间竞争的舞台。随着殖民征服和正式或非正式的顺从，服装比以往任何时候都更能反映文明。西方态度的强势、当地居民的顺从以及由此产生的抗议，前所未有地影响着人们的衣着。经历革命的化学工业也影响了服装。硫化橡胶是 19 世纪的新发现。工作服在 19 世纪末普及开来，并在第一次世界大战期间获得认可。最终，消费者的日常生活成为服装生产的主要驱动力。

现代的轮廓：身体、工业与零售

历史上的女装从来没有在这么短的时间内经历过如此巨大的变化。19世纪女装的演变分成几个阶段，最为明显的是，女装下身变宽，腰部越来越细。

1870~1890年，女装的特点是裙子前部扁平，裙撑从后身下腰部隆起。在第一个女装演变阶段（1869~1877年），胸衣勒得非常紧。应用于服装行业的技术创新，如蒸汽成型，促成了一种像护身甲一样的沙漏形紧身胸衣。这种胸衣突出了背部线条，臀部放置填充物或钢撑，并增强了后腰的曲线。袖子很宽，领子很高。女性轮廓前所未有地又硬又紧。随后，在19世纪的最后10年（第二个女装演变阶段）里，衣领仍然很高，但衣服变得柔软。大约在1880年，尽管一些女人仍然戴着小裙圈，但裙撑最终被宣布过时。小裙圈让行走变得不便，但可以让裙子远离腿部。有一种明显的趋势是女装变得更加灵活。第三个女装演变阶段宣告了现代女性身体概念的形成。紧身胸衣在20世纪的前10年被彻底废弃。女性的新工作、城市化、公共交通，甚至维权人士的抗议，都促使当时为雅克·杜塞（Jacques Doucet）工作的女裁缝马德琳·维奥内特（Madeleine Vionnet, 1875—1970）从自己的作品中去除了紧身胸衣。然而，保罗·波烈（Paul Poiret）通常被认为是第一位摒弃紧身胸衣的设计师。在第一次世界大战之前，已经存在一股解放身体的风潮。20 世纪初，人们对性和内衣的态度发生了重大转变。1913 年，年轻的纽约女性玛丽·费尔普斯·雅各布（Mary Phelps Jacob，亦名 Caresse Crosby）设计出最早的现代胸罩之一。它让腹部不被遮盖，胸部被向上托起，她设计的胸罩不像紧身胸衣那样将乳房向下推。到了 20 世纪初，越来越多的男人和女人穿着亚麻或棉布衬衫。这是新工人阶级——白领的"制服"。[1]

　　机器对服装的标准化生产做出了重大贡献，特别是 19 世纪末，机器提高了剪裁和冲压的效率。[2] 男装的标准化促进了大规模制造。不过，更为复杂的女装当时还无法全部在商店里买到。1860 年，外套成为女性成衣的重要部分。在美国，服装厂的扩张从根本上改变了服装业。这种现象在纽约尤其明显，大约在 1900 年，纽约有超过 1.8 万名制作衬衫的工人。中产阶级、外国劳动力、犹太和意大利移民数量的增长，推动了定制服装向标准化服装的快速转变。比例系统，基于上半身或胸部的测量标准，结合成人的身高或男童、女童的年龄，是校准模型的基础。由裁缝们开发的这些系统，以所有的人体都遵循相同比例规则为前提。因此，当时的剪裁纸样实际上是理想化身材的二维体现。实际上，19 世纪 50 年代和 60 年代《德莫斯特夫人》（Mme Demorest）和《时尚芭莎》（Harper's Bazaar），或者 20 世纪初《时尚》（Vogue）杂志中附带的剪裁纸样的尺寸，都相当于现在的 36 码，这些杂志并没有考虑不同尺寸的问题。尺寸调整是通过将图纸用别针固定在身体上以使其符合实际比例来完成的。客户也可以将量体数据发送到公司进行特殊设计。矛盾的是，尺码也变成了标准化的一部分。1867 年，记者奥古斯特·吕谢特（Auguste Luchet）在参观巴黎世界博览会后写道："裁缝不再为客人量体，而是用尺码，我们也不再是客户，而是一个数字。"标准化的成衣在大众中已经存在了几个世纪，但现在就连奢侈服装也采用同样的纸样系统，这种系统根据统计数据创造出来一种"平均身材"[3]。

与此同时，作为现代服装工会先驱的国际妇女服装工人工会成立了。[4]时尚杂志和剪裁纸样使专业或业余的服装设计师得以复制和改动资产阶级的时装。时尚中心和客户之间的距离逐渐消失。交通工具，如有轨电车（最初由马匹牵引，然后由电力驱动），使人们更方便前往市中心特别是百货公司。人们选衣服的时间被缩短了，因为服装批量生产出来，以固定的价格出售，与女裁缝的交谈越来越没有必要。专门出售内衣或鞋的小商店仍然受益于市中心对客群的吸引力。邮购也在蓬勃发展。在 1872 年的美国，阿龙·蒙哥马利·沃德（Aaron Montgomery Ward）以批发价向西北地区的农民和机械师提供各种商品。1910 年，沃德的商品目录从 1 页增加到 872 页。1921 年版的西尔斯目录有 1064 页，排名前 96 位的商品都是女装，之后的 40 页目录涉及成年男装和男童装。大约在 1900年，邮购公司开始利用美国邮政和铁路服务系统，以避免错过任何交易。成衣从此占领了乡镇和农村地区市场。

第一个直接影响工业化服装生产技术创新的是缝纫机。与埃利亚斯·豪（Elias Howe）、伊萨克·辛格（Isaac Singer）

相似，内森·惠勒（Nathan Wheeler）和艾伦·B. 威尔逊 213
（Allen B. Wilson）生产出一种高效的机器并将它推向市场，
但这导致了工作的极端专业化和对工人熟练程度的极高要求。
工厂使用的蒸汽缝纫机在 19 世纪 50 年代已经可以生产衬衫和
领子，之后其功能更是扩展到生产所有的男装。制作一件男士
外套的时间从 6 天缩短到 3 天。披风、带裙撑或裙圈的裙子的
生产也得到了改进。成衣令服装的制作成本大幅下降。[5] 但正
如佩特拉·莫泽（Petra Moser）所指出的那样，缝纫机实际上
阻碍了服装行业的技术创新。[6]

　　商标的出现与 19 世纪知识产权、专利和商标法密切相关。
法律让公司得以合法保护自己的名称，并向仿冒者要求赔偿。[7]
影响品牌发展的还有许多其他因素：新的分销和零售网络、固
定价格的主导地位、广告和包装行业的相应发展，以及将地方
市场纳入国内（和国际）消费品市场。时装制造商可以根据
专利法为自己的设计图和式样申请法律保护，保障原创设计不
会被盗用。此外，复杂的商标法规定了文字、名称、符号、声
音或颜色使用的排他性。最后，公司的标志和顾客的身份定位
有助于产品的差异化。

　　许多时装企业借助许可证发展成为品牌。1880～1914 年，
查尔斯·弗雷德里克·沃斯（Charles Frederick Worth，1825-
1895）和帕昆夫妇等成立的高级定制（简称高定）时装公司将 214
自己的品牌出售给国际连锁商店。复制原创设计是时尚行业的
一个重要组成部分。为了减少非法抄袭行为，私人服装工坊必
须购买复制权。1860 年，沃斯就意识到有必要在衣服上缝一个

标签，上面标注公司的名称和地址。沃斯的服装板型原本就是
专门为让欧洲和美国零售商复制而设计的。但复制设计是如此
有利可图，以至于连标签也一起被伪造了。[8]

　　19 世纪末的大型百货公司被认为是现代消费文化的标
志。[9] 消费者身份一直是许多研究的主题。从 19 世纪开始，购
买者就已经对消费、性别、社会阶层、种族、城市生活和现代
性抱有当代的态度和焦虑心理。购物是身份的一个重要组成部
分，因为消费者是由消费行为和所购买的商品共同构建的。这
种通过购物自我构建的理念不断受到广告的推动。然而，购物
文化和消费者身份之间实际上是相互塑造的，由此赋予个人购
买者更多决策和协调不同身份的能力。[10] 对维多利亚时代消费
的研究尤其揭示了女商人家庭的重要性，这些女商人利用购物
来宣示自己在一座城市里的地位。[11] 现代消费文化将购物定义
为一种有意义的实践，将消费者定义为主角。早在 19 世纪下
半叶，百货公司就将所出售的商品和现代身份建设明确地联系
在一起。大约在 1900 年，百货公司充分利用了提供给它们的
新机会。受到巴黎乐蓬马歇百货模式的启发，商场将自己定位
为万能的供应商，为顾客提供从理发到在图书馆看书、再到购
买床上用品和成衣等诸多服务。百货公司还通过目标精准的广
告宣传实现了奢侈商品的大众化，这也与中产阶级的增长、城
市化和性别定义的变化等更广泛的现象相关。[12]

世界的联结：俄罗斯、东方、日本

　　服装和配饰揭示了特定的历史背景。19 世纪下半叶，正

式或非正式的殖民化和移民的激增带来了异域的灵感，改变了
欧洲美学。东方或亚洲的风格和造型并没有被原封不动地采
用，而是或多或少地与哥特或巴洛克式的西方传统风格相结
合。建筑和室内装饰都受到了影响。时尚服装还将日本的花卉
刺绣图案与燕尾服的样式结合起来。[13]

　　东方主义在第一次世界大战之前取得了真正的成功。自
19 世纪末以来，巴黎的时尚界一直处于沸腾的状态。野兽派
和纳比派的画作以及专门为欧洲市场生产的和服，激发了设计
师们的想象力。东方风情令人神魂颠倒。[14]18 世纪初，安托
万·加郎（Antoine Galland）翻译了波斯和印度的无名作者故
事集《一千零一夜》。大约在 1900 年，马德鲁斯（Mardrus）
博士的新译本引起了轰动，因为它保留了关于情欲场景的内
容。1909~1913 年，谢尔盖·佳吉列夫（Sergeï Diaghilev）的
俄罗斯芭蕾舞以其革命性的舞蹈编排和艺术家列昂·巴克斯特
（Leon Bakst）的布景，也在巴黎 1909~1913 年的年度演出中向
大众推广了《一千零一夜》。珍妮·帕昆（Jeanne Paquin，
1869-1936）和保罗·波烈从《天方夜谭》、《埃及艳后》和
《蓝色神祇》表演中获得了灵感。与此同时，来自殖民地的产品
展览也很有影响力，特别是 1917 年 3 月在马桑展馆举行的摩洛
哥艺术展。波烈甚至组织了特别受欢迎的异国情调主题晚会。

　　1911 年 6 月 24 日，主要由艺术家组成的 300 名客人来到
巴黎圣奥诺雷街波烈宅邸的花园。这位时装设计师举办了一场
不同寻常的活动，这是 20 世纪最非凡的盛装舞会之一。《一
千零一夜》的性感体现在服装上：色彩、透明的面料和东方

216

的妆容让巴黎女性疯狂。她们在夜晚扮演沙哈里亚尔苏丹的妾姬扎比德，这个美丽的女人被一名奴隶的淫荡和激情所吸引，她的主人用刀刺死了她。拉乌尔·杜菲（Raoul Dufy）和乔治·勒帕普（Georges Lepape）设计的邀请函传达了一个明确的信息：来宾必须穿东方样式的服装。预言式的节目单宣布了狂欢的精神：

> 这将是第一千零二夜……我们将享受四射的光芒、香水、美酒、美食，听到女人的叹息和布尔布鸟的歌声。翩翩身姿……跳舞的女人像月亮一样动人，带给你的眼睛和耳朵无以复加的愉悦。从圣奥诺雷街进来，这将是第一千零二夜。[15]

整个巴黎战前的喧嚣为时尚定下了基调。最杰出的梦幻"指挥家"之一便是保罗·波烈，他生活在一个充满活力和才华的艺术社区。但对东方的诠释并不局限于高级定制服装。它也启发了时尚达人，他们戴着东方样式的头巾，上面嵌着鸵鸟羽毛和珠宝。衣服变得非常柔软。在文化上，身体的概念在西方和东方是不同的。女性的服装风格开始发生变化，受希腊基通袍启发设计的长袍流行起来。但白色不再是一种特权颜色。西班牙摄影师兼艺术家马里奥·福图尼（Mario Fortuny）展示了红色和赭色温暖而感性的魅力。至于图案，它们再现了阿拉伯书法的曲线和优雅。20 世纪 20 年代，这一趋热催生了一种应用"蜡染技法"（batik）的染色面料，这种面料在美国非常流行。

　　显然，设计师们把西方服装的基础与异国情调结合起来，而不直接复制纯粹的摩洛哥、波斯或俄罗斯服装。"日本主义"的例子尤其能说明问题。

　　日本在 19 世纪下半叶的外交和经济开放，增加了欧洲人对一个当时仍然非常封闭的帝国的兴趣。日本美学令人着迷。虽然欧洲和日本的服装原则有很大的不同，前者是城市化和不断变化着的，后者则是传统的和高度符号化的，但它们之间有许多相互的影响。[17]早在 19 世纪 50 年代，欧洲和美国的服装就带有日式的图案。和服是茶服和披风的设计灵感来源之一。然而，在受到西方威胁的情况下，日本才同意开放其港口设施。这就是所谓的炮舰外交。美国总统派来的马修·佩里（Matthew Perry，1794－1858）的任务便是在 1852 年开通通往日本诸岛的贸易路线，终结幕府将军的锁国政策。

218

　　日本当局只允许威胁使用武力的佩里前往唯一对西方贸易开放的港口长崎。佩里令人印象深刻地展示了他的蒸汽炮，日本当局随后允许他在神奈川登陆。在幕府将军没有正式回应的情况下，佩里于 1854 年带着两倍于前的美国、英国、法国、荷兰和俄罗斯船只返回日本。在这种形势下《神奈川条约》正式签署，为日本与西方的贸易打开了大门。[18]当日本在伦敦（1862 年）、巴黎（1867 年）和费城（1876 年）的世界博览会上展示其产品时，这个岛国的受欢迎程度也随之上升。自此，西方制造商发现了一种全新的文化。自 19 世纪 90 年代以来，沃斯就开始在他的作品中使用樱花图案。利伯缇这类公司则出售现成的和服，或者售卖剪裁纸样供人们在家自制和服。[19] 不过，设计师针对欧洲市场对这些异国情调的家居袍做了很多调整：增加褶皱以保持曲线，添加了一条带流苏的腰带，衣领加了硬衬，袖子采用了灯笼袖的形式。日本公司也专门为欧洲市场设计产品。所有这些调整都是对日本主义或曰"亚洲主义"的一种诠释。

　　和服也影响了女性服装的发展。玛德琳·维奥内特在她的晚礼服中加入了一些日本传统服装的元素。她减少了缝线的数量，设计了交叉样式的短上衣，而晚礼服披风则像是把身体包裹在茧里。第一次世界大战期间，贴身的服装、鲜明而复杂的图案不再合宜，布料的使用也大幅缩减。一种"极简主义服装"似乎与这些限制更加契合。装饰被更低调的剪裁取代。在这种情况下，织物的褶皱和起伏的造型成为首选。[20] 全球化影响着人们的品位、穿着和商家的销售技巧。帕昆夫妇因为他们的国际扩张而脱颖而出。

　　珍妮·帕昆的职业生涯从 1891 年持续到 1920 年，她是第一个在时尚界享有国际声誉的女性。1891 年，她嫁给了前银行家和商人伊西多尔·勒内·雅各布（Isidore René Jacob），之后他们在和平街 3 号建立了帕昆之家。一种新的商业模式形成：女性做艺术总监，男性做公司主管。他们创新的营销方式和年轻化的店铺装修风格吸引了想要打破维多利亚时代形象的时尚女性。从女明星到王室成员，再到像洛克菲勒这样的美国商人的妻子都是帕昆家庭的客户。帕昆家族的声誉通过这些客户建立起来。这个家族的商业创新后来成为经典。他国外开设分支机构促进了品牌的国际扩张。1896 年，帕昆家族在伦敦、布宜诺斯艾利斯、纽约和马德里都有自己的设计公司，并以不同的方式管理客户关系和进行市场营销。接近客户十分重要。帕昆家族了解客户的个性，并根据客户的日程安排工作。服装将剪裁和披裹相结合，强调穿着者的舒适和幸福感。方便行动的服装受到欢迎。为了宣传他们的作品，这对夫妇雇用了年轻漂亮的女演员，让她们穿着最新的设计去赛马场或歌剧院。有些女演员穿着相同的衣服，让这件衣服成为当季的爆款。1914 年春季系列在美国波士顿、匹兹堡、纽约、费城和芝加哥巡回展出。帕昆家族自己公司的签约模特戴着粉色和紫色的假发走在大街上，让人目瞪口呆。该公司组织的其实就是时装秀。[21]

在全球化的背景下，信息流动的加速也导致了假冒伪劣商品的增长。设计师的服装及其配饰和图案进入商店后很快就被复制。为了解决这个问题，一些时装公司在 1914 年联合起来成立了法国高级时装防卫工会。卡洛特（Callot）、保罗·波烈、珍妮·帕昆、玛德琳·谢鲁伊（Madeleine Chéruit）、保罗·罗迪耶（Paul Rodier）和丝绸制造商比昂奇尼 - 费里耶（Bianchini-Férier）是其创始人。会长保罗·波烈的目标是保护原创设计不会在未经授权的情况下被抄袭。在 1915 年写给《纽约时报》的《有信仰的职业》一文中，波烈特别抨击了"美国买家"的做法。法国高级时装防卫工会建议对希望复制服装的客户收取标准版权费。时装展也对所邀请的客人提高了门槛，增加了严格的规定。

从紧身胸衣到整容手术

几个世纪以来，身体的变化，无论是表面的还是内在的，都引起过激烈的争论。道德、危险、幸福……所有的观念都既可以用来指责紧身胸衣、唇膏和整容手术，也可以用来为它们辩护。20 世纪初，紧身胸衣的消失似乎预示着服装将变得更加舒适和简单。但其他的审美仪式也在兴起。化妆品在女性的日常生活中占据了主导地位，而整容手术甚至在第一次世界大战之前就开始了。①

19 世纪，尽管医学杂志公开批评紧身胸衣，但绝大多数妇女仍然穿着它，尤其是越来越多的工人阶级妇女。19 世纪下半叶，人们试图了解人体解剖、健康与紧身胸衣之间的关系。安·卡普林（Ann Caplin，1793－1888）在她的《健康与美丽》（*Santé et Beauté*）中辩护道，制作精良的紧身胸衣能够帮助女性保持美丽和年轻。它们支撑乳房，帮助掩盖身体的缺陷，尤其是过于丰满的胸部或不够平坦的腹部。卡普林的言论显然淡化了同一时期的医学观点。她夸口说，她的"第二皮肤"紧身胸衣得到了一位法国医生的赞赏。女性强烈相信胸衣的功用。[22] 在很长一段时间里，历史学家对女性读者的来信进行研究，这些信件发表在《英国女性家庭杂志》（*The*

221

---

① 第一次世界大战中大量军人面容被毁，推动了整容手术的发展。——译者注

Englishwoman's Domestic Magazine）等期刊上。一些女性在信中写道，拜紧身胸衣所赐，她们的腰围缩到了 15 英寸。然而，最近的研究表明，这些言论更多属于性幻想，是拜物的反映，而不是真实的体验。19 世纪中期，廉价的、大规模生产的紧身胸衣充斥着城市工人阶级的衣橱，穿着紧身胸衣并没有为女性的工作带来不便。因此，很难相信紧身胸衣真的导致了被指控的诸多疾病。然而，这种服装并非完全无害。过度勒紧的胸衣会导致身体损伤和肺活量减少，呼吸困难会让人昏倒，因此，19 世纪将紧身胸衣与呼吸浅短和昏厥联系起来的说法是可信的。[23]但没有证据表明女性会通过手术切除下部肋骨，使腰身变小。这不过是一种幻想。[24]一些医生和紧身胸衣制造商在医学论述的声浪中见风使舵，声称要制造更舒适的紧身胸衣。1890 年前后，伊内斯·加什-萨罗特（Inès Gaches-Sarraute）博士设计了一种平直的紧身胸衣，她称之为"健康"紧身胸衣。事实上，它对身体的束缚比维多利亚时代的沙漏形紧身胸衣更严重，更让人不舒服。

　　矛盾的是，这些关于身体畸形和日常舒适的争论并没有阻止化妆品和整容手术的普及。自 19 世纪中期以来，面霜和美容液的销量一直在增长，尽管药用产品和肥皂仍很受欢迎。1849 年，美国 39 家化妆品公司分享了 35.5 万美元的收入。虽然化妆品行业尚未成为一个繁荣的行业，但其扩张必然需要更便宜、更实惠的产品。经济全球化对化妆品形成利好。法国香水、英国专利产品、中国化妆盒和葡萄牙腮红出口到世界各地。但最受欢迎的产品仍然是美白膏，广告宣传称，美白膏可

222

以将晒痕和色斑的程度降至最低。文雅和与众不同仍然是旧时代的标准。然而，企业家也将中产阶级妇女作为目标，从而操纵工人、移民和黑人妇女的社会愿望。[25]几个因素共同促进了19世纪末化妆品市场的扩张。一方面，摄影、戏剧和电影带动了视觉文化的蓬勃发展。他人的看法、判断和意见越来越多地影响人的外表。另一方面，商店里安装大量的镜子，鼓励女性在售货员和其他顾客的注视下进行自我检视。因此，卫生主义的兴起对制造商产生了影响，他们为大量被认为是女性美容美体的常用药物注册了专利。同时，出现了专门从事美容的机构。[26]美容院和美甲沙龙通过鼓励女性系统性地提升外表，推广了化妆品文化。皮肤护理是在店内进行的，但人们也能在商店里买到相关产品，以便回到家后继续美化自己。香粉、美白膏、胭脂和唇膏进入了私人领域。

神奇的小管子：时刻让嘴唇完美

"口红"这个词可以追溯到19世纪末。美国人莫里斯·利维（Maurice Levy）和法国人雅克·娇兰（Jacques Guerlain）为谁是可滑动管状口红的发明人争得不可开交。前者在1915年申请了一项专利，并与总部位于纽约的法国化妆品制造商安东尼·瓜什（Anthony Guash）合作。这是一项颠覆性的创新。管状口红使用非常方便，且便于携带，不需要用手指接触膏体就能给嘴唇上色。它创造出一个随时随地可以完成的任务，人们由此形成一种新的完美强迫症。不过，娇兰第一次使用管状

口红的时间确实比利维早了 3 年。几年后，赫莲娜·鲁宾斯坦
（Helena Rubinstein，1872－1965）和伊丽莎白·雅顿
（Elizabeth Arden，1878-1966）以此为模版，开发了满足大众
需求的系列口红。[27] 尽管许多人指责身体或道德上的危险与身
体转变有关，但广告公司还是用医学论据来说服消费者。化妆
品也得益于创新，这使它们每天都比之前更加实用。它们大大
改变了消费者与美容产品之间的关系。20 世纪初，化妆女性
的坏名声和对她们的指责及怀疑逐渐消失。一场真正的社会变
革发生了，更值得注意的是，整容手术渐渐获得普及。

224

　　19 世纪之前，无论采取何种干预措施，整容手术的后果
都是特别危险和令人痛苦的。尽管如此，一些医生还是成功地
用针划开和刺穿痤疮，让多痘的皮肤变得更美观：这实际上已
经是一种皮肤科手术了。以佛朗哥（Franco）为代表的医生于
1561 年描述了用更具侵入性的方法来纠正兔唇的过程，同时
解释在上帝的帮助下，这些治疗是完全可以实现的。1598 年，
第一本关于鼻子重建的书出版了。塔利亚科齐（Tagliacozzi）
是博洛尼亚的外科和解剖学主席，他使用了从手臂内侧提取的
小块皮肤进行移植的方法。[28] 移植在当时已经被认为是一种解
决方案。战争和疾病，尤其是梅毒，也推动了研究，人类本能
地不愿接受畸形是无法治愈的这种论断。麻醉和器械消毒是美
容外科发展的关键，整容外科的历史与整形外科的历史有一些
细微的不同。[29] 在 "整形" 一词的背后，隐藏着一种对造型艺
术的应用，这种活动和这个词汇本身在 19 世纪具有无可争辩
的独特性。整容手术和整形手术的区别主要在于手术前受众的

身体状况。整容干预是针对没有受伤或畸形的健康个体进行的。整形外科的治疗范围更广，包括生病、受伤或畸形的病人。在印度洋英法海战（1778~1783年）的尾声，对囚犯的虐待，尤其是割掉鼻子和手的行径，令外科医生大伤脑筋。医生们使用前额皮肤重建鼻子——这项技术至今仍在使用，科学出版物也刊登了关于皮肤移植术的内容。但整形手术真正的进步要等到19世纪末。德国医生雅克·约瑟夫（Jacques Joseph，1865-1934）因为缝合了被切掉的耳朵而声名远播。[30] 这一手术的重要之处在于，它不仅是对变形或畸形的矫正。医学界普遍反对这项手术，但它最终还是获得了成功。1898年，约瑟夫通过皮肤切割矫正鼻子，没有给皮肤留下任何疤痕。受到了同行和自己犹太家庭排斥的约瑟夫医生先是在柏林开了一家诊所，然后去了美国，接待的病人来自世界各地。由此可见，鼻整形术的实践从1900年就已经开始，尽管第一本相关图书直到1928年才出版。鼻整形术在19世纪的最后几年得到了完善，以减少梅毒对外貌的影响。这种性传染病通常在最后阶段对骨骼造成损害，比如在鼻梁中间形成巨大的塌陷。[31] 最后，面部提拉手术也出现了，目的自然是让面容永远姣好。

抵御流逝的时间，保持自信，远离年龄的困扰，这些都是整容手术的目的。面部提拉是最有效的减龄方式。最早的面部提拉手术是在德国、英国和美国开始的。德国外科医生欧根·霍伦德（Eugen Hollander，1867-1932）在他去世那年发表的一篇文章中，描述了一位波兰女贵族在1901年提出的要求。

这位病人用一幅画向他证明耳朵前面的皮肤可以拉伸法令纹和嘴边的皱纹，他被她说服了。5 年后，另一位德国人埃里克·莱克塞尔（Erich Lexer，1867－1937）为一位女演员做了一次面部提拉手术。他在太阳穴和耳后的位置切割皮肤之后，再将皮肤拉紧并缝合。整容手术处于科学、个人主义和美容的十字路口。精神分析、摄影、电影和 X 射线照相术都是让青春永驻的方式。1911 年，萨拉·伯恩哈特（Sarah Bernhardt，1844－1922）在法国找不到愿意为她做面部提拉手术的整容外科医生，于是她去了芝加哥，并最终由法国外科医生苏珊·诺埃尔（Suzanne Noël，1878－1954）做了手术。手术在这位医生位于马尔博夫街的公寓里进行，并未获得完全的成功。苏珊·诺埃尔不但对伯恩哈特的额头，而且对其整个面部进行了介入。20 世纪初，人们不再甘于让自然或生物特性决定外表。此后，面部提拉术在门诊就可以完成，人们在术后可以马上恢复活动。[32]

镁光灯下的时尚"独裁者"

从《时尚》杂志编辑到电影明星，贸易的加速和全球化夯实了他们时尚缔造者和"独裁者"的角色。这些人的品位和好恶决定了每一季的流行趋势。时装模特越来越频繁地出现在人们的视野里，工作也越来越专业化。广告创造出新的明星。大约在 1900 年，时装秀已经采用了至今仍在应用的形式。

20 世纪初，时尚出版商成为风格的"仲裁者"，决定消费

者应该穿什么衣服、不应该再穿什么衣服。《时尚》杂志的现
227　代性主要建立在埃德娜·伍尔曼·蔡斯（Edna Woolman
Chase，1877—1957）的工作之上。她最初只是负责整理信件，
后来成为杂志的主编，《时尚》由康泰纳仕出版集团（Condé
Nast，1873—1942）出版。然而，1914 年，服装还没有在杂志
上拥有独立版面，而与八卦、世俗和王室生活报道并存。与此
同时，借助巴黎时装工会创办的《流行》（Les Modes，1901—
1937）杂志，巴黎获得了行业声誉。创新是巴黎时装工会出
版物的核心；摄影的运用、关于设计师和面料的详细信息和长
篇报道，令巴黎的顶级产品得到了明确的肯定。如同吕西安·
沃热尔（Lucien Vogel，1911—1923）的《时尚公报》（La
Gazette du bon ton），这些杂志都位于时代的前沿，展示了高品
质的服装。[33] 品牌和零售商顺理成章地利用报纸来宣传他们的
产品，《伦敦新闻画报》（Illustred London News）或《女士画
报》（Lady's Pictorial）满足了中产阶级的需求。彼时时尚杂志
的栏目依然以描述性文字为主，直到 20 世纪末才转变为传达
更加个性化的态度。维多利亚女王被认为是一个有能力增加天
鹅绒销量的消费者。百货公司开始使用海报来宣传当前的流行
趋势，同时将幸福的现代家庭的符号融入其中，比如母亲在闲
暇时和女儿一起玩耍。儒勒·谢雷（Jules Chéret）在法国推
出的彩色平版海报也成为国际上受欢迎的广告形式。追求时尚
成为中产阶级生活的一部分。维多利亚女王面目模糊的过时形
象，逐渐被光彩女人、妻子和母亲的形象所取代。[34] 许多女演
员因其对时尚的影响而闻名。萨拉·伯恩哈特因其优雅的服装

而备受赞誉。在大获成功的五大洲巡回演出过程中，她成为第一个由著名设计师专门设计服装的女演员。为她设计电影服装的保罗·波烈也在大西洋彼岸被推崇为时尚之王，[35] 而后者其实很早就意识到了女演员形象为设计师带来的利好。国际展览和筹款活动也有助于时尚作品的传播。1910 年，珍妮·浪凡（Jeanne Lanvin）与塞夫勒（Sèvres）的制造商合作，制作了玩偶：浪凡负责制作人偶的衣服，塞夫勒则用陶瓷制作人偶的头部。这些人偶是表达地区和民族传统的一种特殊载体——其中大多数传统是完全虚构的。1911 年的哥伦比亚博览会展出了 25 位法国王后人偶，人们借此了解法国的历史。然而，随着媒体影响力的提高，人偶的吸引力减弱了，真人模特才更能引起人们的注意。

"样板"一词指的是在服装沙龙中展示的独一无二的作品。这是设计师向职业买家提出的基础建议，之后职业买家决定如何根据大众市场的需求对其进行调整。裙装和女性模特是法国服装业及其全球市场发展的核心。"样板"一词的双重含义很好地说明了早期人体模特人性与物性并存的矛盾状态。① 人们批评模特的工作性质：她们穿着时髦衣服并不是为了自己的个人幸福，而是为了赚钱。[36] 查尔斯·弗雷德里克·沃斯被普遍认为是第一个使用真人模特的设计师。其实，许多女裁缝早就在顾客面前通过年轻女模特展示她们的作品。事实上，沃斯正是在他们共同工作的工坊里展示披肩时遇到了他未来的妻

---

① 法文"样板"和"模特"同为 modèle。——译者注

子玛丽。直到 19 世纪 70 年代，玛丽一直是沃斯的模特，之后成为模特指导。这对夫妇真正的创新正是专注于培训专业模特。[37]20 世纪的头几年，帕昆或波烈创办的服装企业逐渐拥有了代表自有品牌的真人模特。

19 世纪 90 年代，被称为"露西尔"的女裁缝露西·华莱士·达夫·戈登（Lucy Wallace Duff Gordon）雇用了 3 名模特。艺名分别为多洛雷斯（Dolores）、加梅拉（Gamela）和赫比（Hebe）的 3 位模特登上交通工具，摆出戏剧性的姿势吸引人们的注意，但既不说话也不微笑。1910 年，露西尔在纽约开了一家商店，模特们也陪伴着她。所有女性相关媒体都在报道她们的魅力。露西尔赢在她能够在外出展示服装时创造戏剧化的效果。她还让多位年轻女性以军人整齐划一的方式共同展示服装，这让人印象深刻，但也导致了各种流言蜚语。[38]1908 年，3 名领薪水的模特穿着由无名裁缝制作的一模一样的服装，引起了人们的愤怒，然而这种做法正变得越来越普遍。1910 年，波烈举办了几场时装秀，一年后组织了一场欧洲巡演。为了满足新市场的要求，让·帕图（Jean Patou）考察了美国女性的身材，她们的身材比法国女性更修长。他从 1924 年开始雇用美国本土模特。[39]真人模特已经成为时尚营销的旗舰工具。专业模特被报纸报道，出现在上流社会的晚宴上，并成为电视节目的重要嘉宾。

时装秀最初是专门为贵客和重要零售商举办的，如今已成为定制服装和成衣产品的常规展示形式。它通过媒体传播，扩大了消费者的范围。在 20 世纪的第一个 10 年里，服装设计师们组织的时装秀一开始是在固定时间向外界开放，随后逐渐演变成季节性的时装展示。早在 1910 年前后，这种表演就已经很成熟了。露西尔在纽约的一家剧院让她的模特走秀。这位女裁缝让模特们在一个高高的舞台上以特殊的姿态和步伐行进。渐渐地，高台变成了时装秀的展示中心。高级定制时装的设计师们组织巡回演出：首先在巴黎和伦敦，然后是纽约。1910年，大型商场，比如费城的瓦纳马克百货公司，就已经抓住机会定期举办活动，以扩大受众。时装秀也成为电影拍摄的场景，比如一家总部位于纽约的电影公司就在 1913 年拍摄了时装秀。当时业界每年已经有两个时装季：2 月的春夏系列时装季和 7 月的秋冬系列时装季。第一次世界大战改变了时尚中心的地理位置，很多欧洲国家的时装秀选择在纽约举办，这座城市后来成为成衣之都。纽约的突出之处在于，它将时装秀与为战争筹集资金的活动结合起来。[40]

强制、归顺与反抗

从西方到拉丁美洲、非洲和亚洲，正式和非正式的殖民运动导致了明显的服装变化。它们既关系到欧洲人，也关系到当地人。前者试图将新的规范强加于后者，他们还发明了更适合特定国家生活条件的新服装。相反，日本政府对西方人的到来做出回应，并对已有的服装进行了现代化改造。最后，刚果人建立起一种视觉身份，以回应殖民者对他们施加的限制。

231

　　服装在欧洲殖民者的传教计划中扮演着重要的角色，无论是西方社会还是非西方社会，服装都被认为是文明社会的标志。在1966年后成为博茨瓦纳（Botswana）的前贝专纳保护地（l'ex-Bechuanaland），传教士为了拯救世居民族的"灵魂"，给非洲人穿上欧式服装，遮盖他们的身体，并要求他们执行新的卫生规则。世居民族的顺从被认为是某种形式的皈依，有时是宗教上的，有时是道德上的。一些穿衣方式有可能在被接受的同时经历本地化，萨摩亚人就是典型的例子，他们在传统上使用本地材料，比如树皮，来遮盖身体。归顺于殖民者之后，当地人知道不应该继续赤身裸体，即使他们并没有完全遵循西方的穿衣准则。同样，美拉尼西亚人采用了印花棉布，因为它符合他们对自己身体的看法。传教士们由此推断，这至少是一种皈依的外在迹象。[41]花卉图案受到北美人民的欢迎，因为它们与当地社会的传统刺绣图案有很多相似之处，[42]面料也被重新诠释。殖民定居者为了让当地人的形象更加规范刻板，为他们确立了新的准则。西方人在雨林或非洲荒漠中拍摄的照片显示，当地男人和穿着紧身胸衣的女人都套着羊毛衣服。这些场景清楚地表明，道德和文化上的优越感是如何通过服装来体现的。衣服是否合适和舒服不重要……即便移民在到达殖民地后采用了一些当地的面料，比如棉布，但他们依然迅速制定出越来越严格的规范。殖民地的传统服装成了对西方优越感的一种侮辱。[43]

　　从第一次殖民开始，荷兰人和英国人就试图对不同的民族进行分类，特别是根据他们的服装来分类。当科学家们尝试定义种族属性的时候，殖民者正在污蔑并诋毁传统。以漫画手法描绘当地人的明信片，夸大了西方人与非西方人之间的差异。阿尔及利亚或印度尼西亚女性的姿态被描绘得充满色情意味，凸显着一种文化上的差异化。异国情调的服装和态度加深了外国人的自卑感。[44]用现代术语来说，帝国主义通常意味着对另一个国家或文化的影响，但有别于直接的殖民主义。帝国主义对其他国家的穿着习惯同样有着很大的影响。与传教士和殖民者把新式服装强加于人的情况相反，受到帝国主义影响而发生的改变通常是自愿的。然而，一些改变也被认为是文化胁迫的结果，在这种文化胁迫中，自愿性受到了损害。在日本明治时期（1868~1912 年），日本政府提倡将现代化作为一种增强国力的手段，其双重目标是防止日本成为西方的卫星国，并为与欧洲的平等竞争做准备。为了与西方力量竞争，这种努力包括促进牛肉消费（此前从未有过）和广泛采用西式服装，至少在城市精英群体中是这样。在 19 世纪末的中国，人们努力设计一种既现代又更接近西方的军服和校服。第一个版本的中山装（后来被称为毛装）的灵感来自普鲁士军服，对领子的设计则借鉴了中国传统长袍的衣领。[45]

　　20 世纪 60 年代以后，氛围营造者和雅士协会（Société des Ambianceurs et des Personnes Lépantes，La Sape，简称萨普协会）开始受大众关注，但它的起源可以追溯到 20 世纪初。萨普协会是由散居在巴黎和布鲁塞尔的刚果共和国青年发起的。萨普运动试图建立和确认刚果共和国的一种新的社会身份。它的成员（萨普）坚持 19 世纪的花花公子主义，同时试图摆脱西方的规范。萨普文化形成于刚果共和国①首都金沙萨和布拉柴维尔殖民时期的早期。早在20世纪20年代的布拉柴维尔，刚果人在周日的游行中将数件羊毛开衫层层叠穿，并号称这种着装风格是巴黎时尚。[46]财富的展示还通过佩戴单片眼镜、拎手杖、戴手套或使用其他配饰来实现。俱乐部纷纷成立，人们一边听着留声机里播放的古巴和欧洲音乐，一边针对时尚争论不休。这些狂热的时尚消费者大多是年轻人，他们用自己微薄的家政工人、音乐人或公务员的收入邮购最新的巴黎时装。萨普对法式品位的追求显而易见，但他们叠穿、炫耀和故意引人注目的风格为自己建立了独特的身份。萨普的身体是一种生活艺术的"容器"[47]。衣服的叠穿和滥用成为表达反对态度的手段。与此同时，为了抗议社会规范，以全裸且男女混234 合的形式出现在公众场合同样是被选择的途径。

性别分化

19世纪末，男女服装的形式已经固定下来。男装变得越来越简洁，女装的装饰则更加繁复。手套反映了这一区别。它们再次成为装饰性的配饰，适用于日间服装或晚礼服。女用手套的面料是丝绸、绣花皮革或针织面料；相反，男用手套的样式更简单，更适合西装的线条。手套的颜色是高度符号化的：人们白天戴黄色、棕色、黑色和海蓝色的手套，晚上则戴白色

① 1964年8月1日改国名为刚果民主共和国，简称刚果（金）。——译者注

手套。手套的类型揭示了约定俗成的社会规范。在某些情况下，在公共场合不戴手套会成为众人嘲笑的对象。缠足亦是如此。

在中国，一千多年来，为了更加优雅和性感，中国女性的脚被绷带牢牢地裹紧——只有每周清洗和敷香粉的时候才会放开。有人从 5 岁开始缠足，有人甚至更早，大约需要 2 年双足才能达到 7.5 厘米的理想尺寸，这就是所谓的"金莲"。在混合了药草的热水或动物血液中浸泡后，大脚趾之外的其他脚趾被折叠在脚底，以缩短脚的长度，整只脚变成莲花花苞的形状，之后穿进越来越小的尖头鞋里，整个过程持续数周之久。[48] 清朝末期的几位皇帝试图阻止这种做法，但没有取得任何实际成效，尤其是在农村。自 19 世纪末以来，在约翰·麦高恩（John MacGowan）和艾丽西亚·利特尔（Alicia Little）等外国传教士的影响下，中国出现了反缠足运动。约翰·麦高恩在 1875 年创立了厦门戒缠足会，艾丽西亚·利特尔则于 1895 年创办了上海天足会。渐渐地，缠足被中国人厌弃和妖魔化，被归类为过时的习俗，如同吸食鸦片的男人留辫子一样，象征着国家的软弱。1912 年，中华民国临时大总统孙中山要求内政部起草一项反缠足法令。然而，这项法令几乎没有产生什么影响，直到 1927 年蒋介石建立南京国民政府。[49]

缠足体现的是鞋履历史上最极端的性别差异。虽然这一陋习在南京国民政府成立之后逐渐消失，但直到 1949 年中华人民共和国成立后才被彻底根除。

最后，无论是异性恋还是同性恋，女性持续更新衣橱以重新定义她们在社会中扮演的角色，并坚定维护她们被道德家贬低的身体。大约在 1900 年，对包括女同性恋的许多女性来说，穿男装是一种抗议父权社会赋予她们的地位的方式。异装癖被用来让女性看起来更像男人，同时彰显她们工作的严肃性，正如作家乔治·桑（George Sand，1804－1876）和画家罗莎·博纳尔（Rosa Bonheur，1822－1899）所做的那样。在两次世界大战之间，女同性恋的现象更加普遍。罗曼尼·布鲁克斯（Romaine Brooks，1874－1970）描画了大量身着男装的女性。她画的于娜·特鲁布里奇（Una Troubridge）身穿男士夹克，戴着单片眼镜，身边围着两只猎獾犬。[50]20 世纪初，纨绔主义在纽约流行并受到波德莱尔哲学的启发。布鲁克斯甚至说，她在伦敦的拥护者只关心她的外表，并不关注她的价值观或想法。因此，她有意识地通过着装来强调自己的女同性恋身份，并为自己的社会地位进行抗争。[51]

讨论、谈判和强加是定义 19 世纪性别分化的转变和辩论的术语。不同的政治和社会环境增大或缩小身体之间的差异。20 世纪初，服装风格又一次发生了变化。

跑鞋、拉链与防水工艺的创新

19 世纪最后几十年，服装和化学工业的发展促成了许多创新。有些创新产品在 20 世纪成为经典产品，比如运动鞋、拉链包和雨衣。

大约在 1870 年，关心海员福利的英国政治家塞缪尔·普利姆索尔（Samuel Plimsoll, 1824-1898）命名了限制船舶载重量的吃水线。"普利姆索尔"（Plimsoll）一词被时尚界采用，因为鞋身与橡胶鞋底粘连部位的下方也有一道线。虽然不同的社会阶层都因为橡胶鞋舒适而选择这种鞋，但囿于硫化橡胶的技术，这种产品当时并不便宜。橡胶底帆布鞋在美国大受欢迎，在那里它被称为"运动鞋"（sneaker）。对一些研究人员来说，sneak 是偷偷潜入的意思，强调的是橡胶鞋底的无声特性，小偷因此特别偏爱这种鞋。[52] 早在 1895 年就有人表示，这些鞋适合狡猾的棒球运动员，事实上这也正是艾耶父子广告公司的亨利·纳尔逊·麦金尼（Henry Nelson McKinney）于 1917 年向公众输出的宣传点。[53] 运动鞋成功的关键是使用具有高度灵活性和舒适性的硫化橡胶。它们大受欢迎，其样式很快就变得多样化。橡胶被添加到鞋的脚趾的位置，以避免磨损鞋面的帆布，同时为网球之类的运动提供必要的稳定性。鞋底变得更复杂，制作运动鞋的公司利用人字形的凹槽来提升运动的灵活性并缓冲压力。1900 年，运动员们穿橡胶底帆布鞋参加巴黎奥运会，罗伯特·法尔肯·斯科特（Robert Falcon Scott）也在南极探险时（1901～1904 年）穿它们。橡胶底帆布鞋在有水的地面上具有防滑性能，由此受到航运业者的青睐。它们被军队使用，根据士兵和军官的等级被染成不同的颜色。橡胶底帆布鞋还是学校体育课的专用鞋。这种运动鞋的制作过程很复杂，使用的小块布料必须与脚的三维形状相贴合。手工缝纫尤其费事。1845 年，埃利亚斯·豪申请了缝纫机专利，这种缝纫机可以快速、准确地组装和缝合不同厚度的布料。6 年后，

237

艾萨克·辛格改进了这项发明。他的缝纫机业务因服装厂和家庭缝纫而蓬勃发展。辛格的员工莱曼·里德·布莱克进一步完善了缝纫机。之后,他成为一家鞋厂的合伙人,致力于发明有助于制鞋过程自动化的机器。然而,改进缝纫机的过程中,工厂遇到了瓶颈:它无法针对小零件的曲线做细微的调整。制鞋过程中,工厂仍然需要经验丰富和熟练的工匠来折叠、缝合组件、使其成型并将其与鞋底连接。简·马策利格(Jan Matzeliger)用一种能在一分钟内将鞋底固定在帆布上的鞋楦机解决了这个问题。得益于这项于 1883 年获得专利的发明,当时鞋厂每天可以生产数百双运动鞋。[54] 批量生产让运动鞋价格更低,也更容易销售。[55]

橡胶工业立即控制了运动鞋的生产和销售。生产硫化橡胶底运动鞋的英国公司邓禄普就是一个例子。"Keds"是美国橡胶公司于 1917 年在美国大规模销售的第一个运动鞋品牌。[56] 然而,摩尔·匡威(Mills Converse,1861-1931)侯爵的帆布鞋品牌仍然是不可超越的。摩尔拥有一家橡胶工厂,他推出了专为篮球运动设计的高帮匡威全明星系列(Converse All Star)。职业篮球运动员查尔斯·H. 泰勒(Charles H. Taylor)为阿克伦火石队效力,1921 年以后他一直在美国巡回比赛中为匡威代言。这位品牌代言人甚至参与了鞋的设计,并在脚踝部签名"恰克·泰勒"(Chuck Taylor)。匡威鞋由此被称为"恰克"(Chuck),并征服了整个世界。[57] 从一开始,运动鞋的营销就依赖于对竞争激烈的市场的刺激。橡胶大战之后,锐步的创始人开发的鞋钉尤其吸引人,因为它们可以让跑鞋钉入跑道。[58]1933 年，"绿色闪光"系列在网球运动员中取得了巨大的成功，第二年，弗雷德·佩里（Fred Perry）赢得了三项大奖，使这种鞋子流行起来。[59]运动鞋带来的不仅有舒适感，还有幸福感。

同样，拉链让消费者的日常生活变得更方便。19 世纪末，巴黎出现了一些大型的箱包工坊。路易·威登特别制作了拿破仑三世（1848~1870 年在位）的旅行箱。LV 的首字母采用手绘方式，以使 LV 产品区别于仿制品。品牌标志就此诞生。威登发明了一种搭配短皮带的长帆布包，是旅行袋的前身。与此同时，马鞍制造商埃米尔-莫里斯·爱马仕（Émile-Maurice Hermès）从放马鞍和靴子的马具袋中获得灵感，并对其进行了改制。自 1890 年以来，拉链终于在 20 世纪 30 年代被广泛使用。它的第一个版本是由扣眼和钩子组成的，只在旅行鞋上使用。在美国企业家的鼓励下，惠特科姆·贾德森（Whitcomb Judson）对它做了改进。大约在 1900 年，新泽西州的全球滑动式固件公司推出了一种新拉链，但没有获得预期的成功。1913 年，瑞典电气工程师吉迪恩·桑德贝克（Gideon Sundback）发明了现代金属拉链和使其能够大规模生产的机器。无钩固件公司于 1914 年将该设备商业化。实用、可靠的拉链体现了 20 世纪初美国实业家的创业和创新精神。然而，它仍然很贵，大约 15 年后才取代了纽扣或钩针。[60]1923 年，爱马仕是第一个在包袋上装拉链的公司，当时加拿大军方已经采用了拉链。爱马仕的第一个拉链包是为女性设计的，被称为"火流星"。20 世纪的前 20 年里，人们的手袋在异国情

239

调和现实生活之间摇摆不定。由银线编织，或由意大利天鹅绒制成的珍珠小袋子受到了东方和新艺术风格的影响。至于腰包，它是由妇女参政者推广的。1914 年，手袋征服了许多女性，因为它们满足了新的实际需求。

查尔斯·麦金托什（Charles Macintosh，1766-1843）用印度棉和橡胶制造出第一件雨衣。19 世纪 20 年代，雨衣很粗糙，很重，味道很难闻。布料的硬度也会给缝纫带来问题。直到 1824 年，苏格兰人才发明了涂层工艺。早在 1900 年，大多数雨衣就被称为"麦金托什"[61]。从 19 世纪末开始，军事冲突和士兵们的新需求改变了服装。伦敦的博伯利公司（Burberry）拥有一项专利，该专利保护一种经过化学处理以避免雨水渗透的棉织物。这种棉织物被英国农村的牧民和农业工人用来抵御恶劣天气。在布尔战争期间（1899~1902 年），一些军官已经穿上了博伯利公司生产的防水风衣。1914 年，军队需要为战壕里的士兵配备斗篷。博伯利公司得到了英国陆军部的许可权，生产了 50 多万件军用外套。由此，战壕大衣（trench coat）成为盟军战士的官方外套。其独特的元素是肩章、防风衬领和可以用来系军用装备的 D 型腰带。这种大衣由博伯利公司和伦敦的 Aquascutum 公司生产，后者以制作内衬著称。

工装的大改变

工业时代的特点是经济和社会的重大变化，这些变化足以对服装产生影响。妇女从事新的职业，如教师和速记员，骑自行车或乘电车出行。这些生活方式的转变迫使她们穿上更舒适的衣服，最初它们是由争取性别平等并由此获得自由的妇女分发的。男性集中在工厂或矿山，他们的工作性质也改变了劳动裤装，牛仔裤在一个多世纪里占据了重要地位。

　　"套装"（costume）一词出现在 1855 年前后的时尚报刊上。它指的是一种女装，包括定制的夹克和裙子。它的名字来源于它特殊的制作方式。它由专门为男性设计服装的裁缝制作，在一个通过特定技术、样式、面料、颜色和图案来区分男性和女性服装的时代，显示出它的必要性。这种时尚在当时的欧洲和美国流行开来。英国公司"Redfern"取得了巨大的成功，一方面通过维多利亚女王等著名女性推广了这种新风尚；另一方面，该公司于 19 世纪末在巴黎里沃利街开设了一家分公司。在一个注重炫耀的女式衣橱里出现这种实用的衣服，证明了西方社会态度的转变。服装适应了与工业化、新的卫生标准和新的行为方式相关的生活方式，如运动或旅行。

　　虽然上流社会的妇女在工装被穿着的过程中发挥了作用，但从中产阶级中解放出来并决定开始职业生涯的妇女，特别是来自城市的那些妇女，在很大程度上促成了工装的普及。[62] 英国南美洲殖民地的服装似乎激发了女装裁缝们的灵感。早在启蒙时期，服装平等和性别平等就被提出。很多女装细节受到男装的影响，比如夹克的形状、纽扣、口袋、颜色和布料。19世纪，穿套装意味着表明一种立场，这给套装带来了坏名声。乔治·桑、弗洛拉·特里斯坦（Flora Tristan，1803－1844）、

241

阿梅莉亚·布卢默和埃梅林·潘赫斯特（Emmeline Pankhurst，1858-1928）都是不墨守成规的激进分子，为套装赋予了政治色彩。英国女性穿着它做运动、旅行或观光。套装的节制受到赞赏，因为它符合英国国教的教义。夹克的形状与紧身胸衣的曲线相匹配，但还是装饰了许多男性服装配件，如马甲、翻领衬衫或帽子，形成了最终的男装样貌。1890~1914 年，服装的轮廓变得柔和，裙子变宽，夹克也变宽了。然而，这一套朴素而实用的服装依然被纳入规范：它只适用于在不需要正式会议的情况下，可作为白天的服装。[63]

242

20 世纪初，套装非常受欢迎，可以被视为中产阶级女性的"工作服"。办公室女职员和女教师都穿它上班。它结实，可批量生产，价格低，适合广大客户。在第一次世界大战中，它成为妇女参战的象征和爱国主义的同义词。对男性来说，牛仔裤则是最受欢迎的。[64]

牛仔裤已经成为 20 世纪人们的主要服装，它可以追溯到意大利的热那亚。16 世纪的水手们穿的是结实的棉质、亚麻或羊毛混纺斜纹长裤。这种织物当时被称为"热那亚呢"（Jeane）。两个世纪后，它完全由棉布制成，结实耐用，是理想的工作服。即使有几种颜色可供选择，它也通常是靛蓝色的。不过，正如我们所听说的那样，牛仔裤的面料通常是丹宁布——一种更结实的斜纹棉布，由蓝色和灰色的纱线纺成，有时经过漂白。[65] 在使用过程中，牛仔裤会变色和磨损。人们普遍认为丹宁布是一个血格鲁化的名字，来源于 17 世纪的法国面料尼姆斜纹布，但尼姆斜纹布其实主要由羊毛制成。事实上，这种面料与尼姆的联系更多是为在骄傲的法国传播英国产品而做的营销铺垫。"连体工装裤"一词在与特定的衣服样式联系在一起之前，指的是一种由粗糙的蓝色印花布制成的裤子。[66]1873 年，内华达州的裁缝雅各布·戴维斯（Jacob Davis）与旧金山商人李维斯·施特劳斯（Levi Strauss）合作，为牛仔裤申请了专利。与之前版本的裤子不同的是，它在口袋的连接处增加了铜铆钉以防止撕裂——这给加州的许多矿工和工人带来了方便。李维斯公司（Levi Strauss & Co.）最初生产的牛仔裤有棕色和蓝色两种颜色。20 世纪末，李维斯公司推出了令其产品大获成功的关键元素：一块印有两只马纹样的皮革、产品系列编号和明线缝制的后兜。1890 年，李维斯公司的"501"成了牛仔裤的经典。实业家很快就明白了这条结实的裤子对工人的好处。竞争对手纷纷效仿，比如 1895 年的"OshKosh B'Gosh"和 1904 年的"Blue Bell"（后来称为"Wrangler"）。Lee 公司于 1911 年开始生产牛仔裤，两年后凭借"Lee Union-All"取得了第一次成功。在第一次世界大战期间，牛仔裤成为工人的标准着装。[67]

243

19 世纪的服装特点是个人与集体之间的复杂联系。事实上，男装正在发生根本改变：三件套西装完美地诠释了米歇尔·福柯（Michel Foucault）关于"大禁闭"的理论。[68]但与此同时，西欧的工人运动已经表明，生产体系发生了变化。女性的外形，在经历了短暂的柔化之后，变得更加硬朗。衬架支撑的裙子、巨大的灯笼袖和紧身胸衣似乎是一种倒退，或者更确切地说，是对女性卑微地位的重申。法国首都巴黎组织和确

立了自己作为时尚中心的卓越地位。19 世纪初期，巴黎的工
244　厂和室内工坊大幅增加。它们通常被称为"巴黎工厂"，专门
生产时尚的配饰，如披肩、扇子、雨伞、羽毛帽，这些都是批
量生产的。在 19 世纪最后 30 年里，巴黎一直保持着时尚界第
一的地位：这座城市给人一种好品位和优雅的感觉。外国人在
这里创建了自己的缝纫店，设计师们加入特定的组织，比如巴
黎时装业协会。巴黎是时尚的镜子，没有人能否认它的成功。

　　虽然缝纫机确实是服装行业最伟大的创新之一，但化学工
业在 19 世纪末的出现，重新指明了一个多世纪的技术方向。
拿破仑战争的后果加强了时装业和征服策略之间的关系。事实
上，对工装日益增长的需求对服装制造提出了更高的要求。回
收利用可以解决原材料短缺的问题，而防护材料则被用来帮助
陷入长期冲突的士兵。政治领导人的影响力也决定了人们对待
时尚的态度。维多利亚女王穿着购自市场街的晚礼服；法国王
后尤金妮也因其着装风格而备受推崇。在美国，第一夫人成为
礼仪大使。尽管女性无法像男性那样享受更多的舒适感，但社
会抗议浪潮已经预示着变革。阿梅莉亚·布卢默为以她的名字
命名的灯笼裤做的宣传就说明了这一点。1851 年，女权主义
245　者把它变成了宣传的对象。这一行动是成功的，因为 30 年后，
随着第一次妇女解放运动的发展，社会变得更加民主。社会和
技术的一系列变化催生了新的社会现象：女权主义的浪潮、对
紧身胸衣的排斥、化妆品的出现、美容外科手术的兴起，以及
246　1900 年前后商店里陈列的更便宜的新产品。

第八章 一场又一场战斗：外表革命及其限制

必须用一种相对的视角来看待第一次世界大战对服装的影响。20 世纪初时尚的特点是大量的展览、艺术界的动荡，以及地缘政治的重新布局。自由之风改变了社会风尚，时尚有科技的支持，并赋予少数民族和妇女公民权利，由此征服了一些人。然而，这些希望并没有触及大多数人。大国势力的再分配为美国人提供了在时尚界取得成功的机会。50 年来，国家的繁荣和对成衣的狂热使美国成为舒适服装的领导者。作为对欧洲冲突的回应，美国年轻人表达了他们反对保守主义的激情。服装行业得到了纺织工程师的持续支持，技术创新使服装价格降低。标准化的服装更容易买到。然而，狂热的舞蹈和越来越短的裙子也抵挡不了 1929 年的大萧条。20 世纪 30 年代，购买力下降和日益激烈的国际竞争助长了民族主义。墨索里尼和希特勒以及许多知识分子把西方文明社会的苦难归咎于道德的沦丧。尽管发生了世界大战，但是时尚产业并没有因此一蹶不振，它甚至成为爱国主义的象征。不过，巴黎的影响力正在减弱，美国设计师逐渐占据了舞台的中心。民族主义产生的意识形态也体现在人们对待服装的态度上，比如纳粹就试图设计一种理想主义的服装体系。《D 系统》①、化妆品和配饰将人们从

---

① 《D 系统》是 1924 年创刊的法国著名 DIY 家装杂志。——译者注

中解救出来。然而，形象的改变同样得益于技术进步，其中一些是战争的结果。人们对舒适与健康的重视以及外科手术技术的飞速发展，对西方社会产生了巨大的影响。

平价与数量：一种新哲学

第一次世界大战对时尚界产生了许多影响。首先，服装公司的客户数量减少。这种问题随着20世纪30年代的大萧条而加剧，首先出现在美国，然后是欧洲。其次，成衣仍然占市场主导地位。为了设计出时髦的服装，设计师们从高级定制服装中获得灵感。生产定制服装的公司有时别无选择，只能以较低的价格生产自己产品的复制品。在两次世界大战之间，虽然剽窃已经成为一种灾难，但任何举措似乎都无法有效地阻止它。消费者不会质疑创作过程是否得当，因为欲望早已凌驾于道德之上。最后，成衣制造商以青少年为目标扩大了客户群，他们渴望获得流行艺术家那样的成功。随着品牌符号的建立，时尚变化的速度大大加快。[1]

20世纪20年代，成衣行业已经完全与大规模生产和商品销售融为一体。这种成熟的业态在广告中得到了充分体现。从前，广告通过展示产品的内在品质达到宣传目的，现在销售体系的核心位置留给了消费者，宣传的重点在于敦促产品目录的读者紧跟潮流，而不再强调产品质量或服饰的舒适性。与时俱进、永远时髦才是最重要的。为了激发人们对最新潮流的渴望，纽约的时尚企业集中在第九大道的第35街和第41街之间。这个地方具有战略意义，因为 20 世纪 40 年代 65% 的纽约女性在这里工作。与制造商、公司、供应商和潜在客户的密切联系使时尚从业者能够迅速、有效地做出反应。在两次世界大战之间，美国的时尚产业蓬勃发展。1950 年，这个行业有 140 万名雇员。[2]一开始，每家企业都使用自己的非标准化测量系统，但比例表之间的对应关系很简单。正如商业记录所显示的那样，制造商会密切关注客户的身材变化，并主动定期更新尺寸，以便更好地适应要求。渐渐地，统一的测量系统被用在杂志的女装剪裁纸样上。[3]20 世纪 20 年代，剪裁的尺寸和比例按照年龄区分。此后，剪裁系统慢慢变得简单化。身材被刻板化了。女性消费者经常自己制作衣服，并试图模仿杂志剪裁纸样上的奢侈服装款式。早在 1927 年，约瑟夫·M. 夏皮罗（Joseph M. Shapiro）就意识到自己面对的机遇。他创立了简单纸样公司（Simplicity Pattern Company）。当时，一个服装样式的纸样价格在 25 美分到 1 美元。4 年后，夏皮罗加入了伍尔沃斯公司（F. W. Woolworth Company），打破了纸样的市场，被命名为 "DuBarry" 的设计系列以每张纸样 10 美分的价格出售。低定价、大销量的市场哲学，为这家公司带来了可观的利润。1936 年，它收购了主要竞争对手 *Pictorial Review* 和 *Excella*。夏皮罗启发了《时尚》杂志编辑康德·纳斯特（Condé Nast）。为了吸引被好莱坞明星迷住的大众，杂志将电影明星穿着的服装样式制成剪裁纸样，售价 15 美分。这种产品形式直到 1947 年才开始式微，当时歌手取代了演员，成为人们追捧的对象。[4]时尚的民主化迫使服装公司完善并使自己的品牌形象符号化，以应对愈加激烈的竞争。

为了便于识别，企业通过名称、产品或产品系列来定义自己。品牌的调性必须与竞争对手区分开来。虽然广告在宣传品牌方面是必不可少的，但它并不足以创造一个品牌的价值。声誉在于品牌对消费者产生的吸引力及消费者对品牌的忠诚度。品牌的吸引力还体现在，品牌所在的企业可以以较低的价格出售与奢侈品相关的产品，如太阳镜、首饰或其他配饰。这种品牌的双轨系统是在两次世界大战之间建立起来的。保罗·波烈或加布里埃尔·香奈儿（Gabrielle Chanel，1883-1971）凭借其在国际上的声誉，销售的实际上是一种"签名商标"，这是20世纪时尚的决定性特征。最奢华的品牌与香水、化妆品或腰带等低廉的周边产品连接起来。企业的策略很简单，即通过产品的细分来向不同的人"贩卖"梦想。得到一瓶埃尔莎·夏帕雷利（Elsa Schiaparelli，1890-1973）的香水，就是通过模仿获得这一品牌所代表的生活方式。由此，为了达到最大的销量，不断增长的商业化进程改变了零售网络。[5]

20世纪上半叶，巴黎、伦敦和纽约拥有强大的零售网络。服装精品店通常由一名设计师或业主经营，开设在众多时装公司和百货公司附近，为有经济实力的客户提供专门、个性化的服务。早在20年代，巴黎的设计师就在他们的服装公司里开设店中店，以出售更便宜的产品，比如配饰。比如，1925年，让·帕图在他公司的一层开设了"体育角"。每个房间都以一门特定的体育项目为主题，如钓鱼、网球运动、高尔夫运动、飞行运动和马术。他提出了运动服（sportswear）的概念。橱窗成了放置和展示产品的漂亮"盒子"。早在 1935 年，埃尔莎·夏帕雷利就开始用一种非正统的方式来展示产品，这正符合她离奇古怪的审美。比如，她创作了具有挑衅意味的彩色海报，并让人们能从街上看到她的建筑内部。橱窗设计和室内装饰的创新提高了品牌的声誉。品牌还通过激发老顾客的好奇心来吸引他们。20 世纪 40 年代，"购买"已经是"体验"的同义词。[6]百货公司也会在布置大橱窗时注重体现季节特点，并营造出一种带给人惊异和感动的氛围。[7]随着现代消费的出现、"奢侈品"消费的民主化和广告的发展，百货公司见证了中产阶级的增长、城市化进程和消费者性别定义的变化。[8]与服装设计师一样，这些销售机构在欧洲和美国开设分店或特许经营店，以吸引更多的中下层消费者。在英国，玛莎百货、C&A 和 La Coopérative 都是针对妇女和儿童的百货公司，而像蒙塔古·伯顿（Montague Burton）这样的裁缝店则是针对男性的。[9]人们通过建筑、设计和广告可以清楚地识别时尚品牌商店，这些商店开遍所有的首都城市（比如"Russell & Bromley"鞋店）。随着时间的推移，时尚品牌也进入了二线和外省城市。

在 20 世纪的前几十年里，商标（logo）延续了 19 世纪初的活力，成为品牌不可或缺的元素。制造商很早就意识到这一点：logo 是品牌的切入点，是对其所代表的东西的一种总结。与印鉴一样，商标体系是 17~18 世纪在科尔贝尔的经济政策背景下开始实践的，可以被认为是 logo 的前身。签名缩写、纹章、旗帜和徽记都是图形语言，旨在表明货物和相关人员的来源、所有权和地位。产品的质量和控制也具有了可视性。从

252　19 世纪初开始，在欧洲和美国，商标和款式受到法律保护，因此对样式、颜色和图形细节的复制或模仿不再是合法的。标识系统之所以引起了立法者的注意，是因为商标对消费者产生直接且有效的影响，它们是一种具有识别度的元素和金融资产，是企业身份策略的核心。产品线会随着季节的变化而变化，但 logo 是不会改变的。[10]

　　成功的 logo 的关键点之一是它对各种产品的适应性。[11]比如，香奈儿的双 C 标识非常适合在布料、包具或纽扣上重复使用。人们普遍认为这两个 C 代表可可·香奈儿（原名为加布里埃尔·香奈儿）的首字母缩写，但事实并非如此，或者说几乎并非如此。20 世纪 20 年代初，香奈儿富有的美国朋友艾琳·布雷茨（Iréne Bretz）在尼斯附近的克雷马特城堡（château de Crémat）举办了许多晚会，香奈儿就是在那里发现了双 C 符号。布雷茨授权香奈儿使用她纹章中的双 C 作为 logo。香奈儿 logo 的成功和光环推动其他厂商将自己的 logo 应用于面向中产阶级的产品。[12]20 世纪初，保罗·波烈是世界时尚界的领军人物；20 年代，加布里埃尔·香奈儿取代了前者，重新定义了优雅。她的作品带有极简主义的印记，更适合战后和经济危机的背景。然而，巴黎的竞争对手很多。玛德琳·维奥内特、简奴·朗万（Jeanne Lanvin）和埃尔莎·夏帕雷利也为创造被全世界模仿的女性新身份贡献了力量。这些设计师采用了快速传播服装样式的技术。19 世纪，向顾客提供服装样品和在陈列室里展示服装是一种惯例，而时装秀则成为传达系列时装的标准方式。随后，国外的杂志和报纸报道最新的流行

趋势，成衣设计师紧接着为大众市场修改和复制设计。自 20 253
世纪 30 年代以来，时尚摄影作品几乎即时、广泛地传播巴黎
的新设计。德国对巴黎的占领给时装业带来了沉重打击。许多
缝纫店在战争期间中止了营业。那些没有流亡到美国的服装设
计师面临材料短缺和客户减少的问题。快速发展的美国服装业
拥有很大的空间来保持自己的风格。崇尚舒适和运动的美式着
装风格（American look）暂时取代了巴黎着装风格。[13] 与当时
的德国一样，配给制促使人们自己动手制作服装。战争结束
后，时装业的复苏成为政府真正的政治目标。然而，直到
1947 年，随着克里斯汀·迪奥（1905-1957）推出轰动性的新
造型，巴黎才再次成为时装舞台的焦点。

现代时尚产业的新面貌吸引了许多批评人士。不必要的需
求的产生、生产效率的提高、社会商品化以及大大小小的城镇
商店网络的建立，每天都使时尚产品成为人们关注的焦点。人
们很难对不断涌现的新事物无动于衷。然而，充斥在报纸版面
上的广告在很大程度上要为一些人所说的"视觉骚扰"负责。
某些职业持续存在，同时新的职业出现了。

时尚业的职业化与专业化

虽然现代广告，如海报，出现于 19 世纪，但它们的数量和
质量都在两次世界大战之间发生了重大变化。这在一定程度上
是由于成衣业的扩张和广告业的专业化，广告业更系统地参与
了市场细分和调查。与此同时，现代美学、广告编辑的角色以 254

及设计师和摄影师日益增强的重要性从根本上改变了时尚广告。

　　普鲁士艺术家汉斯·施莱格（Hans Schleger, 1898-1976）可能是欧洲和美国最著名的商业艺术家。1925 年，他在曼哈顿的韦伯和海尔布隆纳服装公司工作。为了改变品牌形象，他设计了富有动感和节奏的广告。获得成功后，施莱格于 1929 年加入了英国先锋机构 W. S. 克劳福德。他与编辑 G. H. 撒克逊·米尔斯（G. H. Saxon Mills）合作，在《时尚》杂志上刊登了一则 "Charnaux" 紧身胸衣的原创广告，利用运动员来强调内衣的健康和舒适。美国从 20 世纪 20 年代开始使用摄影广告，是这方面的先驱。为了培养未来的专业人士，克拉伦斯·怀特（Clarence White，1944-1973）于 1914 年在纽约创办了一所摄影学校。他的课程倡导一种基于几何形状和角度的现代风格，这种风格明确且简单。20 世纪 20 年代，欧洲也围绕新客观主义运动，产生了类似的新思潮。它的代表人之一拉兹洛·莫霍利-纳吉（László Moholy-Nagy，1895-1946）重新思考了照片剪辑和摄影技术，后者通过强烈的对比和不同的肌理，使视觉效果最大化，并提供了一种新的广告空间体验。自此，插图逐渐被摄影所取代。[14]

　　与此同时，杂志出版人的角色越来越重要，成为真正的潮流引领者。20 世纪上半叶，最有影响力的是埃德娜·伍尔曼·蔡斯，她在整理读者信件近 20 年后，于 1914 年成为《时尚》杂志的主编，并一直在这个职位上工作到 1952 年退休。[15]《时尚》被认为是世界上最具影响力的时尚杂志之一。这本刊物成立于 1889 年，主要关注社会及其发展趋势，由纽约的精英阶层订阅。1909 年康德·纳斯特买下这本杂志后，把它变成了时尚界的一个重要角色。它的女性编辑因关注社会变革而受到认可。伍尔曼·蔡斯的才华在于，她抓住了欧洲尤其是巴黎的时尚潮流，同时为美国时尚潮流留出了空间。《时尚》英国版和法国版分别于 1916 年和 1920 年创刊。[16]

　　同一时期，《时尚》杂志的前编辑卡梅尔·怀特（Carmel White）成为《时尚》杂志有力的竞争对手《时尚芭莎》的主编。编辑工作也是创作的一部分。伍尔曼·蔡斯和怀特都为自己供职的杂志打造了一种独特的风格，象征着自己的形象和声誉。戴安娜·弗里兰（Diana Vreeland，1903－1989）是 20 世纪时界的杰出人物。她的个人风格和奇思妙想直接影响了时尚，甚至影响了大都会艺术博物馆的展览。戴安娜出生在巴黎，在纽约长大。21 岁时，她嫁给了富有的银行家托马斯·里德·弗里兰（Thomas Reed Vreeland）。这对夫妇从 1929 年到 1933 年住在伦敦。戴安娜·弗里兰在那里开了一家内衣店，开始了她的职业生涯。她频繁前往巴黎，与巴黎高级定制领域的相关人物走得很近。她把自己定位为让·帕图、埃尔莎·夏帕雷利和玛德琳·维奥内特的赞助人。戴安娜·弗里兰的才能和社会地位使其很快赢得了威望，她甚至成为美国版《时尚》和《时尚芭莎》的主题人物，占据了数个版面。1937 年回到纽约后，弗里兰成为《时尚芭莎》的编辑。她通过名为"为什么不能是你？"的专栏成名，她的女权主义主张和夸张的语调反映了她确信时尚正在改变女性。弗里兰建议读者打破常规："女士们，为什么你们不像所有极端聪明的女性一样，拥

256

有 12 朵大小不一的钻石玫瑰花呢?"[17](《时尚芭莎》1937 年 1
月号)。她与摄影师理查德·阿维登(Richard Avedon)和路
易丝·达尔-沃尔夫(Louise Dahl-Wolfe)关系密切,她提高
了自己的写作能力,并成功地传达了自己的创意愿景。她很受
欢迎,也很古怪,在斯坦利·多宁(Stanley Donen)的电影
《滑稽面孔》(*Funny Face*,1957)中被戏谑地模仿。[18]

　　这些杂志的成功引发了许多时尚霸权。它们让女编辑变成
了真正的"暴君",根据她们的感受操控潮流的走向。她们关注
社会变化,也帮助时装公司发展与模特经纪公司的伙伴关系。
1923 年,演员约翰·鲍尔斯(John Powers,1892-1997)在纽约
开设了第一家时装表演和杂志模特经纪公司。[19]同样是在纽约,
学校培训模特们专业技术,特别是走台步和摆姿势的技术。早
在 20 世纪 20 年代,记者就开始报道巴黎时装秀上的模特。被
称为"蛇身女神"的美国人薇拉·阿什比(Vera Ashby,1895-
1985),以及伦敦塞尔弗里奇百货公司的模特,都成了名人。不
过对模特的选择产生最大影响的还是美国电影业,它提供了一
种国际通用的视觉语言。玛琳·黛德丽(Marlene Dietrich,
1901-1992)和葛丽泰·嘉宝(Greta Garbo,1905-1990)是大
257　西洋两岸公认的宝贵财富。模特行业的专业人士组织起来,争
取自己的地位并成功地介入电影选角。最著名的可能是阿妮
塔·科尔比(Anita Colby,1914-1992),她于 20 世纪 30 年代
在纽约的 Conover 机构工作,并接近电影圈。1944 年,她带领
一群模特参与拍摄了好莱坞巨制《封面女郎》(*Cover Girl*)。
她的成功为她争取到最低 50 美元的时薪,她还为电影制作人

大卫·塞尔兹尼克（David Selznick）担当形象顾问，成为《时代周刊》（The Times）杂志的封面人物，反复出现在著名电视节目《今日秀》（Today Show）上，克拉克·盖博（Clark Gable，1901–1960）还曾向她求婚。1946 年战争结束后，福特经纪公司开始营业。在这件事上，巴黎落在了后面，其第一家经纪公司在 1959 年才成立。[20]

自 1918 年以来，时装业一直在为巴黎的两项重大年度时尚活动设定日期，这些活动确立了模特的地位。时装公司签约的模特从中受益最多。让·帕图雇用了 32 个模特来展示 450 件衣服。此前，服装公司通常只雇用 7～15 人。尽管模特的名声不太好，但他们会得到工资、奖金，有些人还会签订季节性合同。模特职业正变得越来越为社会所接受。模特表演分为 3 个部分：运动服装表演、日间服装表演和晚礼服表演。埃尔莎·夏帕雷利将意大利舞台艺术和占星术等戏剧主题结合在一起，将音乐、特殊灯光和舞蹈融入她的时装秀。1938 年，她邀请了真正的马戏团艺术家参与"马戏团"系列时装秀。时装秀作为一种不可缺少的交流工具，在两次世界大战之间确定了它的规则。[21] 今天，时装秀的场面越来越壮观，但时装秀遵循的规则从未改变。

意识形态与服装

服装始终反映着社会等级的规范，两次世界大战时期，意识形态与服装之间有了更加紧密的联系。事实上，殖民地人民面对殖民主义（被理解为将一个国家的主权扩大到其国家疆域以外的领土）的压力，也体现在殖民地人民的服装上。当地人在反对西方习俗和不同服饰的组合之间摇摆不定。同样，从苏联开始，意识形态导致了一种新美学：苏维埃男人和女人的美学。不过，莫斯科的指导方向并不总是被严格执行，也不总是一成不变地被采纳。几种不同的意识形态身份通过服装反映出来。纳粹意识形态也试图建立一种配得上帝国优越感的独特德国模式。然而，配给的困难、日常工作的现实、裁缝和消费者的愿望与官方的指令并不相符。与此同时，裸体主义之风吹过西欧的部分地区。一种更平等、更自由、更现代、更理性、更重视身体的生活哲学，与极权主义并行发展。

259 对各种殖民制度中服装的分析，凸显了压迫和抵抗的形式。比如，1910~1945 年，日本人试图抹去韩国文化身份的标志，从韩国人的语言（口头和书面）和民族服装韩服（hanbok）开始。相反，在台湾地区（1895~1945 年），日本人没有对服装进行干预，因为那里的传统服装不带有民族特色。劳动力移民、城市生活和教育带来了新的消费习惯和愿望，其中工厂生产的纺织品体现出强大的吸引力。本地居民接受了外国服装，并将其纳入自己的服装目录。在印度和印度尼西亚，新规范似乎与当地习俗相矛盾，后者包括人们进入建筑物时脱掉鞋子，或者包裹头部以示尊重。[22] 对西方服装的坚持和提倡主要由新的精英阶层进行。西装是殖民统治、较高社会地位、良好教育和就业的象征，很快就得到了民众的认可。然而，殖民地的服装往往是西方面料和本地服饰的结合，或者反过来。在印度，西式夹克和当地风格的裤子或纱笼搭配在一起。非洲一些地区的首领在特殊场合穿着装饰华丽的军装，并混搭兽皮。不过，作为西非穆斯林公认的美学标志的"boubous"大长袍始终被当地人引以为豪地穿在身上。精英阶层以外的女性更不愿意接受新的着装风格。尽管如此，欧洲色彩和图案的最新潮流逐渐影响印度纱丽的样式。二手西装与当地服装结合，在非洲和阿富汗产生了混搭的男性着装风格。此外，欧洲工厂从"非洲图案"中获得灵感，生产的面料深受消费者特别是女性消费者的欢迎。当英国人和荷兰人在印度和印度尼西亚定居时，他们根据不同的外貌描绘和分类被统治的人民。在 19 世纪末到 20 世纪初的法国、英国和美国，人们借穿着验证种族理论。对不同国家的归类是通过对服装样本的民族学分析来完成的，这突出了殖民者和被殖民者之间的差异。[23] 东欧服装的调整、创作和风格也同样不容忽视。

260

　　苏联和东欧的服装异同可以用它们的政治、经济和社会特点来解释。事实上，苏联教条地应用它的正统学说，它的卫星国则直接照搬苏联经验。1917 年后，这个国家经历了不同的意识形态阶段：列宁主义、新经济政策（NEP）和斯大林主义。

　　1917 年，布尔什维克革命拒绝时尚，试图舍弃西式服装。在日常生活中普遍存在的服装折中主义，一方面受到未来主义者的强烈抨击，另一方面也受到建构主义者的批评，被认为是小市民文化的一种表现。建构主义艺术家亚历山大·罗德琴科（Aleksandre Rodchenko，1891–1956）和弗拉基米尔·塔特林（Vladimir Tatline，1885–1953）设计出简单、实用、卫生的服装。1923 年，瓦尔瓦拉·斯捷潘诺娃（Varvara Stepanova，1894-1958）为被尺子、圆规以及方形、圆形服装几何化的人

261 体撰写了一份宣言。消灭差异比彰显个性重要得多，它削弱服装的社会角色，直至将其彻底剥除。实际上，只有柳博夫·波波娃（Liubov Popova，1889-1924）和斯捷潘诺娃真正参与了纺织生产。1923 年，她们发明了一种名为 prozodiejda 的通用工作服。这种工作服由莫斯科一家国营工厂生产，颜色和面料可能有所不同，但造型完全一样，所有行业都必须使用这种工作服。然而，与更具装饰性的花卉相比，几何图案不太受消费者欢迎。布尔什维克掌权后，纺织厂和零售企业被国有化，活动由权力部门集中组织。娜杰日达·拉玛诺娃（Nadezhda Lamanova，1861-1941）是一位俄罗斯时装设计师，她既是贵族又是艺术精英，被官方认可为宫廷裁缝，她最终拥抱了苏联新的政治和社会命运。虽然失去了自己的缝纫店，但她成为不同的国家服装和时尚机构的负责人，同时为剧院和电影院工作。[24]1921 年，布尔什维克战胜了对手，开始实施新经济政策，以支持先锋派社会和文化计划。在列宁的批准下，新经济政策承认私有财产和企业家精神。新富起来的阶层喜欢西方的时尚，后者重新引起了人们的兴趣。亚历山大·埃克塞特（Alexandra Exter，1882-1949）在 1923 年莫斯科纺织公司于首都开设时装工作室的过程中发挥了重要作用。埃克塞特有两项任务：为量产提供样板以及定制产品。事实上，他用奢侈且被重度装饰的服装装扮了新经济政策下富裕起来的阶层。在这一

262 时期，典型"疯狂年代"风格的及膝流苏裙、爵士乐和好莱

坞电影同时被大众接纳，从而改变了人们对西方资产阶级城市文化的看法。[25]

斯大林的上台和 1929 年的第一个五年计划结束了新经济政策。20 世纪 30 年代中期，苏联通过造成巨大的工资差距来鼓励社会分化。这一举措催生了一个新的社会主义中产阶级，人们收到从住房到衣服的物资，以支持新的社会体系。苏联第一次使用女性形象和饰品进行宣传。时尚成为融入新大众文化的一个元素。一场由新生社会主义中产阶级发起的大规模官方文明运动，通过废除旧社会主义风格、先锋主义和新经济政策，确立了被认为最恰当的礼仪和服装。一个面临住房、电气化和农业等紧迫问题的社会，要想步入正轨，就必须采取一种保守的着装方式，抹除过去的痕迹。[26] 莫斯科模特之家的开业证明了服装在建立意识形态层面的重要性。娜杰日达·马卡洛娃（Nadezhda Makarova，1898－1969）是一名时装设计师，被任命为该机构的负责人，时装设计领域的老前辈娜杰日达·拉玛诺娃则担任艺术顾问。设计师和打样工人的主要任务是将真正的苏联风格融入设计，并为量产制造样板。两份豪华报纸 *Zhurnal Mod* 和 *Modeli Sezona* 随后由轻工业产品研究所出版。其编辑路线是相同的，这两家报社由同一主编弗·斯克里亚洛娃管理。[27] 1937 年，刊物展示了雅致的帽子、毛皮大衣和香水，突出了穿着时髦、妆容时尚的女性，与悲惨的现实截然不同。莫斯科模特之家的卫星机构在苏联的其他城市和首都创建起来。国家机构组织和控制服饰生产。然而，服装和时尚配饰的价格对大众来说高不可攀。

早期的布尔什维克拒绝"时尚"这个词，坚持服装的功能性，斯大林主义则在意识形态的转变中赋予了服装重要角色。这种服装提供了一种新的美学，将俄罗斯民间传统和好莱坞魅力结合起来，并融合了斯大林主义理想的古典美和传统女性气质。布尔什维克"新女性"变成了"女超人"，拥有夸张的腰身和肩部线条，凸显女性气质。[28]

纳粹德国也深知时尚能为它带来的助益。在第三帝国建立之前的10年里，女性时尚已经成为德国争论的话题。作为对第一次世界大战后流行的"假小子"风格的回应，化妆品和服装都受到了批评，时常被扣上"犹太人"、"男性化"或"法式"的帽子。批评者谴责那些鼓励无知和不雅潮流的设计师，以及没心没肺的消费者。对他们来说，越来越短的头发和上衣，以及长裤和化妆品，是德国女性道德沦丧的标志。[29]

纳粹认为，法国时尚会让德国女人在道德和身体上堕落。因此，德国时尚必须完全独立于法国工业。美国时尚也好不到264哪里去，因为它把女人变成了眉毛弯曲、眼圈发黑、嘴巴发红的"吸血鬼"。柏林可能对时尚产生影响，因为早在1920年，它就被公认为世界的潮流中心，尤其是在女性成衣和户外服装方面。支持纳粹的出版物严重夸大了犹太人在国家时尚产业中的比例，反对他们"压倒性"的存在。犹太人被指控损害雅利安中产阶级的利益，并以不道德和幼稚的方式密谋破坏妇女的尊严。只有统一的德国时尚才能将女性从堕落中解救出来。[30]

20世纪20~30年代，时尚进入了意识形态和政治领域。

它传播激进的反犹太主义和侵略性的民族主义信息。当纳粹在 1933 年上台时，这一现象已经得到了强化。第三帝国的妇女只能穿雅利安人设计和制造的德国风格的服装。1933 年 5 月，几个历史悠久的德国服装生产商成立了一个致力于雅利安服装制造的组织——德国-雅利安服装业制造组织（ADEFA）。其目的是系统地清除该行业的犹太人。通过大规模的施压、排斥、经济制裁、非法收购、强制清算、系统地清除和迫害，ADEFA 在 1939 年 1 月成功地驱逐了大多数犹太人。[31] 1933 年成立的德国时装学院（Deutsches Mode-Institut）得到了宣传部的支持。它的任务是统一设计的各个方面，创造出彰显第三帝国特质的"独特德国风格"。然而，由于内部冲突，该学院从未实现其目标。[32] 纳粹国家试图建立一种符合官方意识形态的女性形象。这反映了自给自足的经济政策的必要性和民族归属感。这一女性形象必须符合纳粹的性别主义意识形态，给妇女赋予妻子和母亲的角色。这样，女性的母性本能就会得到满足，使她们能够履行作为国家母亲的光荣职责以及作为消费者的角色，最终成为纳粹德国的忠实公民。作为德意志帝国的母亲，妇女有责任纠正不断下降的出生率，确保后代的种族纯洁性，并通过购买德国产品来促进经济增长。宣传强调：理想的德国人致力于家庭福利。由此，女性的美并非来自化妆品或时尚，而是来自内心的幸福，以及她们对孩子、丈夫、家庭和国家的奉献。[33]

　　纳粹德国的宣传描绘了两种妇女：穿着民族服装（巴伐利亚束腰宽裙）的农妇和身穿制服的年轻女性。她们摆脱了那些不健康的影响，以自己的方式为德意志帝国服务。这些形象也符合国家的反犹太和反法议程，以及"德国制造"的自给自足政策。巴伐利亚束腰宽裙是一种典型的传统连衣裙，由山区农妇穿着。理想的女性形象是妻子、母亲和工人。这些形象把德国人的血统和德意志帝国的领土联系起来。德国女性的形象是：自然大方、不化妆、头发编成辫子或梳成发髻，身体健康，性格坚韧，经常被许多孩子包围。这种形象体现了一种神话般的历史。德国女性身上的传统民族服装，反映了德国丰富的文化遗产，表达了真正的德国-雅利安人的性格，是德国民族自豪感的象征。整套衣服包括一件带束胸的连衣裙、一件又长又宽的半裙、一件袖子蓬松、带皱褶的白色衬衫，配上绣花或钩针编织的领子以及一条条纹围裙和样式不一的帽子。为了让这种传统服装再次流行起来，政府在德意志帝国全域多次组织由纳粹赞助的集会。然而，这些要求在现实中很少得到遵守。相反，农作需要人们穿着简单、实用、颜色深的衣服，服装不能影响身体的自由活动。此外，尽管进行了宣传，政府还是无法说服城市居民遵守着装规定。后者继续按照德国杂志上最新的国际潮流挑选衣服。[34] 当局对城市女性的另一种建议是穿制服。显然，这又一次表明政府对雅利安种族的支持和对个性的排斥。制服上有臂章和徽章，表明穿着者在既定等级制度中的级别或位置。头发应保持清洁，系紧。这种制服体现了身体的形态、自我否定、服从和对纳粹政权的忠诚。其目的是培养一代拥有"健康"身体的妇女。这种服装象征着团结、统一、顺从和群体意识。然而，随着第二次世界大战在欧洲蔓延，纺织品严重短缺，生产不足，制服生产成了一个政治问题。

1939 年 11 月，第二次世界大战开始两个月后，德意志帝国分发了第一张配给卡，执行配给制，这是一种向平民提供鞋子、衣服和纺织品的平等方式。1940 年，德国犹太人被剥夺了配给物资。配给制基于积分系统（每张卡有 100 个点），持卡人每两个月的消费不得超过 25 个点。因此，"不占点"的帽子成为战争年代的主要时尚产品。各种帽子的迅速短缺激发了女性的创造力，她们用毛毡片或花边给自己制作头巾式女帽。鞋底是用软木和木头做的，皮革只用来满足军需。自给自足的经济政策显示出其局限性。质量很差的合成面料取代了常用材料。第二张配给卡是在 1940 年秋末发行的，每张卡有 150 个点，但由于物资短缺，它不再有任何实际价值。在宣传册中，政府敦促女性购买"新"衣服，即使商店里空无一人，纱线等缝纫材料也不见踪影。由于追求舒适和缺少长筒袜，女性开始穿裤子，但这被认为是不可接受的。1943 年，配给卡在德国的一些地区几乎毫无用处。为了应对这种情况，平民转向蓬勃发展的黑市。政府在多年的战争中未能提供足够的衣服，这引起了公众越来越大的怨恨和不满。[35]

巴伐利束腰宽裙和制服的推广政策失败了。女性并不热衷于遵守这些着装规定。她们更喜欢购买最新的化妆品，改变发型，紧跟法国、英国和美国的潮流。德国时尚杂志刊登有关化妆技术、防晒新产品和染发剂的文章，以及模仿好莱坞明星葛丽泰·嘉宝、让·哈洛（Jean Harlow）或凯瑟琳·赫本（Katharine Hepburn）的很多小窍门。巴黎和美国的时装设师和模特一同被杂志介绍给读者。此外，时装学院无视纳粹的指示，它们更愿意追随国际潮流和满足消费者的愿望。在第三帝国时期，女性时尚是一个被讨论甚至争论的话题。不存在统一的德国时尚观，不协调现象比比皆是。尽管一些负责人不断努力，但没有任何一种连贯的国家方案得以成功执行。女性时尚的"人民运动"——纳粹所希望的女性融入民族社会的标志，反而体现出一种功能失调。女性回避意识形态教条和国家规定，有时甚至采取公开的态度。与此同时，含糊不清的指导方针表明，政府担心失去女性的支持。最后，时尚被证明对定义德国女性特征和公民身份无效。这些失败以一种非常明显的方式暴露了国家权力的局限性。

裸体主义似乎与之前的服装潮流及其所代表的意识形态相矛盾，这是一种非常接近社会主义的哲学，认为穿衣服是一种压迫手段。

裸体主义：追求平等的革命

德国的裸体主义运动是一种无产阶级、集体主义和苦行主义的运动，运动主体主要由失业和贫穷的工人组成。相反，在法国，它是由知名人士（包括医生、科学家、律师）和贵族组织的。尽管裸体主义者遭到了宗教人士的反对，但他们中的一些人其实也是公开的基督徒，渴望摆脱迷信的宗教。[36]

早期的裸体主义运动是一种医学、哲学和政治运动，宣扬不受阻碍地享受阳光和空气的治疗价值，以及借助裸体追求开

放式关系的心理效应。与之相关的理论试图证明羞耻和谦虚的
相对性，以及裸体的道德、社会和身体优势。服装被认为是阶
级压迫的工具，也是导致健康问题的主要原因。裸体主义者认
为，过度的羞耻感和对身材的过度限制会导致心理问题和不健
康的两性关系。简言之，服装被认为是对美的侮辱。莫里斯·
帕米利（Maurice Parmelee，1882—1969）认为裸体主义有助于
形成一种"更美好的人性"[37]。然而，扭曲的现象也同时存在。
一些自然主义俱乐部禁止残疾人和肥胖者加入，以惩罚不健康
的生活方式，并从裸身修炼哲学（gymnosophie）中发展出关
于身体美的理论。

　　裸体主义、法西斯主义和优生学通常以一种复杂的方式联
系在一起。美学话语则不能以这种方式归纳。虽然海因里希·
普多（Heinrich Pudor，1865—1943）是一位公认的排犹主义
者，但社会学家卡尔·托普弗（Karl Toepfer）解释说，德国
的身体文化与纳粹主义之间并不存在"深刻、内在的联系"[38]。
裸体主义思想既不激进，也不反动。从某种角度来看，它是对
某些形式的现代性的尖锐批评。医生抱怨工业城市的空气质量
差和阳光不充足，而社会主义者则认为服装是导致身体不适的
原因，体现一种压迫性的社会策略。一些文学作品凸显对自然
的浪漫和怀旧的看法，这种意象在英国和法国被委婉地称为
"自然主义"。然而，裸体主义并不主张人们回到伊甸园。它
提供了一条通往新现代性的道路，在这条道路上，科学战胜了
迷信。因此，裸体主义不仅是怀旧的，还是现代和理性的。这
一理论是与日光疗法、性学、社会主义、女权主义和优生学同

269

270

时建立的。[39] 性学家哈夫洛克·蔼理士（Havelock Ellis，1859-1939）认为裸体主义规范的制定是女装改革运动的延伸。同样，莫里斯·帕米利认为这是对女权主义的有力补充。社会主义裸体主义者埃内蒙·博尼法斯（Ennemond Boniface）坚信裸体主义是血腥的社会主义革命的另一种选择，开启了一个裸体主义的新时代，在这个时代，所有人在阳光下都是平等的。对许多人来说，裸体主义是实现平等的乌托邦的革命性计划。

20世纪初时尚的特点是强加标准、抵制甚至完全拒绝服装。服装是暴力和/或革命意识形态的中心，是经济和社会政策或生活哲学的基础。精英把它作为一种主要的胁迫和歧视工具。

科技与时尚

毫不奇怪，早期的高科技模式结合了科学和技术的进步来设计产品。时尚产业借用了化学、汽车、建筑、工业纺织品和竞技体育服装等领域的发展成果。这个产业希望推广一种迅速变化和富有远见的形象。随着技术融入日常生活，它在服装和化妆品领域中变得越来越重要。缝纫机、拉链和合成纤维都是影响服装生产、外观和性能的创新产品。在早期的合成纤维中，尼龙是服装业使用石化产品的典型例子。[40] 拉链也成为现代的象征，它将舒适和时髦结合起来。最后，整容手术利用了最新的军事技术，在第一次世界大战结束后实现了相当大的发展。

1931 年，杜邦公司的美国化学家华莱士·卡罗瑟斯（Wallace Carothers）试验成功一种当时被称为"66"的尼龙配方。7 年后，法本公司的德国化学家保罗·施拉格克（Paul Schlack）创造了名为"尼龙 6"的纤维。尼龙由英国尼龙公司生产，为合成纤维的发明打开了大门，这些发明随后彻底改变了世界纺织工业。杜邦公司于 1939 年开始商业化生产尼龙产品，主要是尼龙袜，并在旧金山博览会上正式展出该产品。尼龙相关产品的创新、美观和低成本立即引起了人们的注意。在第二次世界大战期间，尼龙被用来生产降落伞、雨披、轮胎和帐篷。战后，它成为成千上万名妇女的内衣面料。1969 年，尼尔·阿姆斯特朗（Neil Armstrong）在月球上悬挂的旗帜和他的宇航服都是用尼龙（和芳纶）制作的。这种材料因此被称为"奇迹"。在尼龙的整个历史中，特殊用途的纤维一直在发展。[41] 尼龙的主导地位一直延续到 20 世纪 80 年代，直到被聚酯纤维所取代。

另一项创新——拉链，也在不断改进，它的成功被载入史册。拉链在 20 世纪前几十年就已经存在，但直到 30 年代才成为服装的一部分。夏帕雷利在 1935 年将其融入设计中，既看中它的功能性，也看中它的装饰性。两年后，拉链被广泛用于突出纤细的轮廓，正如爱德华·莫利努克斯（Edward Molyneux，1891-1974）的瘦长外套所展示的那样。20 世纪 30 年代末，拉链成为男裤的一部分。几个因素的结合，如产量增加导致的价格下降，或与现代时尚的联系日益紧密，消除了制造商和买家针对拉链的疑虑。军装在战场上显示出极其突出的

272

实用性。在第二次世界大战之前，制造商已经在寻求用塑料代替铜镍合金。泰龙公司和杜邦公司之间的合作实现了拉链的标准化。[42] 这种拉链非常受欢迎，尤其是因为尼龙染色方便，与所有颜色的织物都能相匹配。最终，拉链获得了一种不同寻常的文化地位。阿道斯·赫胥黎（Aldous Huxley）在 1932 年出版的小说《美丽新世界》（*Brave New World*）中，用拉链来说明他未来噩梦世界中性别的非人格化和机械性。与此同时，在百老汇和好莱坞的作品中，拉链成为滥交或性挑逗的象征。[43]

最后，新的战争形式和新武器，特别是迫击炮、榴弹炮和破片手榴弹，促使相关企业加大防护服的强度，并推动外科医生提升知识技能。虽然整形手术已经进行了几个世纪，但直到第一次世界大战期间才为公众所知。遭受明显创伤的患者越来越多，尤其是面部损伤，迫使医生专注于整形技术。1921 年，他们中的一些人成立了美国口腔外科协会，后来更名为"口腔与整形协会"，到最后改为"整形协会"。以帮助残疾人为目的的修复手术与旨在让人们"变漂亮"的手术割裂开来。一群受鄙视的从业者站出来，坚持自己的立场，宣称即使没有受到过创伤的人，通过手术改善面容也是有必要的。20 世纪 20 年代，石蜡被认为是改善软组织缺陷（如皱纹）的灵丹妙药，整形外科医生试图通过注射石蜡来避免涉及骨骼和软骨移植的枯燥手术。不幸的是，石蜡会转移到面部的其他部位并导致变形。然而，这些试验性操作激发了大量的研究，以求在无须复杂手术的前提下改善容貌缺陷。与此同时，在战争变得越来越科技化的背景下，实业家们努力为士兵们提供更好的保护。[44]

20 世纪上半叶，时装业整合了最新的研究。重视预测、快速变化和创新的行业环境，推动企业家和设计师对服装进行改良。有些发明既实用又美观，如尼龙或拉链。随着战争结束，伤员回归平民生活而带来的外科技术进步表明，时装业与政治局势有着深刻的联系。

自由之风？

服装的使用方式在 19 世纪下半叶已经发生了变化。第一次世界大战、疯狂年代和大萧条期间，这种变化持续进行。在两次世界大战之间的流行趋势中，有几种服装表明人们的心态发生了重大变化。小黑裙、运动服、专为青少年设计的服装和牛仔裤的流行延续至今。20 世纪 20 至 50 年代，身体获得了解放，新的社会着装规范也同时形成。比如，小黑裙既是舒适和多功能性的完美结合，也是别致、优雅和精致的完美结合。它诞生于 20 世纪 20 年代初，战后频繁的哀悼活动令黑色成为人们日常服装的颜色。香奈儿并非小黑裙的发明者，但她知道如何准确地捕捉女性的需求。事实上，这位女裁缝将从前女性不情愿穿的服装，变成了现代服装。1926 年，《时尚》杂志将其黑色连衣裙命名为 "香奈儿的福特"（Ford de Chanel），以暗示其简单的风格。将一件通常只供哀悼者或女仆穿的黑色短裙转变成时尚裙装引起了争议，让这件衣服声名远播，这正是设计师追求的效果。根据保罗·波烈的说法，香奈儿发明的是 "奢侈的贫困"[45]。无论是在白天还是晚上穿着，小黑裙都凸显

274

了舒适性和实用性。

　　运动服装为消费者提供了几乎相同的便利，获得了相似的成功。在其姐夫雷蒙德·巴巴斯（Raymond Barbas）的建议下，让·帕图对运动员服装领域进行了投资。1921年，他在温布尔登网球锦标赛上为网球选手苏珊娜·朗格伦（Suzanne Lenglen）设计服装。她穿着不带男式袖子的开襟羊毛衫和白色短褶裙，露出了她的长筒袜，这一搭配引起了轩然大波，但并不妨碍它的迅速成功，因为它确实满足了女性运动员的需要。第二年，帕图在他的时装系列中增加了运动元素，但这些服装并不仅限于在运动场合穿着。之后，这位设计师添加了字母"JP"，成为第一个使用姓名标识的服装设计师。1924年，他在法国时髦的海滨度假胜地多维尔和比亚里茨开了几家精品店。在巴黎，他专门在自己的设计公司里开设了一家运动服专卖店，即著名的"体育角"。此后，帕图与比昂奇尼和罗迪埃纺织品制造商密切合作，设计生产功能性纺织材料。由此，帕图创造了两种类型的女性："美国的黛安娜"和"巴黎的维纳斯"[46]。他的服装在美国市场大获成功。"体育角"激励着设计师和实业家。女性运动服行业迅速发展，设计师推出适合各种体育项目的服装。在英国，年轻女孩流行穿白色棉质裙子、短裤和Polo衫。1925年，网球冠军雷内·拉科斯特（René Lacoste）的马球衬衫和鳄鱼logo（选择鳄鱼是因为这种动物倔强的性格）非常流行。但那时，仍然很少有男性用短裤代替长裤。在两次世界大战期间，白色成为运动服的主要颜色，但官方并未对此设立规定。直到1948年，温布尔登网球锦标赛才限制运动员穿彩色衣服。作为被允许的例外，只有 3 种服饰可以是彩色的：开衫、毛衣和帽子。[47] 大约在 1900 年，随着胶底帆布鞋的改进，运动服装进入了寻常百姓的日常生活。[48]

运动服的舒适性和结实程度推动了市场的不断增长。事实上，青少年和年轻人希望通过自己喜欢的服装来区别于前几代人。

1920~1930 年，尽管经济发展普遍放缓，但年轻工人的可支配收入仍在稳步增长。在美国，经济繁荣支撑着被越来越多的消费品行业所吸引的青少年市场。年轻男性的服装显示出他们的男子气概、优雅和健壮。创建于 1851 年的美国衬衫品牌 Arrow 所迎合的便是这种形象。1905 年的广告使它声名鹊起。从 20 世纪 20 年代开始，Arrow 每周生产 400 万件衬衫，共有 400 种不同的样式可供选择。借助美国军人打入欧洲市场后，Arrow 衬衫成为欧洲男士衣橱里的必备品。[49] 与此同时，美国大学数量的增加也带来了一种学院风格。类似 Campus Leisure Wear 的服装公司，以及电影、广告和杂志，都在为年轻大学生确定服装模板，即休闲的系扣衬衫、浅卡其裤、毛衣和开衫。[50]

最后，为了应对 20 世纪 40 年代的经济压力，许多美国年轻人步入职场。广告商和制造商在他们身上看到了潜在的市场。4 年后，年轻人已经拥有了大约 7.5 亿美元的购买力，商人们敏锐的嗅觉得到了证明。这种活力推动了面向年轻人的消费品行业。"鲍比·索克瑟"（bobby soxer）一词被创造出来，指的是年龄在 12 岁至 25 岁的年轻女性，她们是摇摆乐的粉丝，穿着宽松的裙子、堆叠的短袜和平底鞋。这些服装和配饰被广泛采用，几乎成了战后女学生的制服。[51] 从 16 世纪开始，青春期就得到了很好的定义，但这个词直到 20 世纪 40 年代才出现在流行词汇中。它的传播得益于美国以年轻和富裕的消费者为目标，以及以休闲为导向的生活方式的广告和营销。

广告商尤金·吉尔伯特（Eugene Gilbert）在一定程度上定义了这些新规则。1945 年，吉尔伯特开始了自己的青年市场营销生涯。两年后，他的市场研究公司（青年营销公司）已经得到蓬勃发展。吉尔伯特很快就成为这个行业的权威，他的专著《面向年轻人的广告与营销》（*Advertising and Marketing to Young People*, 1957）成为专业人士的"圣经"。为了配合这个市场的发展，《十七》（*Seventeen*）杂志于 1944 年推出。5 年后，杂志每月发行 250 万份，将青少年的口味传播到整个美国。[52]

比基尼一出现就引发了争议。不过，早在 20 世纪二三十年代末，两件套的紧身泳衣已经暴露出部分腹部。比基尼引发的争议是由于它露出了许多能激起性欲的部位，如背部、大腿和腹部。出于宗教原因，比基尼在意大利几乎立即被禁止，美国女性也因为穿比基尼不体面而拒绝这种泳装。在许多公共场所，如海滩或公园，它是被禁止的。第二次世界大战后，比基尼才被社会广为接受。时尚编辑戴安娜·弗里兰解释说，比基尼展示了一个年轻女孩的一切，除了她母亲的娘家姓。1947 年 5 月，比基尼首次在美国版《时尚芭莎》上亮相。[53]

开衫、百褶裙和比基尼是新的身体自由的象征。它们的新颖性是非常明显的，其他已经在某些时代或地区出现过的服装也背离了它们当初的首要功能。牛仔裤尤其如此，它已经从结实耐磨的工作服变成逾矩和性感的代表。

1924 年，Lee 公司为牧马人和竞技牛仔设计长裤。这些裤子朴实、舒适、耐磨的特点很吸引人。20 世纪二三十年代，像约翰·韦恩（John Wayne，1907－1979）和加里·库珀（Gary Cooper，1901-1961）这样的西部片明星传播了这种裤子的迷人形象。1941 年，著名竞技牛仔冠军特克·格里格纳多（Turk Greenough）的妻子萨莉·兰德（Sallie Rand）为了让牛仔裤更紧而重新剪裁它，这种新版牛仔裤获得了巨大的成功。女演员金格·罗杰斯（Ginger Rogers，1911－1995）和卡罗尔·朗伯德（Carole Lombard，1908-1942）的牛仔裤广告进一步刺激了人们对牛仔生活的浪漫幻想。牛仔裤变成了魅力、个人主义和休闲的象征，与牧场的刻板形象相去甚远。此外，由于第二次世界大战的物资短缺，服装必须更加轻盈简洁。设计师放弃了背带和胯部铆钉。"丹宁布"这个词更具现代性，用来形容一种时尚面料。克莱尔·麦卡德尔（Claire McCardell，1905-1958）是舒适和运动的美国风格的象征，她出售了数千件丹宁布百褶裙。[54] 最后，美国军人通过在闲暇时穿牛仔裤来推广它。牛仔裤最终与美国的丰裕、自由和财富联系在一起，与被摧毁的西欧形成鲜明的反差。

20 世纪 50 年代，许多中国人仍然穿着传统服装——饱学之士与老年人穿蓝色长袍，工人穿靛蓝棉质夹克和裤子。不过

1910年前后，城市精英们受到了普鲁士军装的启发，这种服装首先是在学校盛行，然后在军队中流行。这种收腰上衣的前部有一竖排扣子和四个口袋，领子又高又硬（被称为"中装领"），这种上衣还有一条配套的裤子。这是中国第一次出现用羊毛面料制成的服装，这种服装被称为"中山装"。孙中山（1866-1925）是这个国家的现代化倡导者。在中国的城市尤其是上海，女性和她们的设计师尝试一种现代版的满族袍子——旗袍。旗袍采用立领的设计，肩膀处可以解开以方便调整衣服的贴合度，然后再沿着右缝系好，有的旗袍会从膝盖高度开衩，露出女性的双腿。无论使用彩色丝绸还是印花棉布，这种服装在20世纪20年代和30年代的广告中得到了广泛的宣传，成为中国现代女装的一部分。[55]

追寻现代性

20世纪的服装寻求一种现代性，这种现代性被认为是文化优越感的标志。它反映了社会的财富、技术进步和适应能力。然而，身体最明显的变化并不是服装塑造的轮廓，而是人的相貌。

第一次世界大战彻底挽救了自19世纪以来一直处于垂死挣扎状态的美发行业。妇女的经济能力和自主权得到增强，她们的需求刺激了美发市场。此外，单一性别理发店发展起来，为该行业的女性化铺平了道路。20世纪20年代席卷西方社会的短发热潮加速了这一进程。一开始，理发师拒绝这种被视为对他们的艺术构成威胁的潮流，但他们很快意识到，这种流行发型正在重塑整个行业。头发确实是被剪短了，但也衍生出洗护、定型和染色等服务。现代美发沙龙起源于欧洲和美国，之后被传播到上海和东京。[56] 短发也影响到配饰的形状和材料，尤其是眼镜。

　　20 世纪初，带镜腿的眼镜开始被接受。它们又大又圆，由沉重的牛角或玳瑁制成，最初只有大学生佩戴，1910 年前后开始在社会上流行。这种镜框给人一种睿智、严肃和真诚的感觉。十年后，牛角开始变得不那么受欢迎，因为短发和紧裹头部的帽子使它们太显眼，戴起来也很不舒服。此外，由于被喜剧演员哈罗德·劳埃德（Harold Lloyd，1893–1971）佩戴，这种眼镜已经成为滑稽的象征。较小的镜框、无框或白金框因其低调而受到人们的青睐。正如多萝西·帕克（Dorothy Parker）在 1925 年的一首诗中所写的那样，眼镜与女性魅力风马牛不相及："男性不与戴眼镜的女孩调情。"[57] 一些设计师开始尝试把眼镜变成一种时尚配饰。1939 年，纽约设计师阿尔蒂娜·桑德斯（Altina Sanders，1907–1999）设计了阿尔列金（Arlequin）镜框：镜框向两端延伸出来，让人想起意大利狂欢节的面具，镜腿颜色深而结实。这是最早出现的主要用来改善面部特征的眼镜。此后，眼镜成为时尚配饰，拥有不同形状、颜色和材料，如彩色塑料。它们也与服装相搭配。富裕的女性在白天、晚上、运动时和海边度假时佩戴不同的眼镜。第二次世界大战后，在阿尔列金镜框的基础上衍生出来的各种产品仍然占主导地位。除了矫正视力的眼镜，太阳镜也变得不可或缺。[58]20 世纪 20 年代，它们被用于高尔夫和网球等户外运动，以及在沙滩上晒日光浴。10 年后，这种太阳镜得到了真正的普及。当贝蒂·戴维斯（Bette Davis，1908-1989）和玛琳·迪特里希（Marlene Dietrich，1908-1989）分别在网球赛和赛马中佩戴太阳镜被拍到时，这些照片就传开了。太阳镜的市场以惊人的速度增长，可供选择的太阳镜款式也在不断变化。1938 年，售出的眼镜数量从 1 万副增加到数百万副。《时尚》杂志引领了眼镜潮流。1939 年 8 月 1 日，一副名为"Googly"的白色眼镜登上了杂志封面。与护目镜相比，太阳镜比矫正视力的眼镜更便宜，再加上度假和休闲活动的蓬勃发展，成为战前时尚的旗舰配饰。1936 年，"Bausch & Lomb"公司利用查尔斯·林德伯格（Charles Lindbergh）和阿米莉亚·埃尔哈特（Amelia Earhart）等勇气过人的飞行员对公众的影响，推出了一款金属框架的防强光飞行员太阳镜。第二年，公司给它们起了一个更有吸引力的名字——"雷朋"①，强调保护人们免受红外线和紫外线的伤害。1938 年，美国光学公司与宝丽来公司合作生产了第一款偏振太阳镜。第二次世界大战使军用太阳镜成为新的流行单品，尤其是海军飞行员和道格拉斯·麦克阿瑟（Douglas MacArthur，1880-1964）将军佩戴的雷朋太阳镜。[59]

最后一个重要的变化是帽子不再有宽沿，也不再用彩色羽毛做装饰。20 世纪 20 年代，钟形帽在大西洋两岸流行。在巴

---

① 雷朋的英文名称 Ray-Ban 是屏蔽射线的意思。——译者注

黎，夏帕雷利和巴黎世家引入了合成材料，帽子的样式变得抽象甚至光怪陆离。哈蒂·卡内基（Hattie Carnegie，1880－1956）在纽约建立了一个名副其实的时尚帝国，拥有 1000 名员工。巴黎被纳粹占领期间，当时尚选择被配给制所限制时，法国妇女戴着结构离奇的帽子以表明态度。她们借帽子的怪诞来表达爱国主义情感。[60]头巾、花卉图案和钟形软帽的流行迫使时装设计师加倍努力发展自己的创造力。

香水和化妆品伴随着这种现代性，帮助塑造人们的外观，正式成为人们日常生活中的必需品。20 世纪初，企业家接管了面向黑人社区的化妆品市场。安东尼·奥夫顿（Anthony Overton，1865-1946）发明了一种"棕色蜜粉"。奴隶的后裔 C. J. 沃克（C. J. Walker，1867-1919）扩大了自己的产品线，引入黑人妇女专用的面霜和蜜粉。不过，大多数公司是由白人经营的，它们主要生产美白产品。这些带有种族主义色彩的化妆品受到黑人媒体的谴责，引发极多争议。[61]从女性对待化妆品的方式上可以看到习俗的变化。化妆品工业在第一次世界大战后蓬勃发展，"化妆"一词的词根由"绘画"变成"涂改"。1909~1929 年，美国香水和化妆品制造商的数量翻了一番，伴随着女性外形的新风尚——摒弃紧身胸衣、留短发、崇尚长手长脚的瘦高身材。[62]然而直到 20 世纪 30 年代末，化妆品的使用在欧美国家并不均衡，年轻、白领和城市女性相较于其他类型的女性，对它们的使用更为普遍。产品和包装方面的一些创新是两次世界大战之间的标志。法国人特别关注蜜粉的质地和深浅，而美国人则更关注蜜粉颜色的多样化。小麦色蜜粉在世界各地都很流行，因为在阳光下或沙滩上度假已经成为一种富有的象征。不过，彼时化妆品制造商仍然遵循标准配方，不同品牌的乳霜、美容液和口红具有很高的相似度。[63]

科学发现促使一些公司声称自家推出的含有维生素、激素和镭的乳霜具有抗皱作用。然而，早在 20 世纪 30 年代，公众283就开始质疑化妆品的成分。消费者权益组织公布了一些案例，它们表明女性消费者使用含有苯胺染料的睫毛膏或被高汞含量的漂白剂灼伤而失明。这些安全问题促进了美国化妆品监管的发展，美国于 1938 年通过了《食品、药品和化妆品法》[64]。在两次世界大战之间，化妆品行业的扩张更多的是由广告和营销而不是由新产品的开发推动的。制造商在女性杂志、报纸和广播上做广告，传播人们对美丽、年轻和浪漫的渴望，但也暗示对社会发展和爱情失败的焦虑，尤其是在大萧条时期。好莱坞也扮演着重要的角色：女演员通过涂眼影、睫毛膏和腮红来传播新的美丽准则和理想形象。这些产品通常是冲动购买的目标，它们被放置在商店中央通道两边引人注目的陈列柜中，并由品牌专门聘用的女性展示员进行推广。[65]

20 世纪 20 年代，在电影明星的示范下，人们使用更鲜艳的颜色，尤其是在嘴唇和指甲上。口红的颜色加上裙子和发型，帮助女性保持年轻的形象。广告商也开始以健康和卫生为主题进行宣传。润唇膏在防晒、保湿、防裂等方面取得了明显的成功。彼时指甲油在西欧尚不存在，好莱坞使它得到了普及。有趣的是，电影胶片和指甲油是由同一种成膜剂——硝化284纤维素转化而来的。绘着图案、五彩斑斓、闪闪发光的指甲逐渐引起大众的兴趣。最开始的指甲色彩系列被称为"玫瑰粉"
或"珊瑚红"，以尽量掩盖产品的化学属性，并使其个性化。
正红色的指甲油直到 20 世纪 30 年代才出现，当时查尔斯·雷
弗森（Charles Revson，1906-1975）成功地将不透明的颜料均
匀地涂在指甲上。第二次世界大战期间，鲜红色成为盟国爱国
主义的象征。化妆品行业得到了蓬勃发展，这些产品帮助女性
肯定自己的女性气质，同时保有好心情。1942 年，美国政府
出于配给制的原因试图限制化妆品的使用，这项限制令受到的
阻力使它不得不推迟了 6 个月才得到实施。[66]

　　帕图与雷蒙德·巴巴斯合作开发了第一款香水。1925 年，
帕图推出了三款以水果和鲜花香气为基调的产品："爱恋"
（Amuor Amour）、"我了解什么"（Que sais-je?）和"再见智
慧"（Adieu Sagesse）。它们都是为特殊的女性形象设计的，因
为香水可以定义个性。这位设计师在他的公司里设置了一个立
体派风格的鸡尾酒吧，顾客可以在那里调配出自己的香水。迅
速取得成功后，帕图推出了一系列产品："至高无上的时刻"
（Moment Suprême，1929）、"他的"（Le Sien，1930）、"鸡尾
酒"（Cocktail，1930）、"邀请"（Invitation，1932）、"神圣疯
狂"（Divine Folie，1933）、"诺曼底"（Normandie，1935）和
"假期"（Vacances，1936）。其中最著名的香水是"快乐"
（Joy，1930），每盎司香水需要用 10600 朵茉莉花和 336 朵玫
瑰来制作。它的价格与大萧条的经济环境形成鲜明的对比。然
而，正是因为昂贵的价格和诞生时所处的危机背景，它才会受
到如此的追捧。惯于天马行空的保罗·波烈也看到了香水的潜

力。他被香水创造出来的虚构世界和转瞬即逝的特质吸引，建立了自己的实验室，在那里制造香水和人工吹制的香水瓶。然285 而，第一次世界大战后，公司陷入了困境：波烈的香水产品在美国仍然很受欢迎，但公司被迫在 1930 年结束了营业。在两次世界大战期间，法国香水作为一种无形但不可或缺的女性"配饰"而引人注目。1921 年，香奈儿以其革命性的发明"香奈儿 5 号"征服了世界。全新的配方以及丰富和闪耀的特质令香奈儿 5 号作为一种夜间香水脱颖而出，创造了一种新的香水类别。自 1929 年以来，"香奈儿 5 号"一直是世界上最畅销的香水，但它的 80 种成分不足以掩盖贯穿它的历史的苦涩之味。1924 年，香奈儿与布尔约斯化妆品公司的老板皮埃尔·韦特海默（Pierre Wertheimer）和保罗·韦特海默（Paul Wertheimer）合作，希望为她的香水发展市场。作为生产商和分销商，韦特海默获得了 90% 的销售额。成功如此之巨大，以至于香奈儿感到自己的利益受到了损害。与香奈儿的服装产品不同的是，"香奈儿 5 号"似乎可以永远实现利润。1941 年，香奈儿利用了维希政权的雅利安条款①，她得到了包括皮埃尔·拉瓦尔（Pierre Laval）的女儿乔西·德·尚布伦（Josée de Chambrun）、犹太事务专员泽维尔·瓦拉特（Xavier Vallat）和勒内·鲍斯凯（René Bousquet）的支持。作为犹太人，韦特海默一家从 1940 年开始流亡巴西和美国，并将公司

① 纳粹政府要求国内所有公民具备"雅利安证明"，证明申请为雅利安人种。——译者注

委托给留在法国的飞机制造商菲利克斯·阿米奥特（Félix Amiot）[67]。香奈儿最终没能凭借自己的社会关系夺走韦特海默的公司。战争结束后，她在瑞士舒舒服服地流亡了10年。

第一次世界大战并没有从根本上改变服装，但它给了消费者新的欲望和对服装功能的诠释：舒适、惬意和自在。尽管女性取代了一部分到前线打仗的劳动力，并穿着一些男性服装，但战争的结束听起来依然像是秩序的回归。社会影响，尤其是道德观念的转变，在两次世界大战之间改变了人们看待身体的方式。技术在服装业和外观制造领域无处不在。自19世纪末以来，它一直受到广泛批评，因为它产生了无用之物、各种刻板印象、诸多样式和情结，但它并没有降低发展的速度。自19世纪最后30年以来，成衣行业一直在发展，市场上的产品越来越多，这使服装款式的更新速度也更快。通过邮购、百货公司和连锁店，新的潮流和时尚产品得以进入农村地区。专门的广告公司、时尚类出版公司和好莱坞电影正在成为传播和推广新时尚的全面工具。作为殖民风潮的结果，世界上最偏远的地区为时尚提供了灵感，带来令人惊奇的"新"服装。然而，殖民主义也标志着西方服装强加于世界上大多数地区。服装成为智力和文化斗争的工具。不过，殖民地居民对待服装的方式并不统一：一些人接受西方服饰，另一些人将它们与当地传统融合到一起，还有人断然拒绝西方风格的服饰。"文明人"通过穿着凸显自己，并借此蔑视他者、诋毁外国人和他们的习惯。20世纪20~30年代，女性时尚有了新的变化：裙子比之前短了很多，女人剪短发，且每天使用化妆品，有时还穿裤

286

子。这些都显示出深刻的社会变化。服饰由此成为表达个性的
工具。香奈儿和夏帕雷利等女性企业家都在探索女性对舒适、
287　幸福和解放的渴望。服装变得更加简洁，纤维，比如尼龙，成
为行业的研究重点。时装业成为跨部门行业，其中就包括化学
工业。

　　虽然第二次世界大战的特点是物资严重短缺，但女性对外
观的追求有增无减。口红和对二手服装的个性化改造展示了她
们的独创性和取悦他人的愿望。服装成为沦陷的法国及其盟友
尊严的镜子。在冲突期间，时尚界一直是被觊觎的对象。德意
志帝国对法国的时装公司很感兴趣，其中大多数结束营业。此
外，意识形态试图操纵女性的外表，希望它能展示帝国的伟
大。然而，尽管宣传攻势从未停止，德国人民并没有被指令所
改变，他们更喜欢好莱坞明星弯弯的眉毛。因距离欧洲大陆太
远而免遭定期轰炸和领土破坏的美国，利用这一机会试图取代
法国在时尚界的地位。美军制服和以舒适、运动及创新为基调
288　的男女服装逐渐赢得了市场。

第九章 辉煌

第二次世界大战之后的 30 年既是世界经济的黄金岁月，也是时尚的黄金岁月。工业不断地全球化，消费资本主义似乎渗透到世界的每一个角落，欲望永远无法得到满足，对现状不满的人群本身也陷入了风格的旋涡。巴黎逐渐恢复它在高级时装领域的领跑者地位，但其他时尚中心（尤其是纽约、伦敦和米兰）也同时崛起。在新技术的推动下，国际旅行为西方时尚提供了非洲或亚洲的元素。这一时期显示出非凡的创造性。然而，争论也同时开始。或多或少带有政治色彩的团体试图通过一种"no fashion"运动来反时尚。它们反战，主张保护环境，为所有人争取公民权利。这其实是低估了服装从业者，他们有能力令任何街头潮流单品摇身一变，成为大众商店里的抢手货。作为时尚界的荣耀，跨国公司也在产生过度行为。这一主题被赋予了政治色彩，全世界的政治力量都试图通过控制时尚产业，来监管、控制或装扮民众。

第二次世界大战之后：从头再来

在两次世界大战之间，时装业的发展（尤其是美国市场的发展）已经显而易见。然而，第二次世界大战深刻地改变了相关各方的生产、制造和分配。巴黎时尚战胜了北美的舒适风格，恢复了它的领导地位，但它的回归受到意大利时尚复兴的威胁。时装设计师和服装制造商决心重现巴黎时尚的辉煌，几个世纪以来，这种辉煌早已成为一种根深蒂固的民族传统。

1945年，法国互助协会邀请巴黎时装工会组织一场人偶秀。该机构的任务是通过支持社会服务，向军人及其家属和平民受害者提供援助。罗伯特·里奇（Robert Ricci，1905-1988）和吕西安·勒隆（Lucien Lelong，1889-1958）在巴黎举办了一场名为"时尚剧场"的展览，旨在恢复巴黎作为时尚之都的地位。一场时尚斗争就此由"法国宣传和民族团结组织"宣布拉开帷幕。

> 优雅与巴黎不可分割！"时尚剧场"展览是整个巴黎的缩影！她的微笑，她的勇气，她的精神，她的魅力，她永恒的灵魂，她所有的创新……正是巴黎以它的格调、技巧和风格，给这个时代带来了一件意想不到的、充满优雅和机智的"珠宝"。在转瞬即逝的时尚史中，她代表我们坚韧不拔的精神与恒心。[1]

290

180个人偶——著名的"潘多拉"，在"时尚剧场"向世人展出，这个想法起源于早年的时装人偶。所有时尚业的精英都参与其中：大约40名裁缝、7名毛皮工匠、58名设计师、8名鞋匠、8名配饰制造匠、33名珠宝匠和20名美发师。[2]巡展于1945年3月28日在巴黎开场，随后在巴塞罗那、苏黎世、伦敦、斯德哥尔摩、哥本哈根、纽约、波士顿、芝加哥、蒙特利尔和维也纳举行。³ 全世界的媒体都在庆祝巴黎时尚的复兴。"时尚剧场"展览结束后不久，法国向美国人赠送了被命名为"感恩队列"的一套 29 个新人偶，目前它们被保存在布鲁克林艺术博物馆。不过，克里斯汀·迪奥才是战后法国时尚重生的真正代表人物。

1947 年 2 月 12 日，迪奥的第一个高级时装系列宣告了巴黎时尚的复兴。这些设计有着令人惊讶的 8 字形和花冠形造型，线条清晰而圆润，腰身勒紧，臀部突出，宽大的上身突出了狭窄而柔软的裙子。⁴《时尚芭莎》的主编卡梅尔·斯诺（Carmel Snow，1887-1961）对这位设计师说："你的衣服展现出一种新风貌（New Look）。"⁵ 1947～1952 年，迪奥直接采用了这个英语表述"New Look"。不过，这个词不但被迪奥用在他的第一个时装系列的所有作品上，而且被他的著名或无名模仿者使用。"New Look"成为一个时代的时尚标志，直到伊夫·圣罗兰在 1970～1971 年推出了向第二次世界大战的时尚致敬的高定时装系列"解放"，但这个系列没能成功撼动迪奥的地位。克里斯汀·迪奥从不同的风格中寻找灵感。事实上，克里斯托瓦尔·巴朗斯加（巴黎世家的创始人，Cristóbal Balenciaga，1895～1972 年）、吕西安·勒隆和罗伯特·皮盖（Robert Piquet，1898-1953）在 1939 年之前就已经考虑过更圆润的服装造型。在战争期间，戏剧和电影也表现出对美好年代（Belle Époque）和长裙的普遍喜爱。燕尾服由马塞尔·罗沙（Marcel Rochas，1902-1955）在 1942 年设计出来，成为男士上身夸张造型的开端。然而，迪奥确实是"New Look"及其经济和社会成功的形式、结构和风格定义的源头。他确立的这种风格是为了应对战时服装的配给短缺。[6] 时装的腰身收紧，服装通常配腰带，以强调新的臀部宽度和与 1947 年春天以后开始变长的裙子之间的反差。迪奥从结构上重新塑造了女性身体的轮廓和曲线。1952 年，《时尚芭莎》将迪奥的"蝉"（La Cigale）风格视为"结构上的杰作"[7]。这些连衣裙被设计成多层结构，由内衣支撑，包括加固胸衣、薄纱和马鬃裙。人们通过使用腰带和衬垫或平滑的填充物来人为塑型，这些物件是20 世纪 50 年代时尚和超女性化美学的代表。[8]

"New Look"与 1910～1945 年服装的简化和轻盈形成了鲜明对比。1947～1948 年的第二个秋冬时装系列中，迪奥使用了沉重的锦缎和天鹅绒，比第一个秋冬时装系列更具标志性。迪奥表示，"富足这个概念实在太新，人们尚无法从贫穷中走出来，重新开始附庸风雅"[9]。"New Look"服装的面料长达数米，因此这种服装被认为是奢靡的，冒犯了战后敏感的大众。法国媒体对这种风格没有特别的反应，而《生活》（Life）、《时尚》和《时尚芭莎》杂志都支持这种风格。克里斯汀·迪奥的第一个秋冬时装系列获得了内曼·马库斯（Neiman Marcus）奖。然而，一部分英美媒体展开了一种反"New Look"的民粹主义运动。这场运动的同盟尤其反对过长的裙子。在英国，关于"New Look"的辩论带上了政治色彩，反对者认为："这种裙子反映了那些游手好闲的富人的任性。"[10]这些批评间接证明了战时对服装的严格限制。既有解放精神又尊重习俗的"New Look"风格使资产阶级感到既惊奇又安心。

大众对它的诠释则体现为系腰带、穿带褶皱的裙子和女士衬衫。它的传播是在欧洲城市废墟上建立一个新的跨大西洋社会秩序的共识。[11]

然而，法国时尚出现了新的竞争对手。服装制造商不但必须依靠美国的工业，而且面临来自意大利的竞争。

20 世纪 50 年代意大利风格的出现得益于重要的传统优势，如纺织生产中的工艺传统、豪华皮具、高质量的服装和其他对时尚体系至关重要的行业。一些设计师，如马里亚诺·福图尼（Mariano Fortuny，1871－1949）、萨尔瓦多·菲拉格慕（Salvatore Ferragamo，1898－1960）和古奇奥·古驰（Guccio Gucci，1881－1953），在战前已经在国际上享有盛名。埃尔莎·夏帕雷利在巴黎工作，扰乱了意大利时尚界。第二次世界大战后纺织工业的快速重建和成衣生产的迅猛发展，使现代意大利时装在国际上占了一席之地。在政府和马歇尔计划的支持下，意大利制造商系统地努力引导服装行业发展出口业务。这在很大程度上要归功于美国的援助。经历了多年的贫困之后，在意大利这个缺乏活力、渴望梦想的国家，时尚业已成为国家重建的关键产业。以苏联为首的社会主义阵营和以美国为首的资本主义阵营形成的背景下，美国的支持主要是为了将意大利这个有着很多共产主义者的前法西斯国家揽入麾下。[12] 颇有影响力的商人乔万尼·巴蒂斯塔·焦尔吉尼（Giovanni Battista Giorgini，1898－1971）吸引了国际买家，尤其是美国的百货公司，并于 1951 年 2 月在故乡佛罗伦萨组织了第一场时装秀。裙子很时髦，海滩度假服也非常休闲。7 月前来洽谈的买家就有 200 人。[13] 意大利的时尚风貌可以用 3 个词来概括：诱惑、色彩和舒适。美国记者热情地宣传意大利人悠闲而高贵的形象。设计师们忙于制作度假服饰：裤子、凉鞋、珠宝和太阳镜，这些都是意大利风格的重要组成部分。比起更正式的巴黎时装，作为替代品的意大利时尚产品更便宜，也更具有吸引力。1944 年在罗马开业的丰塔纳（Fontana）姐妹缝纫店与好莱坞的魅力联系在一起。1953 年，阿娃·加德纳（Ava Gardner）在电影《赤脚伯爵夫人》（*The Barefoot Contessa*）中穿着她们设计的连衣裙。奥黛丽·赫本（Audrey Hepburn）、伊丽莎白·泰勒（Elizabeth Taylor）和玛格丽特·杜鲁门（Margaret Truman）也选择了丰塔纳的作品。与此同时，埃米利奥·普奇（Emilio Pucci, 1914-1992）的围巾、衬衫和其他使用轻盈印花棉布制成的让人眼花缭乱的作品，成为意大利现代性的象征。意大利服装舒适，合身。丰富的色彩在更多的意大利产品上得到了体现，如作为意大利现代风格标志的 Vespa 摩托车和 Olivetti 打字机。[14] 然而，战后意大利最重要的设计师无疑是瓦伦蒂诺·加瓦尔尼（Valentino Gavarni）。结束巴黎的学习后，他于 1960 年在罗马创建了自己的时装公司。瓦伦蒂诺以其迷人的礼服和闪亮的红色而闻名，他为许多名人的重要场合提供服装，比如杰奎琳·肯尼迪（Jacqueline Kennedy）与亚里士多德·奥纳西斯（Aristote Onassis）的婚礼。[15]

男装也不例外。早在第二次世界大战之前，意大利裁缝就因其定制衬衫的质量而享誉国际。20 世纪 50 年代，像布里奥尼（Brioni）这样的服装公司重新定义了"欧洲大陆风格"，其豪华、合身的服装为强势的常春藤盟校、舒适的美国服装和传统的伦敦萨维尔街风格提供了极具说服力的替代品。

佛罗伦萨与罗马之间的竞争帮助米兰在 1970 年确立了自己的地位。虽然这座城市并没有特殊的建筑，但它吸引了意大利北部的纺织企业集聚于此。克里齐亚（Krizia）和米索尼（Missoni）便将他们的新系列的生产线转移到了米兰。1961年，意大利版《时尚》杂志也在米兰设立了自己的分部。乔治·阿玛尼（Giorgio Armani）和乔瓦尼·詹尼·范思哲（Giovanni Gianni Versace，1946-1997）获得了世界声誉。[16] 阿玛尼凭借宽松舒适的夹克彻底改变了男装，理查德·基尔（Richard Gere）在《美国舞男》（1980）中为阿玛尼在世界范围内的成功做出了贡献。[17] 两年后，阿玛尼登上了《纽约时报》的头条。意大利风格的女装则以简洁的优雅和低调奢华的极简主义定义了自己的风格。

范思哲选择了完全相反的道路。1978 年，他创立了自己的品牌，定义了一种炫耀、闪亮、华丽和性感的美学风格。从20 世纪 90 年代末开始，范思哲的礼服裙就成为红毯上的"明星"。[18] 普拉达（Prada）、古驰和杜嘉班纳（Dolce & Gabbana）等公司都为意大利时尚做出了贡献。缪西娅·普拉达（Muccia Prada）在 20 世纪 80 年代经营祖父的小型皮革公司。镶嵌着银色三角形标志的黑色尼龙背包，成为一件识别度极高的标志性普拉达产品。20 世纪 90 年代中期，普拉达的手袋和鞋子是全球时尚前沿的标志性产品。皮具公司古驰成立于 20 世纪 20年代，自 20 世纪 60 年代以来一直受到富豪的追捧。在随后的

295

几十年里，古驰由于家族丑闻不断而失去威望。得克萨斯州设计师汤姆·福特（Tom Ford）在20世纪90年代以性感、咄咄逼人、饰物繁多的女性形象重塑了该品牌。杜嘉班纳成立于1982年，利用刺绣等传统高级定制专业工艺，创造了色彩丰富而充满诱惑力的设计风格。多梅尼科·多尔塞和斯特凡诺·加巴纳以20世纪50年代意大利电影的魅力为基调，塑造了丰满的、高度性感的女性形象。意大利作为现代时尚中心的成功在很大程度上是典型的意大利工业模式的结果，这种模式与其他国家的工业模式大不相同，其基础是家族企业和工艺传统。数以百计的无名设计师也在帮助树立一种意大利的"民族"风格。此外，这个国家拥有熟练的劳动力，他们既可以在工厂工作，也可以在小作坊工作。专业性的时尚产品生产分布在意大利的不同地区。除了这种区域分割之外，还有从面料到成品的产品链垂直整合。最后，意大利时尚业的特点是产品的不断发展、对新材料和新技术的运用、对宣传手段的掌握，以及对名人、传统和艺术的利用。它们都是和谐有效的组合。

　　设计师们承认，想象力、研究和实验性是意大利时装设计296的基础。然而，20世纪下半叶时尚的变革不但深刻，而且具有持续性。事实上，一些战前的流行趋势被真正确定下来。

　　20世纪50~60年代，靛青或蓝色牛仔裤成为时尚。牛仔布的晚礼服和西装装饰着玻璃碎钻。不同的蓝色牛仔布被用于制作内衣、家具、彩纸甚至钢笔。[19]1947年，威格（Wrangler）推出了紧身牛仔裤（slim），强调紧贴身形，打破了牛仔产品的固化形态。1949年，李维斯公司推广了一种巧妙的尺寸系统，让每个人都能找到适合自己体形的牛仔裤。早在 1953 年，李牌（HD Lee）就开始了一场针对青少年的广告宣传活动。好莱坞电影再一次给牛仔裤的形象注入了新的活力。在儿童们继续崇拜牛仔的同时，青少年发现了新的偶像，如马龙·白兰度（Marlon Brando，1924－2004）或詹姆斯·迪恩（James Dean，1931－1955）。牛仔裤成为叛逆的代名词，性感则成为牛仔裤的特点。牛仔裤在 1960 年前后大为流行，而年轻人热衷追求与众不同。嬉皮士们在牛仔裤上绣上鲜花和迷幻图案，以示和平，抗议美国卷入越南战争。喇叭裤开始风靡。追求个性化的风潮在 1973 年李维斯的"牛仔艺术竞赛"中达到顶峰。这既是一项政治声明，也是全世界反建制派的有力宣言。政治活动家、摇滚明星和传统工人都穿牛仔裤。毫无疑问，20世纪 70 年代是牛仔布的黄金时代。最后，设计师们把牛仔布变成了一种奢侈品。[20]1983 年，伊夫·圣罗兰透露："我经常说我希望拥有一条蓝色牛仔裤。它有一种表现力，表达谦虚的态度、性欲望和简朴的生活方式——这就是我通过衣服希望传达的一切。"[21] 意大利菲奥鲁奇公司（Fiorucci）生产的布法罗（Buffalo）牛仔裤反映了一种新的优雅，它们防水、颜色偏深，与普通牛仔裤截然不同。这些牛仔裤既昂贵又稀有，在安迪·沃霍尔（Andy Warhol，1928－1987）、让－米歇尔·巴斯奎特（Jean－Michel Basquiat，1960－1988）和凯特·莫斯（Kate Moss）等明星云集的 54 号工作室作为装饰品陈列。名人也推动了高级牛仔裤的销售。1980 年，Calvin Klein Jeans 发起了一场如今已成为传奇的广告宣传活动，15 岁的模特波姬·小丝

297

（Brooke Shields）是这些广告的主角。牛仔裤不再是社会抗议的象征，成为所有年龄段的人都可以穿的基本服装。经过涂划、酸洗、石磨、贴身剪裁、双色染、增加弹力、制造破洞等工艺，牛仔裤可以适应各种人群和偏好。

西装也成为衣橱里不可或缺的一部分。20 世纪初，社会主义者和英国妇女参政论者推动了西装的发展，而当它最终赢得大多数人的支持时，它就丧失了其最初主张的精神。这种服装的流行贯穿了整个 20 世纪，它的灵感来自克里斯汀·迪奥的 "New Look"，以及 1955~1965 年的巴黎时装。它简单的基础剪裁为新样式的出现提供了空间。巴黎世家是第一个与迪奥决裂的品牌，它用柔软面料制成的上衣以 20 世纪 20 年代为蓝本，突出了胸部和腰部曲线。同样，香奈儿的粗花呢和彩色羊毛服装提供了一个现代版本的早期品牌风格。20 世纪 60 年代初，在杰奎琳·肯尼迪的带动下，定制服装成为必需品。[22] 尽管安德烈·库雷热（André Courrèges, 1923–2016）的迷你西服和皮尔·卡丹（Pierre Cardin）色彩鲜艳的服装表现大胆，但在 20 世纪六七十年代的公开反抗精神中，年轻女性选择通过服装（皮夹克、开襟羊毛衫和工装等）进行更强烈的表达，拒绝接受规范的限定和资产阶级世界。在她们看来，西装代表了父权社会的束缚。她们接受了长裤套装。这种套装风格模糊，且男女都能穿，体现了不落俗套和道德解放的主流需求。牛仔布或镶边天鹅绒的版本则代表一种政治立场。伊夫·圣罗兰通过他的长礼服、猎装夹克等系列，成为这场反抗运动的代言人。20 世纪 80 年代，西装因阿玛尼、香奈儿、蒂埃里·穆勒（Thierry Mugler）或让-保罗·高缇耶（Jean-Paul Gautier）的设计重新流行起来。然而，这种服装在很大程度上仍然与资产阶级规范或办公室工作相关。[23]

时尚星球

20世纪50~60年代，企业的名字被清楚地印在标签上。媒体的宣传和制造商对知名设计师的声望的利用都对品牌提高知名度有所助益。随着20世纪80年代时尚产业的发展，为品牌取一个合适的名字成为一种普遍做法。从那时起，产业整合、全球化、上市公司与零售企业的持续合并对服装产业的发展至关重要。

时尚界将自己定位为流行趋势的典范，为新事物开辟道路，或跟随其他行业（如高科技行业）的脚步。[24]从裁缝店到成衣，时尚反映了它的时空范畴，并受到社会、文化、历史、经济、生活方式和营销体系的限定。[25]法国、意大利、英国和美国仍然是20世纪下半叶的四大时尚缔造国。[26]利润日益丰厚的时尚业为自己赢得了高贵和严肃的名声。[27]消费者的选择开始受到连锁商店、邮购和网购的影响。这一时期正是大众传播和媒体时代。时尚已经成为一种流行的审美形式以及自我完善和自我表达的方式，它受到技术进步的启发，为大部分人提供更便宜、更舒适、更有吸引力的服饰。大量的服饰消费导致了看似无限的多样化，这一点通过广告清晰地得到了彰显。造型发生明显变化的时间间隔缩短到了10年。[28]与此同时，商业实

299

践、营销和广告的重组由占据市场领先地位的集团所主导。对设计师的崇拜围绕着高级时装的理想或强烈的亚文化身份，确保了基于质量、风格和个性价值的时装公司的生存。[29] 在克里斯汀·迪奥推出"New Look"的时代，女性的着装风格有可能被一位设计师的影响力彻底改变。[30] 今天，女性服装变化更加频繁了。紧跟流行趋势不再意味着做出某种特定的选择，因为有多种可能性，这一点从二手或复古服装就可以看出来。人们对一个群体的归属感，要优先于对剪裁比例、裙子长度或整体身形外观的归属感。传统意义上的时尚渐渐式微。[31]

20世纪下半叶，世界工厂的装配线将品牌方与生产方分离开来。事实上，服装是由一个由承包商和分包商组成的网络生产的。最大的鞋类和运动服零售商耐克（Nike）是这一领域的先驱，它建立了一个外包制造系统，并且该系统很快被Gap等其他巨头采用。企业不再是自家产品的生产方。制造商的巨额利润使它们能够以极低的价格把生产任务外包给墨西哥、中国、泰国、罗马尼亚或越南的工厂。洛杉矶、纽约和伦敦移民社区的工厂也由此形成了规模庞大的地下经济。奢侈的服装产自贫穷的工厂，那里的年轻女工经常遭受身体和性虐待。[32] 消费者对商品价格的敏感度，直接推动了制造商之间的竞争，从而导致工资下降和工作条件恶化。新的零售战略必须为客户提供更廉价的产品，导致劳动法规在全球供应网络中被漠视。[33] 这削弱了对工人的健康和安全保护，降低了最低工资，并阻止工人组织起来改善工作条件。与世界银行对全球化的乐观态度相矛盾的是，竞争的加剧导致了地方和国际生产商之间的低工资竞争。[34]为了履行与迪士尼公司签订的 T 恤合同，洛杉矶一家工厂不得不降低利润率，加快生产进度，最终以 20 万美元的未付工资倒闭。全球化还使来自贫穷国家的移民激增。在美国，非法工厂的劳动力由移民组成。1997 年，南加州成为美国最大的服装产区。两年后，洛杉矶纺织工人的时薪低于最低工资标准，从 5.75 美元降至 3 美元。该行业未付工资的激增甚至导致州长颁布了一项反自杀法。直到 1997 年，类似菲利普·奈特（Philip Knight）这样的公司首席执行官纷纷表示，公司不对非法工厂的工作条件负责，这都是制造商的错。包括纽约全国劳工委员会、位于旧金山的全球交易所、洛杉矶血汗工厂犹太委员会、全国反血汗工厂学生联盟、服装行业工会等组织在内的消费者、宗教团体或学生，纷纷组织起来捍卫纺织业的改革。通过揭露这些公司，它们说服企业接受公平的劳动规范和对工厂的独立检查。[35]

　　然而，一些非正式的路径继续在全球扩展。这些经济网络涉及贫穷国家时尚产品的生产和消费。排斥也是世界经济的一种运作方式。在第三世界国家，全球化导致国家经济的解体、大规模失业和地下经济的崛起。全球资本重组和管制力度的减小，使得世界银行和国际货币基金组织将经济结构调整方案强加给债务国，剥夺主权国家对健康、教育、住房和卫生设施的控制权，以促成自由市场战略的紧缩和私有化方案。政府和经济机构分崩离析。在绝望中，人们通过非正式的经济网络找到生存手段。在非洲和拉丁美洲，这种社会经济现象对时尚产生了两种影响。[36]一方面，手工艺者、裁缝、染色工和珠宝匠人

301

302

的数量大幅增加。在一个替代性的全球网络中，商贩组织起来把本土产品卖给游客。一些人移民到欧洲和美国，加入移民组织的行列，在自己的社区内进行入户或街头兜售。一些非营利组织建立的网站对这些非法手工艺者提供支持。另一方面，二手服装消费者和转卖商的全球网络正在建立。大型批发商从廉价商店（如美国、加拿大和欧洲的"Goodwill"）购买大量旧衣服，在对衣服进行分类和包装后，再用商用集装箱将它们寄给亚洲、非洲和拉丁美洲的小型批发商。随后，零售商在路边的小摊上低价出售这些产品。牛仔裤、T恤和运动鞋由此成为全球化最明显的象征。[37]

　　20世纪60年代，北美的制造商转向国外，那里的劳动力和生产设备成本更低。[38]这是一个重要变化。这些转移的直接后果是1999年美国服装业裁员约68.4万人。一件衣服的不同部分可以分别在世界不同的地方生产，再组合在一起在商店里以整件服装的形式出售。现代通信和运输使这种生产系统成为可能，甚至具有更高的成本效益。另一个重要变化是产品开发的营销策略。20世纪90年代，按照惯例，在服装正式上市的15个月之前，艺术总监、色彩师、布料设计师和商品销售员会互相咨询意见，分析欧洲和美国的市场，之后在国际展览会上购买纱线和纺织品，向产品管理团队介绍当季的设计构想——关于颜色、氛围、主题、造型和面料的构想。设计部门规划出内部战略并进一步细化，再与销售人员一起向委员会成员和管理人员做最后介绍。此后，样板被反复检视，服装公司在出国寻找合作企业之前确定目标价格。在产品发货前5个

月，项目完成，合同签订。产品在发货后 6～8 周内入库。为
了在进一步降低成本的同时跟踪偏远地区的生产情况，服装公
司使用视频会议来确保产品的质量，而不需要派人实地监督生
产商。今天，从设计工作室到商店的货架，只需几周就可以修
改一个制作中的时装系列。纺织企业和服装企业是世界上最大
的制造业雇主。2016 年，由法国女性成衣联合会和法国时装
学院主导的一项研究结果显示，纺织和服装行业的营业额
（670 亿欧元）将其他行业如皮具和制鞋行业的营业额（220
亿欧元），以及香水和化妆品制造业的营业额（440 亿欧元）
远远甩在了后面。这个行业创造了 55 万个直接就业岗位和
100 多万个间接就业岗位。时尚产业在法国经济中的比重远远
大于航空业和汽车业的总和，占国民生产总值的 1.7%，而航
空业和汽车业分别占国民生产总值的 0.7% 和 0.5%。不过，
航空器的出口额超过了时尚产品的出口额。

　　随着成衣行业潮流变化的加速，通信技术占据了越来越重
要的地位。[39]

　　战后的消费以购物中心的发展为主导，先是在美国，20
世纪 60 年代发展至欧洲。[40] 新的购物环境的第一个特点是在布
满店铺的建筑中心设置一条步行街。有些购物中心位于市中
心，但更多位于郊区。尽管如此，城里主要街道上的传统城市
购物并没有消失。20 世纪末，大型商业区围绕着仓库和服装
店发展起来。它们的营销策略是减价，尤其是对牛仔裤进行打
折销售。这种新的购物环境的第二个特点是分销的国际化。一
方面，商业区的建设被像沃尔玛这样的强大集团所控制；另一

方面，世界各地的购物街上到处都是像 Gap 这样的国际化"标杆"品牌店。与此同时，二手服饰的消费仍在旧货店和跳蚤市场继续着。买方的经验也发生了变化。邮购目录可让人们足不出户完成消费。西尔斯、罗巴克这样的大型集团在美国占主导地位，在英国则是弗里曼集团和凯斯集团占主导地位。[41]

305 互联网的到来对传统商店来说是一个挑战，虽然服装业受到的影响比其他行业要小，但竞争毕竟加剧了。然而，买家的衣橱通常是多种类型的服装组合：在商店里买的新裤子、从二手服装店里买的旧夹克以及从网上买的背包。时尚产品的在线销售已经成为一种必要的方式以及重要的竞争手段。

　　1994 年，玛丽亚·孔特雷拉斯（Maria Contreras）在西班牙版《时尚》杂志上撰文称，互联网是创作者的必需品："要么适应，要么灭亡。"时装业与新媒体结盟，信息的快速流动进一步加速了流行潮流的演变。网络还支持品牌形象的传播，这比对产品本身的宣传更重要。尽管一开始人们很担忧，但记者和出版商认为数字媒体并不会威胁到传统出版业。然而，品牌网站已经成为公共关系和传播策略的重要组成部分。这些网站的兴趣之一是促进品牌方和消费者进行"双向沟通"[42]。比如，在"emilio-pucci.com"上，用户被鼓励在留言区分享他们的个人体验。在"johngalliano.com"，他们可以通过"情书"专区"与约翰·加利亚诺（John Galliano）说悄悄话"。消费者与品牌方的情感联系得到了最大化加强。创建者试图将其网站变成一种多感官的体验平台，以维护消费者的忠诚度。网上购物正逐渐成为一种娱乐形式，更不用说在家购物带来的便利了。网络的革命性成果之一是它的民主性质。虽然奢侈品是建立在独家经营的基础上的，但互联网为它实现了全天候的可触达性。同样，潮流也通过剧院和红毯传播。[43]

　　计算机技术的迅速发展标志着服装设计在 20 世纪的最后 25 年里发生了改变和简化。计算机辅助设计和制造系统（CAO/FAO）在降低成本的同时，提高了许多环节的速度和精度。从草图、剪裁到面料图案，服装设计可以在非常短的时间内通过 CAO 完成。在一个通信系统迅猛发展的环境中，新品可以在时装秀结束几小时后直接开售。一些品牌如赫尔穆特·朗（Helmut Lang）和维多利亚的秘密（Victoria's Secret），会在网上展示自己的设计图。信息快速流动、个人主义的再次崛起和科学技术的进步，发展出"个性化大众"的生产和营销概念，方便客户以统一的基础价格购买符合自己品位的产品。身体测量也可以通过扫描仪进行个性化。个人偏好和存储在客户档案中的购买历史记录，有助于提升消费者的购买体验。这种方法有许多优点，尤其是提升客户满意度和减少浪费。[44] 许多服装纸样为儿童、成人、半号、胖或瘦、高或矮的身形提供了多种尺寸。20 世纪 40 年代，青少年时尚的概念被"Simplicity"公司引入。20 世纪 80 年代，巴特里克（Butterick）在杂志 Today's Fit 中用字母表示量体尺寸，以适应人们身体比例的变化。1960~2000 年，为了提高准确性和精确度，服装纸样被频繁修改。

　　对个性化的渴望也伴随着服装生产新技术（模压、机械热熔或无缝编织等技术）的发展。20 世纪 60 年代模塑成型的

307 胸罩是最早的创新技术之一。此后，设计师用激光切割面料并制造更复杂的产品，或者用超声波熔化热塑性组织的缝线。根据新材料的需要及其与人体之间的相互作用，传统生产设备的工作方式被改变或被放弃。[45]

左右为难：从新品到旧衣回收利用

　　1960 年前后，婴儿潮一代①代表了一个新的消费市场，这导致了商店的增加。在经历了战争的苦难和经济的复苏之后，年轻男女寻求与父母的区别并保持疏远。对巴黎时装所提倡的过时、不合时宜和墨守成规的风格感到不满的年轻设计师成为产业的新兴力量，尤其是在英国。他们通常从家庭作坊开始，然后在远离时尚街区的地方开店，决心创造一种新美学，推出人们负担得起的服装。[46]1966 年，被《泰晤士报》称为"摇摆之城"的伦敦是英国年轻先锋设计师无可争议的首都。1955年，这项运动的先驱玛丽官（Mary Quant）在国王大道开了一家名为"Bazaar"的商店。她与从事广告业的丈夫亚历山大·普朗凯特-格林（Alexander Plunkett-Green，1932-1990），以及商业总监阿奇·麦克纳尔（Archie McNair）共同合作，为那些拒绝被同化的叛逆年轻人提供衣服和配饰。"Bazaar"确立了一个标准，这个标准被从伦敦到纽约的时尚之都遵循了 10

---

① 婴儿潮一代是指各国的生育高峰期出生的一代人。在美国，婴儿潮一代是指第二次世界大战结束后，1946 年初至 1964 年底出生的人。——编者注

年。[47]在国王大道或卡纳比街上逛时尚商店成为一种新的生活方式。商店不再仅是购物的地方，更是朋友们的聚会场所，在那里你可以听到最新的摇滚音乐。狭小、通常光线昏暗的室内 308 环境，以及轻松的气氛，营造了一种亲密的氛围。一些商店营业到深夜，模糊了商店和聚会之间的界限。[48]

此外，第二次世界大战以后，免税津贴一直在增加。早在 20 世纪 40 年代，迪奥等设计师就签订了协议，为风险更大的行业活动保证资金。1970～1980 年，皮尔·卡丹、帕科·拉巴尼（Paco Rabanne）、CK 和拉尔夫·劳伦（Ralph Lauren）利用自己品牌的价值，将品牌业务扩展到家居、配饰和美容品行业。由于缺乏质量控制，一些品牌很快就失败了。奢侈品牌从原先的稀缺性到无所不在的转变，也让一些客户感到不满。如今，市场行为由"LVMH"或古驰等全球性集团控制。比如，唐娜·卡兰（Donna Karan）成功地创建了一个服装系列，每个系列（Donna Karan，DKNY Kids，DKNY City）都有自己的特点和目标市场。体育和休闲行业的扩张也发展了品牌文化。尽管耐克对外宣称产品的设计旨在满足运动员的需求，但自 20 世纪 80 年代中期品牌开始多元化发展以来，它已成为城市时尚的象征。它惊人的扩张也得益于它的口号"Just Do It"，以及非常感性的宣传带给消费者的激励作用。随处可见的 logo 显示了耐克的受欢迎程度，[49]这个 logo 是新品牌理念的核心。虽然制造商将名字印在标签上的最初目的是防止被复制，但自 1940 年以来，它已经变成了真正意义上的 logo，像弗雷德·佩里的俱乐部徽章一样被贴在运动服的胸前。20 世纪 80～90 309

年代，耐克最大限度地简化了标识，创造了一种易于理解的高识别度图形语言。在服装上署名，无论是在表面还是衬里，都已经成为一个品牌发展的关键方式。20世纪80年代被认为是创造者的年代，logo被大量引入市场。品牌名称与社会地位和支出能力联系在一起。1995~2000年，古驰、芬迪（Fendi）、迪奥和路易威登（Louis Vuitton）等多家高级定制品牌推出的系列产品的标识，几乎都把字母组合作为纹样或图案形式：品牌标识在整个系列的所有产品上反复出现。这种"logo狂热"的现象在经济和法律层面引起了不可忽视的后果。特别是，它刺激了假货市场。这种形式受到所谓"无标识一代"的攻击，他们拒绝这些被其视为资本主义经济剥削和社会不平等象征的品牌产品。[50]

　　第二次世界大战后的经济增长、服装质量的提高、收入分配范围的扩大和购买力的增强降低了许多人购买旧衣服的需求。在西欧或美国，二手服装满足的通常是复古或怀旧服装的边缘市场需求，贫穷的国家则进口被富国扔掉的服装。二手服装的消费目的在两个世界里截然不同，分别是以时尚为目的和以节约为目的。富裕或工业化国家与贫穷的发展中国家之间的区别仍然存在。然而，无论消费者的经济能力如何，在前述对立的背后，二手服装的吸引力始终存在。[51]美国是世界上最大的二手服装出口国，非洲是自20世纪80年代末以来最大的二手服装进口地区。一些亚洲和中东国家也是二手服装的主要进口国。这种现象如此普遍，以至于东欧和日本正试图限制或禁止进口二手服装，以保护本国的纺织和服装行业。二手服装一

旦进入衣橱，就会发生象征性的改变。实际上，成本只是外表
价值的一小部分。二手服装的消费者满足自己的穿戴需求，体
验某种形式的幸福，并建立自我的身份。在西方，二手服装的
消费通常包括二手配饰消费。一些二手配饰的复古风格给服装
带来了故事性和本真性。尽管许多经济学家认为贫穷国家二手
服装市场的增长是对经济衰退的一种回应，但他们并没有意识
到人们通过这种廉价交易来建立身份的可能性。[52]

　　20世纪80年代，赞比亚取消了进口限制，所有收入水平
的消费者都转向二手商品市场。集装箱里装满了二手服饰，被
运到南非、莫桑比克和坦桑尼亚的港口，然后用卡车运到赞比
亚批发商的仓库。市场迅速发展到偏远的村庄。二手服装对赞
比亚人的吸引力在于它们的低成本，但也同样在于赞比亚人渴
望独创性，以对抗商店提供的同质化商品的需求。货品丰富、
种类繁多，消费者可以在上面打上自己的印记。二手服饰不仅
是对西方时尚的模仿，还帮助穿戴者努力理解自己的着装身
份。这种认识帮助他们塑造自己的外表，让他们的生活更加愉
快。[53]在菲律宾的伊夫高，二手商品依赖于有鲜明本地文化色
彩的渠道。商人们为他们的二手服饰编造故事。于是，零售
商、小贩和消费者在人与服饰之间建立联系。这些故事改变了
市场的逻辑和商品在当地规范、地位和价值方面的意义。在这
一过程中，服饰的意义被转化，构建了个人和社区的身份。[54]
印度也有很大的二手服装市场，这是印度富人频繁更换服装和
向仆赠送的结果。在这个过程中，通过易货、赠送和转售，大
量二手服饰在本地被回收利用。服饰成为个人重建和身份重建

311

的战略资源。

二手服饰的市场供应与西方完好但过时服装的积累以及发展中国家的需求密切相关。旧衣服的国际再循环并不像看上去那么平衡，因为一些市场对特定物品的需求更大。比如，日本进口了世界上相当大比例的旧牛仔裤和运动鞋。因此，二手贸易可以被理解为经济能力的多样化，有利于工业、社会和文化的发展。然而，被丢弃的衣服数量如此之多，以至于有必要考

312 虑回收利用的可能性。

以过度消费为特征的西方消费模式对环境的可持续发展产生了负面影响。[55] 纺织品循环利用是世界上最古老的再加工工业之一。自18世纪以来，特别是由于拿破仑战争造成的原毛短缺，纺织品一直被回收利用。今天，这一循环利用体系由几个不同的侧面组成，包括消费前和消费后将垃圾转化为纤维，以及从生活垃圾中提取新的纤维。比如，作为某些聚酯的原料，聚对苯二甲酸乙二酯（PET）就是由塑料瓶处理后得到的。垃圾的回收利用是政治正确和尊重环境的，但纺织品只占其中的4%~6%。在回收纺织品的国家中，英国排名第一，90%的纺织品垃圾被回收再利用，在它之后，德国、丹麦和瑞士分别有65%、30%、20%的纺织品垃圾被回收再利用。[56] 然而，纺织品回收对增加环境可持续性的贡献，一方面来自垃圾处理，另一方面则直接来自二手服装市场。二手服装处理的3个主要区域是：意大利普拉托、英国德斯伯里，以及晚些时候发展起来的印度坎德拉。这些地区收集来自世界各地的二手服装，根据颜色和纤维成分对它们进行分类，机械地将它们还原

为纤维，然后将其加工成新的纱线和成品。美国约有 500 家纺织品回收公司负责处理 77.5 万吨消费过的纺织品废物。而在收集到的纺织品中，有近 45% 作为二手服装回收，通常在贫穷国家的市场上出售。[57]

313

多极化的时尚工业

随着战争的结束，巴黎的衰落让其他时尚中心占据了主导地位。尽管法国首都成功地重现了辉煌的过去，但从 20 世纪 50~60 年代起，伦敦因其在切尔西和西苏豪的精品店而大放异彩。新的时尚重镇也发展起来，尤其是日本和比利时，它们正在成为特定时尚的中心。

伦敦的戏剧感是整个 20 世纪英国时尚的特征。它的独特之处在于将伦敦南部和东部大众阶层的品位与时髦的梅菲尔年轻人的品位巧妙地融合到了一起。由此，优雅与对泰迪男孩[①]（Teddy Boy）外形的迷恋联系在一起，服装的功能性和便利性受到特别重视，爱德华七世的服装样式同时被借用。无论是 20 世纪 60 年代在卡纳比街的摩斯族（Mods），还是 70 年代国王大道的朋克党，接下来的几十年证实了英国人的独创性。这座城市已经成为服装革命的象征。从玛丽官到薇薇安·韦斯特伍德（Vivienne Westwood），时尚大师们创造了一个光怪陆离的时代。20 世纪 80~90 年代的设计师们就是在这种创造性的

---

① 泰迪男孩指受美国摇滚乐影响的叛逆年轻人。——译者注

环境中长大的，他们输出了后朋克和新古典主义风格。这些设计师大多来自中央圣马丁艺术与设计学院，如约翰·加利亚诺、斯特拉·麦卡特尼（Stella McCartney）和亚历山大·麦昆（Alexander McQueen，1969-2010）。然而，在这些响亮的名字背后，也有许多无名创作者影响着当地经济、杂志、设计师和摄影师。英国时尚产业的增长在很大程度上要归功于狂热、混乱的能量，这种能量激发了设计师的冒险精神。法国时装业在伦敦遇到了真正的竞争对手。与此同时，纽约和米兰的影响力也在加强。许多消费者更喜欢巴黎或伦敦所没有的运动和舒适风格。[58] 为了回应玛丽官的迷你裙、罗伊·哈尔斯顿·弗罗威克（Roy Halston Frowick，1932-1990）的极简主义和阿玛尼的优雅舒适，法国时尚业也在寻求改变。

从安德烈·库雷热到皮尔·卡丹，为了捕捉年轻人的市场，服装设计师们借助空间宇宙概念转向未来主题。最后，由克里斯汀·迪奥培养出来的年轻的伊夫·圣罗兰退出了这场游戏。他对街头和流行文化的影响很敏感，从根本上改变了女装。受皮特·蒙德里安（Piet Mondrian）或安迪·沃霍尔启发的波普艺术长裙、让人联想到远征狩猎的撒哈拉猎装外套、水手短大衣和异域风情的服饰，进入了人们的衣橱。为了满足那些买不起衣服的年轻顾客的需求，圣罗兰推出"左岸"成衣系列。它重新开启了法国设计师之间的竞争。20 世纪 70 年代，法国版《时尚》杂志的崛起和盖伊·布尔丁（Guy Bourdin，1928-1991）及赫尔穆特·牛顿（Helmut Newton，1920-2004）充满争议的时装照片伴随着这次法国时尚的重

314

生。[59] 两种推动力促使巴黎重新站到了"冠军的领奖台"。一方面，香奈儿等法国大品牌通过外国设计师的加盟而重新获得了喘息的空间。另一方面，世界各地的设计师都选择在法国首都展出他们的作品。早在 1971 年加布里埃尔·香奈儿去世之前，这家时装公司就陷入了真正的停滞。香奈儿时装风格落伍且老气。1983 年，作为最后的垂死挣扎，香奈儿时装公司的拥有者雇用了一位新出道的德国设计师卡尔·拉格菲尔德（Karl Lagerfeld），后者彻底使品牌的形象现代化了，同时保留了香奈儿象征性的标志。拉格菲尔德将交叉的双 C 标志与茶花、牛仔布和丝绸夸张地混合在一起，重振了品牌。这个长期与粗花呢套装联系在一起的老牌公司，终于又恢复了青春活力。[60] 同样，20 世纪 90 年代，迪奥雇用了一位在伦敦接受过培训的有前途的设计师。约翰·加利亚诺用他的野性和商业风格使品牌焕然一新，同时保留了迪奥标志性的弧线和曲折的线条。圣罗兰退休后，美国人汤姆·福特短暂地担任了这一著名法国品牌的艺术总监一职，同时仍掌控着意大利时尚品牌古驰。一群比利时设计师，意大利设计师詹尼·范思哲、瓦伦蒂诺·加拉瓦尼，以及来自韩国和巴西的设计师，都选择在法国首都展示他们的作品。[61]

虽然全球化确实改变了服装制造业，但它并没有终结巴黎在时装领域的卓越地位。从手袋到香水等产品表明，法国首都仍然是高端和威望的同义词。尽管其他城市在时尚界有一定的影响力，但巴黎被普遍认为是最重要的。然而，年轻的时尚新秀绝对不容小觑，尤其是日本和比利时的设计师，他们决心用自己的愿景改变巴黎。

第二次世界大战后，日本经历了其历史上最严重的经济衰退。传统的价值体系正在瓦解，需要由年轻一代重新建立。与此同时，消费主义正在兴起。它对生活方式，特别是城市生活方式的影响，可以从服装的变化和新规范的引入中看出。日本人选择定居在时尚之都巴黎。高田贤三（Kenzo）于 1970 年、三宅一生（Issey Miyake）于 1973 年、森英惠（Hanae Mori）于 1977 年、川久保玲（Rei Kawakubo，创建 Comme des Garçons 公司）以及山本耀司（Yohji Yamamoto）于 1981 年，都推出了全新的风格，超大尺寸和不对称的黑色服装占据了主导。[62]

与巴黎人对刺绣和手工的狂热、色彩缤纷和优雅的时尚形成鲜明对比的是，日本人提出了一项真正的宣言，他们以当代艺术为灵感，并进行政治表达。记者们认为这种新风格背离了西方的规范。日本的服装设计在很大程度上是以日本文化和习俗为参照的。歌舞伎、富士山、艺妓和樱花的概念和视觉造型被解构、重塑和融合，呈现出一种新的美学。起初，造型的重构使消费者和记者们感到震惊，但最终公众欣然接受了服饰的新颖和创造性。[63]日本风格在巴黎的成功为一群比利时设计师开辟了道路，他们也将巴黎作为自己的"战场"。从 20 世纪 80 年代中期到 90 年代初，一群安特卫普皇家艺术学院培养出来的比利时前卫设计师引起了公众的注意。1986 年德克·毕肯伯格斯（Dirk Bikkembergs）、1988 年马丁·马吉拉（Martin Margiela）、1991 年德赖斯·范诺顿（Dries Van Noten）和

316

1992 年安·迪穆拉米斯特（Ann Demeulemeester）等人也提出了一种与法国时尚相反的风格。[64] 极简、概念化和舒适性定义了服装的造型。日本和比利时设计师提高了巴黎时尚的声誉，并对其产生了影响。从那时起，巴黎就成为时尚业界最重要的权威之地。[65] 第一代日本设计师获得成功之后，更多的日本人陆续来到巴黎。新老企业家之间建立了正式和非正式的联系。他们将自己的民族和社会网络作为整合时尚系统的手段。20 世纪 90 年代，日本设计师最终获得了他们所期待的地位和认可，赢得了全世界的关注。囿于日本时尚体系的结构性弱点，日本设计师永久或暂时性地来到巴黎谋求发展。事实上，东京在潮流的兴起、设计师的声誉和新作品的传播方面远远落后于巴黎。[66]

317

一线广告与营销

20 世纪 60 年代以后，随着品牌间竞争的加剧，商业广告对产品的宣传力度越来越大。所有的媒体都参与其中。20 世纪下半叶是媒体的繁荣时期。没有海报、电视广告、杂志编辑和壮观的时装秀，品牌很难出名或持久。

一些品牌采取差异性的宣传策略，比如李维斯公司在美国电视上播放特立独行风格的广告片，同时在日本借詹姆斯·迪恩的形象宣传一种象征性的复古精神。另一些品牌则创造出一种独特的形象，并掀起了传播界的革命。贝纳通（United Colors of Benetton）就是这样一个例子。贝纳通当时的艺术总监奥利维尔·托斯卡尼（Oliviero Toscani）利用充满不和谐声

音的广告，在种族及民族身份、宗教与艾滋病等各种问题上激
发消费者的认知。1985～1991 年，他拍摄了不同种族的年轻人
的照片，以鼓励种族宽容。他还利用了新闻报道的视觉载
体——一名被黑手党杀害的人或一名在塞族-克族冲突中丧生
的武装分子所穿的沾满鲜血的衣服。他拍摄的广告成为激烈辩
论的主题，人们呼吁对托斯卡尼进行道德审查，他被控出于商
业目的利用悲惨事件。然而，贝纳通在时尚界掀起了一场真正
的艺术和意识形态革命，鼓励其他广告商利用性别和种族身份
的模糊地带。[67]一般来说，20 世纪的最后几十年是性别质疑的
时代。受约瑟夫·克里斯蒂安·莱恩德克①（Joseph Christian
Leyendecker, 1874–1951）的启发，在同性恋和情色内容的广
告中，快乐的表达方式被重新定义。20 世纪 90 年代，时尚品
牌热衷于利用男子气概吸引异性恋消费者。身份的解构成为时
尚系统活力的核心。

　　时尚编辑在每个创作者、服装造型师、摄影师和模特的选
择上发挥着重要作用。他们对所有细节进行审核。这就是他们
经常出现在拍摄现场的原因。戴安娜·弗里兰在《时尚》杂
志担任主编 8 年（1963～1971 年）后，将年轻人和街头艺人
带进了时尚界。1971～1988 年，她的同事格蕾丝·米拉贝拉
（Grace Mirabella）接手了她的工作。米拉贝拉赢得了更广泛的
读者群，她所输出的服装形象少了些光怪陆离，多了舒适感，

318

---

① 约瑟夫·克里斯蒂安·莱恩德克是美国著名插画家，以海报、书籍插画
和广告画作闻名。——译者注

服装的价格也更亲民。这类服装是为职场女性这一新客户群体专门设计的。[68] 继米拉贝拉之后，安娜·温图尔（Anna Wintour）巧妙地将高端和实用结合起来。1988 年 11 月，她的第一个杂志封面将克里斯蒂安·拉克鲁瓦（Christian Lacroix）的上衣和一条牛仔裤混搭在一起。[69] 1916 年以后，该杂志的大股东康德·纳斯特开发了该杂志的十多个海外版本：美国版、澳大利亚版、巴西版、英国版、法国版、德国版、希腊版、意大利版、日本版、西班牙版、中国版和韩国版。作为新技术的前沿媒体，《时尚》杂志于 1932 年发布了第一个封面，并于次年推出了彩色印刷版杂志。[70] 该杂志雇用了当时最好的插画家和摄影师。电视等新媒体也扩大了传播的机会。20 世纪 80 年代，《时尚》杂志和《时尚芭莎》的前编辑埃尔莎·克岚什（Elsa Klensch）说服美国有线电视新闻网（CNN）转播了时装周上的走秀。报道也集中在名流和时尚达人身上。数以百万计的观众成为这一转播的拥趸。然而，互联网更高的传播速度迫使 CNN 在 2000 年关闭了时装频道。[71] 时装秀依然是最能把设计师及其作品的可见性推至极端的展示方式。在一个极为特殊的场地中，它将名流、秀场、舞蹈和音乐融合在一起，产生令人叹为观止的效果。

　　战后的时装秀在当时可谓举足轻重的事件。时装秀在坐满受邀买家的大厅里举办。在 75 分钟的表演时间里，8~10 个模特展示大约 60 件服装。最后一个环节专为婚纱预留，这也是整场表演最吸引人的部分。一些模特的选择与服装公司的理念紧密联系，比如为雅克·法斯（Jacques Fath，1912—1954）工作的贝蒂娜·格拉齐亚尼（Bettina Graziani，1925–2015）。
1959 年，皮尔·卡丹率先在巴黎春天百货公司举办了他的成
衣系列时装秀。20 世纪 60 年代，一些服装展示仍会在百货公
司或豪华酒店举办，但随着成衣市场的发展，这类活动的组织
方式发生了变化。成衣业在战后快速发展，也是因为新一代消
费者对巴黎高级定制时装不再抱有浓厚的兴趣。爵士乐，尤其
是在玛丽官的时装秀中，让原本变得老气横秋的时装展示焕然
一新。20 世纪 70~80 年代，时尚展示有了更多的观众，形式
320 也更加多样化。1973 年，高田贤三在舞台上而不是在甬道上
展示了他的大型成衣系列，标志着与高级定制传统的决裂。蒂
埃里·穆勒和克劳德·蒙塔纳（Claude Montana）的时装秀是
真正的戏剧表演，与高级定制服装的冷静低调风格形成鲜明的
反差。穆勒雇用了一位摇滚导演来组织他在巴黎天穹剧场的时
装秀。这位设计师决定向公众出售门票，最终吸引了 6000 名
观众前来观看。节目中 60 位模特进行了 35 幕表演，比如"未
来的黎明""美丽建筑""巴洛克明珠""胜利的翅膀""圣丽
塔"。十年后，穆勒为庆祝他的品牌创建 20 周年，把著名的
冬日马戏团场地变成了一个巨大的酒馆。90 分钟的超级时装
秀交织着时装、舞蹈和音乐，由巴黎电视一台现场直播。公众
借此第一次看到时装秀。这次演出为时装秀指明了新的方向：
大众娱乐。

　　继蒂埃里·穆勒之后，约翰·加利亚诺和亚历山大·麦昆
围绕特定主题、环境音乐和特效，举办了自己的时装秀。在不
同寻常的环境中，他们设计出奇幻的故事和古怪的角色。这些

时装秀强调艺术和异想的世界，在电视上进行转播的同时由记者对其进行现场评论，借由大众媒体传播到千家万户。[72]

政府、政治与服装

虽然政府的作用是通过制定规则来组织社会，但并非所有成员都从中受益。20 世纪明显的自由之风掩盖了一些特别具有歧视性的规定。国家制定的公约涉及囚犯、工人、学校和宗教，以维护某种政治意识形态。

世界各地囚犯的拘留条件，特别是他们在监狱中穿着不体面的衣服，激发了公众辩论并引起国际社会的关注。依照国际惯例，囚犯的衣着因刑法政策、个人经济状况或囚犯分类制度而异。在一些地方，为了在获释后恢复"正常"的生活，囚犯可以穿自己的衣服，以显示他们的穿着"正常化"。瑞典和荷兰在 1997~1998 年选择了"模范"监狱制度以后，便是这样做的。瑞士的"开放监狱"和立陶宛 1997 年确立的"干净衣服"政策也受到刑事改革者的欢迎，他们认为这是囚犯权利的胜利。囚服问题也是政治犯抗议的核心，他们主张将政治犯和普通罪犯区分开，比如 1976~1982 年爱尔兰人的做法，或 1985~1989 年秘鲁人的主张。在其他情况下，穿便服反映了"恶意忽视"体制的回归，比如在 20 世纪 90 年代末的太子港监狱，男女和青少年的拘留条件令人痛心。[73]

美国也制定了工作场所的着装规范。一般来说，大多数法院支持雇主自行制定着装标准，前提是这些标准必须符合合法

商业利益、政府利益，或出于合理的健康和卫生考量。法院审
322　理的案件通常涉及男女之间的差异。[74]

　　美国的学校也受到着装规范的影响。学校的着装规范如果
能维护安全或防止学生和教师分心，就被认为是合法的。[75]由
于服装是一种交流形式，一些美国学生坚持他们的言论自由权
利，这是《宪法》第一修正案所保障的。[76]廷克（Tinker）诉
得梅因社区学校案的调查结果至今仍被作为参考。这场争论始
于1969年，当时学生们决定戴上黑色臂章反对越南战争。在
抗议的两天前，学校管理部门制定了一项着装规定，禁止佩戴
臂章。然而，美国最高法院允许以这种形式表达立场。因此，
它要求学校负责人为反对佩戴臂章提供合理解释。最后，法院
的结论是，佩戴臂章的负面干扰可以忽略不计，这是一项宪法
权利。[77]然而，一名学生因穿着印有布什总统照片和"国际恐
怖分子"字样的T恤而被开除的案件，显示了学校着装自由
的底线。这名高中生想表达他的合法反战情绪，他认为开除他
是对他的言论自由和政治信仰的侵犯。然而，对于管理人员来
说，他T恤上的字样是对学校环境的一种干扰，因此这名学
生必须被开除。[78]

　　当政府制定规章制度时，也会考虑保持阶级或性别差异的
服装，禁止在服装上使用特定的颜色。伊斯兰教是世界主要宗
教中历史最短的宗教，它特别重视群体而不是个人。信仰伊斯
323　兰教的国家和地区强调性别隔离和男权。

　　穆斯林的服装对日常生活有直接影响，涉及频繁的宗教表
达和仪式。谦逊的准则不仅表现为服装遮盖身体，还包括限制

女性的行为。然而,《古兰经》实际上只规定妇女必须穿得端庄,没有具体说明她们是否应该佩戴面纱。[79] 在这方面,行为因家庭和伊斯兰文化的不同而有所差别。然而,在最保守的群体中,戴面纱是非常重要的。第二次世界大战以后,除了将性别隔离正式化之外,面纱的强制使用也阻碍了西方文化的传播,当时正值大量商品涌入伊斯兰社会的时期。随着西方服装的普及,宗教激进主义强烈要求回归传统。[80] 风格低调的服装和面纱象征人们对父权制的接受和某种形式的民族主义。在伊朗的所有主要城市,海报都展示作为女性"正确"服装的罩袍,它覆盖了除了脸以外的所有部位。在塔利班控制下的阿富汗,妇女因不穿罩袍而被处死。[81] 基于性别的禁令指导着装规范。当代伊斯兰国家里很常见的法律要求女性隐藏自己的身体。2001 年,斯威士兰国王姆斯瓦蒂三世(King Mswati Ⅲ of Swaziland)恢复了一项古老的法律,要求女孩们佩戴带有装饰流苏的贞节腰带。[82] 他提出了两个理由:第一,保持童贞;第二,防止艾滋病病毒的传播。斯威士兰妇女不顾法律,在王宫前扔掉流苏。第二年,姆斯瓦蒂三世禁止妇女在首都穿裤子,因为这种服装不符合传统习俗。[83]

324

在极权国家,政治制度、意识形态和服装之间的重叠是很常见的。限制、强迫和拒绝某些衣服是日常生活的一部分。

一些东欧国家在 1948 年以后被迫放弃穿着传统服装,接受服装集中生产和分销的模式。因此,从 20 世纪 50 年代开始,东欧国家必须遵循同样的服装规范。然而,实际情况仍然是多种多样的。尽管最初所有政权都反对"时尚"这一带有资产阶级色彩的概念，但与共产主义国家主流的灰色制服不同的服装风格仍然在社会中共存，并被分为官方的、日常的和挑战性的三大类。20世纪50年代，随着苏联着装标准的实施，东欧国家的服装设计不仅建立在战后物质匮乏的现实基础上，而且建立在一种参考早期的服装并将之朴素化的方法上。[84] 简单和舒适是优先考虑的，美丽、优雅和社会阶层的概念则不被考虑。然而，人们对服装和时尚的态度受到政治变化的影响。当1958年时任苏联部长会议主席的赫鲁晓夫（1894-1971）向斯大林主义的极端性审美发起挑战时，意识形态发生了变化。与西方集团再度联结的野心改变了人们对西方风格的态度。然而，在传统和市场缺席的情况下，试图从中央集权制度中控制美学变化的国家是无法跟上西方潮流的。最后，对女性气质的传统表达和实践的回归，证明这些国家无法创造一种真正的共产主义风格。

社会主义时尚规范是在冷战的背景下由各国制定的，当时的社会主义国家集团正在形成。1950年，东欧社会主义国家首次国际服装设计比赛在莱比锡举行，但只有德意志民主共和国和捷克斯洛伐克参加。此后的几届又有其他国家加入：匈牙利（1952）、苏联和波兰（1953）。理论上来讲，社会主义的生活方式通过这些活动得到了概念化。但是，尽管这些国家举办了这些展览和时装秀，并由著名设计师助阵，但政治化的时尚规范并没有真正确立。不过，苏联通过介入东欧服装工业，把控了产品的质量和种类。最后，在一种不平等和不对称的关系中，苏联用原材料交换高质量的时尚产品，因为兄弟国家的消费品行业更为先进。[85]大城市的杂志宣传和展示的重点是传播官方时尚。[86]然而，服装的设计、生产和分销仍然高度集中，导致服装的严重短缺和质量问题。根据社会地位的不同，服装呈现出真正的多样性。政府最高层人物在晚间聚会活动上穿着剪裁华丽的礼服，这些礼服是用非常奢华的材料制成的。白天的服装通常是不同服饰的组合：长裙、斗篷、手袋、高跟鞋、手套和帽子。社会其他阶层的人穿着无品牌、非潮流的服装。定义外形的口号符合社会主义价值观：节制和谦逊。[87]东西方的工业化竞赛改变了生活水平和消费模式。在经历了几十年对西方时尚的排斥之后，1959 年的莫斯科和 1966 年的布拉格终于迎来了迪奥的亮相。1967 年，几位西方设计师在莫斯科的一个国际时装节上展出了他们的时装。可可·香奈儿和俄罗斯时装设计师塔蒂亚娜·奥斯默基纳（Tatiana Osmerkina）获得了奖项。20 世纪 60~70 年代，共产主义政权在其五年计划中正式承认了合理化后的消费和时尚。然而，时尚产品在商店里是见不到的。生产的不足在牛仔裤的短缺中表现得尤为明显：苏联、德意志民主共和国和波兰直到 1975 年才开始生产牛仔裤，但由于制造商未能达到预定的质量，生产失败了。

　　在日常生活中，女性总会找到替代性办法来满足自己对服装的需求。她们通过女性杂志、黑市、裁缝、私人沙龙购买服饰。国有商店商品的短缺和黑市的活跃使西方时尚产品更具吸引力。穿着入时正成为数百万女性的一种理想，她们早已准备好为此付出代价。从 20 世纪 60 年代末开始，被社会主义政权默许的非官方渠道开始运作。服装由此在黑市和地下经济中占有重要地位。不过，修鞋铺、理发店和美容院提供的服务是不会受到国家保护的。[88]与受到官方过度控制、变化缓慢的共产主义时尚不同，人们的日常着装反映出时尚更真实、更广泛的影响。在城市里，服装正在进行一场破坏计划经济的"革命"。事实上，时尚鼓励个人表达，由此打破了共产主义的文化孤立主义。

20世纪50年代，时尚的年轻苏联人（stilyagi）并不孤单，其他国家也有类似的群体，比如捷克斯洛伐克的年轻人（pásek）和波兰的比基尼男孩（bikiniarze）[89]。他们创造出叛逆的着装风格，构成了西方化的青少年亚文化的一部分。摇滚乐在20世纪60年代中期出现，许多乐队由此形成。[90]20世纪70~80年代，服装的色彩和原创性得到了丰富。西方年轻人的每一种流行趋势在东方都能找到对应物：khippi对应嬉皮文化，panki对应朋克，breikery对应霹雳舞，métallisti对应重金属音乐，modniki对应时髦人士。由于这些团体只涉及少数人，它们不会对社会主义意识形态构成威胁，因此它们的越界行为被当局所容忍。[91]

最后，物资短缺、官方政策、孤立主义和政权更迭在东欧产生了特殊的时尚效应。服装不再被简单地理解为商品，而体现一门科学或艺术。这就是为什么日常服饰和更具颠覆性的时尚成为重点投资对象。在20世纪经历了巨大变革的社会主义国家中，中国的服装发生了最重要的变化。1949年以后，传统服装，如长袍和旗袍，继续流行。但在20世纪50年代末，政治和社会压力要求一种"温和但具革命性"的风格。中山

装（通常是蓝色的棉质服装）或一件朴素的衬衫和一条长及
小腿肚的半裙都是必不可少的。1966～1976年，旗袍被视为
"过时"的服装，人们在日常生活中穿着毛式套装。1978年，
随着改革开放政策的实行，时尚开始谨慎回归。专业杂志重新
出版，在大城市举办时装秀，时装设计再次成为学校的授课内
容。旗袍又一次受到人们的欢迎。作为正式场合的着装，它体
现出一种民族骄傲感。[92]然而，中国今天的服装反映的是全球
时尚。上海、广州或北京的街道上到处都是著名的国际品牌。
中国消费者已成为国际时尚的领跑者，中国则是世界上最大的
服装制造和出口国。[93]

　　虽然这些例子很好地说明了服装是控制民众的手段之一，
但也有一些例子表明，服装也是展示形象的窗口。在美国，第
一夫人的服装被视为国家形象。

　　史密森学会最受欢迎的一次展览是关于美国第一夫人服装
的展览。[94]自1860年以来，"第一夫人"这个非正式的头衔就
被用来指代总统的伴侣。美国人认为这个国家的第一家庭是西
欧王室的一个翻版。它体现了雄心勃勃的理想和模范的行为方
式。第一夫人的服装是这一形象不可分割的一部分。糟糕的着
装意味着什么？它意味着政治上的脆弱性和媒体无边无际的批
评。第一夫人的着装受到赞誉又会如何？第一夫人会引领潮
流，成为时尚的代言人。[95]

　　然而，如果第一夫人是一个富裕而健康的国家的代表，她
就不应该过于王室化。1960年，约翰·F. 肯尼迪（John
F. Kennedy，1917-1963）和理查德·尼克松（Richard Nixon，

328

329

1913-1994）参加了总统竞选。为了避免任何误解，帕特·尼克松（Pat Nixon, 1912-1993）把她的裘皮大衣锁进衣橱，以突出她作为一个善良的共和党人的公众形象。在选举前两个月，肯尼迪的顾问们用简洁、朴素的美国制造服装替换了杰奎琳·肯尼迪华丽的法国时装。虽然有些总统夫人一开始不愿改变自己的服装风格，但她们最终还是选择了体现爱国主义的服装。芭芭拉·布什（Barbara Bush, 1925-2018）爱上了美国设计师阿诺德·斯卡西（Arnold Scaasi）和比尔·布拉斯（Bill Blass）的设计，他们把她变成了一位迷人的祖母。第二次世界大战后出生的律师希拉里·罗德姆·克林顿（Hillary Rodham Clinton）代表了更加关注自己的成就而不是外表的一代人。她避免穿传统服装，而是从着装上强调自己的能力、受教育水平和职业生涯。她对时尚没什么兴趣，因此受到了严厉的批评。她的发型也受到了舆论的指摘。然而，希拉里·克林顿代表了一类与众不同的第一夫人，她最终亲自上阵竞选美国总统。米歇尔·奥巴马（Michelle Obama）则成为一个真正的偶像，她知道如何在穿戴优雅的前提下从事政治和慈善活动。特别是，她是第一位穿大众品牌服装的第一夫人。她在美国开展的反肥胖运动与她对自己外表的关注不无关系。最后，唐纳德·特朗普总统第三任妻子穿衣风格的转变也值得一提。梅拉尼娅曾是斯洛文尼亚的时装模特，她挑战了所有的传统规范。她的衣服非常昂贵，很贴身，引人注目，由杜嘉班纳等国际设计师设计。对政治环境的不熟悉和对第一夫人着装的严格要求似乎常常令她感到不安。然而，这种表现几乎可以肯定是一种公关策略，毕竟她身边围绕着大量的公关人员。第一夫人们也推动了特定作品或设计师的成功。梅米·艾森豪威尔（Mamie Eisenhower，1896-1979）令粉红色得到大众的青睐，芭芭拉·布什推动了三排珍珠项链的流行。1993 年，希拉里·克林顿首次进入白宫，选择了一件翻领的唐娜·卡兰连衣裙。这是一件黑色长裙，袖子上有条纹，露出肩膀。这款由丽莎·米内利（Liza Minelli）设计的裙装被制造商用了一周时间大批量复制，售出了数千件。[96]

服装在国家最高层占有重要地位，体现了权力的尊严和爱国主义精神。但政府也有责任保护消费者不受误导性或劣质产品的影响。关于商标的法律完成了这项任务。

第二次世界大战后新型纤维制品的增加，让规范服装标签成为必要。消费者需要避免混淆天然纤维和合成纤维。由于制造商对不同纤维的命名无法向消费者提供足够有用的信息，政府有必要制定相关法规。

19 世纪末，人们在丝绸中添加了金属盐，其目的是增加面料的重量，但这样会让丝绸变得质地脆弱。客户没有任何控制产品质量的能力。因此，早在 1938 年，美国联邦贸易委员会（FTC）就要求在重量超过原重 15% 的真丝上标注"加重丝"。羊毛也受到监管。从 1984 年起，产品标签必须注明羊毛产地、其重量占成衣的百分比、类别（纯新羊毛或再生羊毛）及制造商的名称或编号。美国联邦贸易委员会还将羊毛产品标签（WPL）编号分配给一些羊毛制造商或零售商。然而，企业可以在新旧标签更替期间改变其纤维的种类和配比。因此，

331

这种标签毫无意义。生产羊毛纤维的企业也应遵守羊毛产品标签法的规定。毛皮标签规定则要求企业标明动物的种类、以形容词形式标注国家（如俄罗斯水貂）、制造商或进口商的名称或编号。最后，企业必须列出毛皮的处理、染色和漂白过程。[97]易燃材料被禁止使用。自1967年以来，政府对之前有关家用纺织品、地毯、床垫、家具面料和儿童睡衣的法律做了许多修订。法律要求纤维的名称（如棉花等天然纤维，或尼龙等通用名称）按占服装总重量的百分比降序列出。如果这一比列少于5%，这类纤维则被列为"其他纤维"。上述规定不涉及两种材料：羊毛和功能性纤维，如具有拉伸效果的氨纶。一般来说，当一件产品的所有部分都在同一个国家生产时，才能添加"法国制造"或"中国制造"这类标注。

1972年和1984年美国政府通过了若干项法规，为制造商和进口商规定了标准，并制定了标准词汇表。1999年，美国测试和材料协会将一种由全世界都能理解的符号组成的图形语言正式化。它提供了如何保养衣服的信息（手洗、温度、熨烫等）。根据规定，纺织品必须被贴上养护标签，说明安全清洗程序。标签必须缝在衣服里，在购买衣服时容易被人看到。[98]洗涤说明需要5个要素：洗衣、漂白、干燥、熨烫和特殊警告。

1947年，迪奥带来了女性轮廓的彻底改变。在随后大约10年里，这位设计师成为行业的标杆。[99]名人和富有的女性很容易头到衣服，穷人也可以在百货店里买到来自巴黎的仿制品。[100]时尚中心之间的联系越来越紧密，它们传播的风格趋了同质化。然而，并不是每个人都喜欢这个系统的国际化。反主流、垮掉的一代①以及其他群体都通过自己的服装表达不满情绪。服装通过塑造边缘人群的外观成为政治信息的载体。新的生活方式和社会态度的转变带来了新的需求。许多城市居民投资郊区地产，他们的孩子有了更多的零花钱。因此，这些城市居民实际上参与了青少年服装业的发展。电视也介入这个前景非常好的市场，传播最新的潮流。纺织工程师在设计上相互竞争，新的纤维制品在很大程度上满足了消费者的要求。[101]第二次世界大战结束后15年，时尚业的特点是市场的明显分解，中产阶级市场和先锋市场形成。

1960~1980年，政治对时装业的影响尤为明显。社会上的两种政治态度截然不同：一种支持像肯尼迪那样的政治领导人的着装，另一种则拒绝时尚。事实上，持续的社会动荡正是这个时期的特点。

学生们情绪激动，争取少数族群公民权利的运动成倍增加。对美国在越南军事干预的谴责，以及女权运动，正在彻底改变人们的形象。裙子越来越短，留长发的男人则穿着五颜六色的衣服，这些恰恰是自19世纪以来时尚界和习俗所不允许的。[102]服装的变化伴随着社会动荡。因此，从表面上看，这些

333

① 垮掉的一代或称疲惫的一代（Beat Generation）是第二次世界大战之后出现于美国的一群松散结合在一起的年轻诗人和作家的集合体。这一名称最早是由作家杰克·凯鲁亚克（Jack Kerouac，1922-1969）于1948年前后提出的。在英语中，形容词"beat"一词有"疲惫"或"潦倒"之意，而凯鲁亚克赋予其新的含义"欢腾"或"幸福"，和音乐中"节拍"的概念联结在一起。——编者注

服装反映的是知识分子变革，有时甚至是政治激进主义的变革。时尚系统的组织也成为众矢之的。[103]

20世纪80年代和90年代，不同政见之间的争议在更大范围内继续存在。军事冲突总是激励设计师和消费者。不过，自由贸易协定对服装工业的影响要求有关部门对生产制度进行更详细的检查。虽然时尚业对社会发展和经济增长做出了贡献，但仍存在一些被忽视的问题。时尚被指责通过加速风格的变化来操纵和制造不必要的社会现象。从前带有反主流文化色彩的服装如今已被大多数人接受，失去了当初的意义，设计师们成功地让消费者感觉自己与众不同，"反主流"市场实际上早已被完全整合进时尚体系。表面上的多样化掩盖了时尚背后

334 日趋平和的潮流。颜色、样式和流行的纤维如聚酯纤维，是由制造商和时装公司在生产的上游共同选择的。此外，尽管性别、社会阶层和年龄似乎对服装的影响越来越小，但它们始终被默认为生产的基础，延续着前几个世纪的刻板印象。关于道德、种族和性的旧规则从未改变，个人必须始终服从它们。全球化在很大程度上服务于这一现象，尽管世界上一些地区与其服装传统保持着密切联系，但时尚的总体趋势依然是同质化。

最后，虽然时尚的节奏与制造商有很大关系，并最终由媒体决定，但经济和社会环境也给消费者行为带来巨大的影响。经济衰退影响到个人消费。尽管商界已经控制了这些快速增长的市场，但复古和二手商品正在卷土重来。与此同时，自20世纪60年代以来受到谴责的气候和社会问题正日益引起消费

者的关注。互联网在信息传播中发挥了重要作用，创造了欲望，是推广和说服消费者购买商品的最有效工具。时尚史领域展现出前所未有的丰富性。虽然它很晚才得到历史学家、社会学家、哲学家和经济学家的重视，但学者们正在对其进行梳理，并成为这一全球工程的参与者。 335

第十章　时尚的终结

正如卡尔·拉格菲尔德所言："时尚不再，只有服装。"时尚在今日世界造就了一种没有植物的风景。一些名流让美丽、原创性和想象力获得新生。但人们的外形受到网络世界审美的影响，变得越来越相似，这种西方刻板印象的趋同特征，在全球范围内将新奇的事物从我们的视野中移除。服装表面上的舒适性揭示了自 20 世纪 80 年代以来身体的同质化，这种同质化受到了越来越多的批评。此外，从 2000 年开始，大多数品牌为少数企业所拥有。流行的加速是前所未有的。季节不复存在，因为大商场随时都可以推出新的服装系列。因此，时尚活动比设计、审美、色彩和剪裁更重要……消费者只有被新鲜感吸引，才能激发出购买欲望，但这与真正的创新无关。时尚产业的力量也通过它的畸变体现出来，特别是那些频繁发生但通常被压下来的性丑闻。虚无的欲望造成对地球和劳动者越来越严重的损害。事实上，为了满足富裕国家的消费狂欢，一些国家和地区被奴役、被改造。反对种族隔离的斗争有可能转化成某些 logo，但必然失去一部分灵魂；它们最初所渴望争取的，终将被一堆 T 恤衫淹没。

时尚名家

随着媒体的发展和批量生产的扩大，时尚产业不再只关注

服装和配饰本身。小礼服裙或风衣能成为爆款，与作为名人的
设计师或时尚杂志编辑有着直接的关系。

　　1962 年，戴安娜·弗里兰成为美国版《时尚》杂志的副
主编。第二年，她被康德·纳斯特提拔为主编，她的任务是重
振该杂志。弗里兰凭借她的天赋和独特的风格让杂志再次充满
生机。她擅长看似不可能的混搭，将流行元素、异国情调与贵
族的魅力混合在一起，并为年轻模特赋予不辨雌雄的身材和多
元文化的外表。[1]1971 年，她被编辑认为已经落伍，《时尚》杂
志社向她致谢，之后便结束了与她的合作。此后，弗里兰投身
大都会艺术博物馆服装学院，在那里她举办了 12 场备受赞誉
的展览。弗里兰丰富多彩的个性使该服装学院得以改变人们对
它过时的印象。"巴黎世家"、"18 世纪的女人"、"浪漫"、
"美好时代"或"伊夫·圣罗兰"……经过精心挑选的展览主
题受到媒体和公众的热烈欢迎。正如弗里兰在自传中所解释
的，她对戏剧场面比对历史准确性更感兴趣。她的展览带来了
非凡的感官体验。1976 年，弗里兰因对时装业的贡献而被授
予法国荣誉军团勋章①。弗里兰在时尚界获得了偶像地位，她
于 1989 年在纽约去世。她的影响力、敏锐的头脑和创造力为
20 世纪 80 年代的时装秀留下了深刻的印记。1993 年，大都会
艺术博物馆服装学院举办了一场名为"戴安娜·弗里兰，纵
情的风格"的展览以纪念她。[2]弗里兰生前曾支持许多设计师，

338

①　法国荣誉军团勋章（Ordre national de la Légion d'honneur）是法国政府颁
　　发的最高荣誉勋位勋章，旨在表彰对法国做出突出贡献的各界人
　　士。——译者注

伊夫·圣罗兰便是其中之一。

　　伊夫·圣罗兰是加布里埃尔·香奈儿、巴黎世家和克里斯汀·迪奥的追随者。40 年来，这位时装设计师重新审视了服装的表达体系，并深刻改变了女性服装。他的大部分作品被视为标杆作品。除了极端复杂的形态和完美的剪裁，圣罗兰的时装还有和谐的比例，细节在其中起到最重要的作用。[3] 伊夫·圣罗兰于 1936 年出生在阿尔及利亚奥兰市（Oran），他的一部分创作灵感便来自阿尔及利亚。当他还是个孩子的时候，受到让·考克托（Jean Cocteau）极大的影响。在阅读考克托的戏剧文学作品时，圣罗兰绘出了他最早的戏剧服装设计图。[4]1949 年，他为母亲和两个妹妹做了第一件衣服。年仅 17 岁时，伊夫·圣罗兰参加了国际羊毛秘书处的年度竞赛，评审团由休伯特·德·纪梵希（Hubert de Givenchy, 1927–2018）和克里斯汀·迪奥等著名设计师组成。圣罗兰的设计获得了裙装组的第三名，之后他与母亲一同去巴黎领奖。在那里，他遇到了米歇尔·德·布伦霍夫（Michel de Brunhoff, 1892–1958），当时他是法国版《时尚》杂志的编辑。后者鼓励圣罗兰进入时装业，但强调他首先应该完成高中会考。第二年，伊夫·圣罗兰的口袋里装着高中毕业文凭，在巴黎定居下来，加入了法国高级时装学院（ESMOD）。布伦霍夫惊异于圣罗兰与克里斯汀·迪奥画作的相似之处，便把他介绍给了迪奥，后者立即雇他担任助理。此后，两人合作得非常融洽。这两个人对优雅的品位是一致的。[5]1957 年，迪奥因心脏病发作突然去世，由此改变了圣罗兰的人生轨迹，此时圣罗兰只有 21 岁。这一年推出的"空中飞人"系列获得了巨大的成功,为圣罗兰赢得了尼曼-马库斯奖。同年,圣罗兰遇见了皮埃尔·贝尔热(Pierre Bergé, 1930—2017),后者成为他未来的伴侣和合作伙伴。受香奈儿和街头文化的启发,圣罗兰设计了一些有争议的作品,包括翻领毛衣和他早期的皮夹克。圣罗兰在阿尔及利亚战争期间被召回军队,他在迪奥的位置被马克·博汉(Marc Bohan)取代。他被宣布不适合从军,之后陷入深度精神崩溃,最后被送回巴黎。正如他的缪斯之一维多利亚·杜特娄(Victoire Doutreleau)所解释的那样,把圣罗兰派往战场就是"试图把天鹅变成鳄鱼"[6]。这段经历让圣罗兰痛苦不堪。1961年,皮埃尔·贝尔热和他一起创立了品牌。他的经济支持者之一、美国人 J. 马克·罗宾逊(J. Mack Robinson)解释说,他被圣罗兰的年轻和才华所吸引,"我一眼就看出他是一位天才"[7]。克里斯汀·迪奥的一些前雇员也追随圣罗兰到了他的公司。绘画师卡珊德拉(Cassandre)为圣罗兰设计了由三个首字母 YSL 组成的 logo。

　　1962 年,在巴黎的斯彭蒂尼街,圣罗兰时装公司举办了第一场时装秀,被评论家认为是继香奈儿的时装秀之后最好的一次时装秀。[8]秀场上展示的宽松女衫和水手厚呢短大衣引起了轰动。1963 年 4 月,圣罗兰在大阪和东京展出了自己的时装系列。一年后,圣罗兰推出了首款女性香水,名为"Y"。然而,他的新系列被媒体指责与当时以安德烈·库雷热的作品为代表的未来主义时代精神格格不入。圣罗兰后来承认这是一场彻底的惨败。1964 年,他凭借结构主义的、色彩绝对平衡 340

的"蒙德里安"系列赢得了胜利。美国媒体将他奉为"年轻的巴黎国王"。在纽约旅行期间，理查德·所罗门（Richard Salomom）买空了 YSL 的全部库存。此后，圣罗兰为索菲亚·罗兰（Sophia Loren）在斯坦利·多南（Stanley Donen）的电影《谍海密战码》（*Arabesque*，1966）中的角色完成了服装设计。1966 年夏季的高级定制时装秀展示了第一批透明材质的衣服和第一件吸烟装（le smoking）。从那时起，这种礼服外套就融入了圣罗兰的所有时装系列。1966 年冬天，受安迪·沃霍尔和露露·德拉法蕾斯（Loulou de la Falaise）影响的波普艺术开始大行其道。同年，圣罗兰在巴黎图农街 21 号开了一家名为"左岸"的成衣店。[9]

圣罗兰为成衣赋予了很高的地位。产品的设计、制造和分销都由他一人负责。圣罗兰认为，成衣并不是高定时装的廉价替代品，这个行业将是未来的发展方向。[10]他与皮埃尔·贝尔热一起探索马拉喀什时，非洲为他带来了灵感：狩猎夹克就此诞生。1975 年，"左岸"成衣店在纽约开业。1971 年，受从跳蚤市场淘衣服进行创作的时装设计师帕洛玛·毕加索（Paloma Picasso）的影响，圣罗兰创作了"解放"时装系列，这个系列也被称为"四十"。短裙、坡跟鞋、方形垫肩和浓妆——这种占领时期的巴黎时尚品和妆容激起了轩然大波。尽管受到媒体的猛烈批评，但"解放"系列为迅速蔓延到街头的复古潮流定下了基调。此后，又一件丑闻令圣罗兰品牌受到冲击。圣罗兰在让-卢普·西耶夫（Jean-Loup Sieff）的摄影机前赤身裸体，为他的第一款淡香水"YSL"做广告。1972

年预示着一系列的变化。皮埃尔·贝尔热收购了其他股东的股份，并控制了该品牌的高级定制时装和成衣业务。他和圣罗兰发展并加强了对商标许可的控制。此后圣罗兰品牌的时装系列在全球范围内广受欢迎。圣罗兰受到当时最知名的艺术家的钦佩，尤其是安迪·沃霍尔，后者为他创作了一系列肖像。圣罗兰还为戏剧、芭蕾演出和电影设计服装。他出现在八卦杂志的版面上，并深受有关他因严重抑郁症即将去世的传言的困扰。作为回应，他推出了受到委拉斯凯兹（Vélasquez）或中国古代文化灵感启发的富有异国情调、色彩缤纷的时装系列，并以"鸦片"香水和他的广告语"致敬那些献身于伊夫·圣罗兰的女人"制造了又一次争议。在接下来的 10 年里，这位设计师根据他挚爱的艺术家巴勃罗·毕加索（Pablo Picasso）、路易·阿拉贡（Louis Aragon）、纪尧姆·阿波利奈尔（Guillaume Apollinaire）、让·考克托、亨利·马蒂斯（Henri Matisse）、乔治·布拉克（Georges Braque）和凡·高（Van Gogh）的作品来诠释他最喜欢的时装——布雷泽西装、晚礼服、宽松女衫、双排扣短大衣、雨衣、西装裤和狩猎夹克。[11]在伊夫·圣罗兰身上，伟大与痛苦、媒体压力和艺术压力之间的联系已经显而易见。

1983 年，戴安娜·弗里兰在纽约大都会艺术博物馆举办了有史以来规模最大的在世时装设计师回顾展。[12] 100 万名游客蜂拥而至。同年，伊夫·圣罗兰的名字作为词条被收录在《拉鲁斯词典》中。时任法国总统弗朗索瓦·密特朗（1916-1996）于 1985 年授予他荣誉军团骑士勋章。他的新作品吸引了 60 万名参观者来到北京的中国美术馆。他还获得了巴黎歌剧院最佳设计师奖。巴黎、圣彼得堡和悉尼的回顾展越来越频繁地举办。YSL 最终于 1989 年在巴黎证券交易所上市。在一次采访中，圣罗兰谈到了他的抑郁症、酗酒、性取向和戒毒疗法。尽管如此，1992 年，他还是在巴士底歌剧院的 2800 名观众面前，展示了他的第 121 个高级定制时装系列"文艺复兴"，并庆祝公司成立 30 周年。1998 年世界杯开幕时，300 款圣罗兰的时装在 20 亿名观众面前展示。圣罗兰成为法式优雅的象征。

342

　　YSL 于 1993 年被赛诺菲集团（Elf-Sanofi）收购，六年后又被弗朗索瓦·皮诺①（François Pinault）收购。后者将成衣设计总监的位置交给了古驰的设计师汤姆·福特。得克萨斯人汤姆·福特的设计与圣罗兰的品位不合，后者公开宣称了这一点。事实上，福特将其"精巧的色情"风格应用于 YSL，它使古驰成功，但与 YSL 这家法国公司的精神背道而驰。2002 年，圣罗兰做了 300 款时装的回顾展之后宣布退休。直到 2008 年去世，他一直致力于贝尔热-圣罗兰基金会的工作。

　　20 世纪 70 年代和 90 年代，蒂埃里·穆勒也以一种截然不同的、喧闹而引人入胜的风格改变了女性的外表。以场面恢宏的时装秀和拜物风格设计闻名于世的蒂埃里·穆勒 1948 年出生于法国斯特拉斯堡，在那里他进入了美术学院学习。1965~1966 年，他在莱茵省歌剧院芭蕾舞团做舞蹈演员。后来，穆勒搬到了巴黎，在巴黎、伦敦和米兰的多家时装公司任

---

　　①　弗朗索瓦·皮诺是开云集团创始人。——译者注

专业摄影师和助理设计师。1973 年，他的第一个成衣系列
"巴黎咖啡馆"为他提供了开办自己公司的资金。他的"天
使"香水自 1992 年问世以来取得了巨大成功。[13] 穆勒的风格具
有极高的辨识度，在很大程度上受到了性拜物教肖像学的影
响。他所描绘的女性有着夸张的胸部和腰部线条，穿着高跟
鞋，挥舞着马鞭。他最著名的设计作品，包含一套鲜红色的牛
仔风格服装，由一顶帽子、一件紧身胸衣、一条牛仔皮裤和一
双高跟鞋组成。他还推出一件著名的摩托车紧身衣，灵感来自
20 世纪 50 年代的底特律汽车。至于材料，穆勒钟情于皮革、
橡胶或乳胶，它们把女人塑造成科幻小说中的人物。[14] 2004 年，
穆勒放弃了成衣，转而追求自己的爱好——戏剧服装设计。

　　20 世纪的奢侈品和时尚行业以设计师的完全投入而著称。
他们中的许多人参与了产品诞生的所有阶段：从设计到广告，
再到配饰的制造。拉格菲尔德的情况尤其如此。卡尔·拉格菲
尔德 1938 年出生于德国汉堡的一个富裕家庭，14 岁时搬到了
巴黎。1954 年，他被皮埃尔·巴尔曼（Pierre Balmain，1914–
1982）聘为助理，1958～1962 年成为帕图的艺术总监。在接
下来的几十年里，拉格菲尔德在许多公司担任经理。[15] 他与蔻
依（Chloé）的合作（1963—1983 年）因其优雅、年轻、流畅
和带有装饰艺术（Art Déco）风格的设计而备受赞赏。与此同
时，拉格菲尔德还为克里齐亚（Krizia）、华伦天奴和芬迪工
作。他能够同时为几个不同的品牌设计，这使他成为时尚界的
关键人物。1975 年，他创建了自己的公司。8 年后，他成为香
奈儿的艺术总监。在那里，他令人瞩目地展示了自己的能力，

343

承担了拯救这个衰落品牌的全部责任。他继承了创始人的风格，并设法使它变得更年轻。拉格菲尔德拯救了香奈儿，使它成为世界上最强的公司之一。[16] 由于精力过于旺盛，在服装行业工作并不能让他得到完全的满足。他还从事摄影和写作。这位以其高超的艺术审美闻名于世的古董和艺术品收藏家，于2019年2月去世。他把自己塑造成了一个偶像，自称为"Logo菲尔德"（Logofeld）。拉格菲尔德留着银白色的头发，身材纤细，戴着太阳镜，是世界时尚舞台的标志性人物。这位时装设计师受到的文化影响极其广泛，真正的时装诗人克里斯蒂安·拉克鲁瓦也同样如此。

克里斯蒂安·拉克鲁瓦1951年出生于法国阿尔勒，从小就热爱绘画、导演、戏剧和歌剧。他学习艺术史，并撰写了一篇关于17世纪法国服装的硕士论文。他的设计作品表现出一种奢华、年轻、巴洛克和细致繁复的形式。这位艺术家将他的普罗旺斯情结、对民间传说的兴趣以及对艺术史的兴趣与生动的色调和奢华的材料结合在一起。他的作品有一种执念，那就是重现一段遥远或被遗忘的过去。拉克鲁瓦将女性的魅力用戏剧化的形式展现出来。[17]1978年，这位时装设计师首选在爱马仕公司掌握了行业技能。3年后，他被提升为帕图的艺术总监。1986年，拉克鲁瓦因一件从普罗旺斯卡玛格地区获得灵感设计的连衣裙获得金顶针奖。同年，他见到了时任酩悦·轩尼诗-路易·威登集团（LVMH）董事长兼首席执行官的伯纳德·阿尔诺（Bernard Arnault），后者为拉克鲁瓦提供了开店的资金。拉克鲁瓦的时装店于1987年在巴黎圣奥诺雷街开业。

他完成第一个时装系列后，美国时装设计师委员会就授予了他最具影响力的外国设计师奖。他设计的低胸、高腰的蓬蓬短裙（pouf）风靡一时。色彩鲜艳、布满刺绣的波列罗夹克（boléro）融合了民间和传统元素。拉克鲁瓦的作品代表了20世纪80年代渴望奢华生活和财富的年轻一代。在评论家的赞扬下，他被《法兰西晚报》描绘成法国时装的"救世主"。股市崩盘标志着20世纪80年代泡沫经济的结束。拉克鲁瓦的公司也在2009年结束营业。然而，在他之后的新项目中，拉克鲁瓦持续将东西方的影响融合在一起。他创作的服装具有更明显的建筑风格，只在整体剪裁之后才会进行装饰部分的设计。[18] 这位时装设计师为芭蕾舞团创作，1996年因一套为法兰西剧院设计的戏服而获得莫里哀奖章。他还为法国高速铁路地中海线的八辆火车设计配饰，并为法国航空公司设计制服。2002年，他在璞琪公司（Emilio Pucci）担任艺术总监。2007年底，巴黎装饰艺术博物馆举办了"克里斯蒂安·拉克鲁瓦：时尚故事"展览。2010年以后，拉克鲁瓦一直专注于自己的公司"XCLX"，管理着所有"非时尚"活动，如有轨电车、酒店和戏服的设计。[19] 拉克鲁瓦被认为是"最法国"的设计师之一。

让-保罗·高缇耶独自代表巴黎。高缇耶的精神首先是巴黎精神。他与巴黎的皮加勒街区、圣日耳曼街区、红磨坊、图卢兹-劳特雷克（Toulouse Lautrec）和埃菲尔铁塔有着深厚的联系，他是香奈儿和圣罗兰的追随者，推崇独立和自由的女性形象。不过，他的灵感也来自伦敦这个朋克之都，那里有跳蚤

345

市场的嚣张和怪癖，更是他的前辈薇薇安·韦斯特伍德[20]成名的地方。高缇耶 1952 年出生于巴黎郊区，他很早就开始对服装感兴趣，通过时尚杂志和电视获得了最初的灵感。1970～1975 年，高缇耶在当时最热门的设计公司，如皮尔·卡丹公司、让·帕图公司，精进了他的设计基础。1976 年，他以个人名义展示了自己的第一个设计系列。日本柏山集团将他从第一次失败中拯救出来。从 20 世纪 80 年代开始，高缇耶获得了毋庸置疑的成功。在女装之后，他开始对男装感兴趣，并创作了"Junior"子品牌，最终被"JPG"所取代。1992 年，他发布了"Gaultier Jean"牛仔系列，并为产品线补充了香水和配饰。5 年后，他推出了自己的第一个高级定制时装系列。与爱马仕公司的合作提高了他的知名度。[21]1976 年之后，高缇耶的作品一直以一种一致性的审美为标志，这体现在：男装和女装都是合身剪裁，工装蓝、紧身胸衣、皮夹克、吊带和风衣反复出现，充满了东方气息，与卡夫坦长袍（caftan）和吉拉巴长袍（djellaba）混搭在一起。昂贵的面料有意与工装搭配。水手蓝、红色、卡其色和棕色是高缇耶的旗舰色，再加上鲑鱼色、绿松石色、米色和粉红色。高缇耶服装的图案也具有很高的辨识度：凯尔特符号、人脸、文身、十字架、大卫之星或法特玛之手。条纹成为一种象征性的符号。继香奈儿和毕加索的海魂衫之后，高缇耶的海魂衫也成了集体意象的一部分。经历了独断专行和标新立异的 5 年之后，高缇耶在 2020 年宣布终止高级定制服装的业务。他承认服装的世界不再适合他，他宁愿转身离开以留下最美好的回忆。他的最后一场时装秀展示了他

346

的怪诞与华丽、他与面料的微妙关系以及他作品的细腻表达。

　　半个世纪以来，高缇耶一直强调表达的自由，不分年龄和
性别，同时尊重在他的每个系列作品中遇到的文化，并避免一
切可能的冲突。他为包括麦当娜（Madonna）在内的最伟大的
明星设计造型。

347

　　20 世纪 80 年代中期，麦当娜成为时尚界的领军人物之
一。作为一位受欢迎的偶像，她引领潮流，支持服装设计师，
在她的节目中穿他们的作品，并登上杂志头条。露脐装、锥形
胸罩、破洞牛仔裤，这些都不足以概括她的影响。从朋克到
"雌雄莫辨"，从艺伎妆到嘻哈风，从牛仔到东方女性，她像
变色龙一样，反映着时尚昙花一现的本质。麦当娜原名路易
丝·韦罗妮卡·西科恩（Louise Veronica Ciccone），出生于
1958 年，她在高中时代参加戏剧表演，还是一名啦啦队女孩。
获得奖学金后，她进入密歇根大学学习舞蹈。之后，她于 20
世纪 70 年代末去了纽约，拜舞蹈指导阿尔文·艾利（Alvin
Ailey）为师。作为一名模特、歌手兼演员，麦当娜在低成本
电影中积累了大量的艺术经验。[22] 她在音乐界获得的第一次成
功是 1983 年发行的专辑《麦当娜》。她发行过 14 张专辑，不
包括现场录音和精选集，被认为是流行音乐界的女王。[23]1984
年，麦当娜首次出现在 MTV 频道，她穿着黑色朋克迷你裙和
高跟鞋，凸出的胸罩，饰以黑色蕾丝手套、腰带、橡胶手镯，
配合超夸张的发型和浓妆，以自己独特的风格脱颖而出，被大
批女孩模仿。她主演的电影《寻找苏珊》（1985），通过角色
的白色蕾丝紧身衣、耶稣受难像式的装扮和礼服，对当代时尚

产生了巨大的影响。[24] 麦当娜的优势之一是挖掘和参考过去的素材，并将其与当下的元素结合起来。在 1985 年的《物质女孩》MV 中，她的灵感来自玛丽莲·梦露在 1954 年的《男人更爱金发女郎》中的表演。20 世纪 90 年代初，玛琳·迪特里希启发了她的男性化服装。在《时尚》杂志中，麦当娜特别向霍斯特·P. 霍斯特（Horst P. Horst）1939 年的一张照片致敬。她与让-保罗·高缇耶的合作无疑是最著名的。在她的《金发雄心》全球巡演中，高缇耶为她制作了一件拜物主义风格的锥形胸衣。这件作品和其上夸张的胸罩引发了内衣外穿的风潮。[25] 麦当娜与设计师的友谊促进了设计师的发展。杜嘉班纳的意大利设计师为她设计了 1993 年的巡演服装。麦当娜的风格也受到她与詹尼和多纳泰拉·范思哲（Donatella Versace）、斯特拉·麦卡特尼或阿泽丁·阿拉亚（Azzedine Alaïa）的关系的影响。她还在时装设计师尚不为人知的时候就开始推荐他们，比如奥利维尔·泰斯金斯（Olivier Theyskens）或里克·欧文斯（Rick Owens）。[26] 麦当娜采用了一种藐视常规的风格，重新塑造了女性的身体形象。

约翰·加利亚诺也是打破时尚规则的天才之一，同时是 20 世纪末至 21 世纪初最具创新性和影响力的设计师之一。他以运用历史和民族元素而闻名，通过将过去和现在的元素混合并置，创造出非同寻常的奢靡形象。他的服装特别精致，具有建筑风格。他的时装秀将历史人物搬上舞台，服装摇身一变成为历史的衣着，通常极富戏剧性。1993 年以后，他是高级时装工会的成员，并获得了许多奖项，包括 1987 年、1994 年、

1995 年和 1997 年的"年度英国设计师"和 1997 年的"国际设计师"称号。[27] 约翰·加利亚诺 1960 年出生于英属直布罗陀，6 岁随父母来到英格兰。在伦敦圣马丁学院学习期间，他为萨维尔街的汤米·纳特服装公司工作了一段时间，并在伦敦国家剧院担任服装师。1984 年，他凭借毕业设计"不可思议的人"时装系列成为成绩第一名的毕业生。该系列的灵感来自法国大革命后期的服装，这个系列的全套作品被伦敦一家服装店直接买走。同年，加利亚诺推出了自己的品牌。丹麦商人约翰·布伦和佩德·贝塔森是他早期的支持者。紧张的预算和最后一刻完成的服装迫使加利亚诺即兴创作他的时装秀。1986 年，他在"堕落天使"系列走秀即将结束的时候，向模特们泼了一桶桶冷水。即使得到阿泽丁·阿拉亚或麦当娜的零星支持，加利亚诺最初也是极其困难的。[28] 他希望获得更好的机会，于是在 1990 年前往巴黎。一到那里，他就为年轻人推出了更便宜的副牌——"加利亚诺女孩"（Galliano Girl）。《时尚》杂志的安娜·温图尔和时尚记者安德烈·莱昂·塔利积极支持他，这让他得以在一家私人酒店展示了 1994~1995 年的"突破"系列时装。秀场被打造成一个破旧而浪漫的时装沙龙，玫瑰花瓣散落，床上凌乱不堪。毫无意外，现场观众目瞪口呆、兴奋不已，新系列大获成功。第二年，LVMH 总裁伯纳德·阿尔诺聘请加利亚诺担任纪梵希的总监。这位设计师深入挖掘品牌的历史资料和库藏，将传统的女性魅力与更现代的元素融合在一起。他改变了这个品牌，让它得到前所未有的广告宣传效果，并传达给人一种"酷不列颠"的感觉。[29] 英国时尚与法国品牌之间的冒险持续进行着，纪梵希与亚历山大·麦昆合作，加利亚诺则去迪奥担任艺术总监和从事公关工作。在那里，加利亚诺对每一个细节加以控制。4 年后，他成为负责配饰设计、企业形象和广告事务的总监。与此同时，加利亚诺忙于建设自己的品牌，并于 2003 年在巴黎杜福特街和圣奥诺雷街的拐角处开设了第一家店。加利亚诺以其完美的服装剪裁和他特别喜欢挑起的争议而著称。他从旅行中获得灵感，深入挖掘图书馆、博物馆和档案室中的素材。异国情调和历史题材是他作品的基调。马德琳·维奥内和保罗·波烈于 20 世纪 20 年代创作的作品影响了他的造型结构。[30] 从历史上的贵族女性到夜总会女郎，从艺伎到宝嘉公主，加利亚诺的女装充满神秘感和性暧昧，具有十足的女人味，这与 20 世纪 80 年代或 90 年代风行的"雌雄莫辨"的形象大为不同。加利亚诺将成衣和定制的概念最大化，将它们转化为"化装舞会"、"创意实验室"和独树一帜的表演。作为一名勤奋的设计师，他针对所有与企业形象、产品、模特、商店、广告等相关的事情发表意见。因此，他身兼数职，同时担任设计师、造型师、创意师、建模师、编舞和广告商。[31] 但在 2011 年，他的职业生涯戛然而止。他在酒后发表了种族主义和反犹太言论，被 LVMH 解雇。在经历了遭受谴责、公开道歉、一段时间的隐退和治疗后，他于 2013 年重返业界。此后，他保持沉默，任由众人评价他的服装，并与时装设计师奥斯卡·德拉伦塔（Oscar de la Renta）合作。第二年，他被任命为马丁·马吉拉的艺术总监。[32] 在众人目光之外的暗处，加利亚诺继续自己的表演。

时尚领域中这些非常特殊的事件改变了人们的日常衣着。但人们在大街上几乎不可能穿着舞台服装。与社会现象有关的其他时尚潮流成功"攻陷"了人们的衣橱。特别是在21世纪第一个10年即将结束的时候，对性别和性的重新定义形成了一股非常强烈的风潮。

351

去性别化和性别化

20世纪下半叶，性别问题困扰着时尚界。20世纪70年代对女性和男性的诠释出现了一个转折点，尤其是在"男女通用"（unisex）的时尚中。性别的概念在一段时间里似乎完全消失了。然而，在21世纪的第一个10年里，极端的性别化被追捧。尽管它受到了格外严厉的谴责，但在商业上取得了真正的成功。

自20世纪60年代末以来，"男女通用"一词一直被用于时尚界，"男女通用"服装指的是男性和女性都可以穿的服装。在那之前，服装在性别之间划开了一条分界线，用来确认性别身份。第二次世界大战后，牛仔裤和T恤成为好莱坞电影中流行的"男女通用"服装，而裤装和裙装仍然分别是男性和女性服装的基础。20世纪60年代，传统的年龄、性别和阶级概念在对渴望变革的年轻人友善的环境中得到了重新定义。"男女通用"概念与自由概念之间存在共鸣。新一代拒绝传统的等级制度和保守主义态度。[33]社会的各个层面都受到不满的年轻人的显著影响，但也受到一些重大创新的影响，如太空探索。时尚反映了这些社会变化，极简主义设计、几何形状和合成材料大受欢迎。皮尔·卡丹在太空技术的启发下，用未来主义的服装掀起了一场革命。男人和女人都穿着圆领夹克、套头运动衫、打底裤、泳衣，戴着塑料太阳镜。[34] 鲁迪·简莱什（Rudi Gernreich，1922–1985）的泳衣完美地反映了这种身体的解放。在当代政治和社会动荡的推动下，这些泳衣重塑了性别身份。简莱什经常被称为"男女通用"时尚的提出者，他消除了性别之间的界限。以弱化性别区隔为目的，他的代表作是"monokini"：一件没有前胸和衬垫的泳衣，不分性别和年龄，剃毛后穿着。[35] "男女通用"服装改变了社会的基础。通过打破传统的着装规范，时尚成为颠覆性别身份工具。

早在 20 世纪 20 年代，香奈儿就从裤装中想象出一种新的女性气质，而裤子在当时仍是男性权力的象征。然而，直到 20 世纪 70 年代，裤装才普遍成为女装的一部分。从那时起，"男女通用"服装普及到所有社会阶层。[36] 在 17～18 世纪的英国和法国特权阶级中，"雌雄莫辨"式的时尚已经出现。然而，早期的工业化和资本主义使着装规范僵化。只有当年轻人倾向于改变他们的男性或女性气质时，性别界限才会消失。从嬉皮士到朋克，亚文化打破了着装规范。伊夫·圣罗兰的例子表明，主流人群对性别身份同样提出了质疑。20 世纪 80 年代，让-保罗·高缇耶曾让男性穿着灵感来自东方围裙的裙子。今天，20 世纪 70 年代和 80 年代的风格通过无数的复古风潮得以延续。艾迪·斯理曼（Hedi Slimane）是当时新的"雌雄莫辨"风格的新锐设计师，他也是迪奥和赛琳（Céline）

的设计师。斯理曼重新调整了传统男装的剪裁，没有把他的服装限定在特定的性别上。[37]从那以后，他一直用相同的方式进行设计。大众商品也紧跟潮流。Gap 成立于 1969 年，为了超越年龄、性别，或许最重要的是超越时尚，Gap 基本款的 T 恤、牛仔裤、毛衣和夹克都是男女通用的。在一个普通消费者越来越多地寻求舒适并买得起衣服的环境中，品牌精神和广告营销的一致性确保了企业的成功。

　　时尚先锋受到建筑理论的启发来改变身体造型。20 世纪初，未来主义和建构主义设计师已经开始构思"男女通用"服装。在这些历史的基础上，20 世纪 80 年代出现了与西方魅力相反的时尚。川久保玲和山本耀司的作品被称为"后广岛式"作品，基于不对称、松散和不规则的剪裁。[38]在接下来的 10 年里，比利时的解构主义者，如安·德莫勒梅斯特和马丁·马吉拉，也反对欧洲时尚的过度性别化。服装超越了性别规范，挑战了身体的比例。卡尔文·克莱因（Calvin Klein）围绕这一趋势塑造了自己的品牌形象。卡尔文·克莱因 1942 年出生于纽约，在纽约时装技术学院学习设计。他在儿时伙伴巴里·施瓦茨（Barry Schwartz）的资助下，进行了几次职业生涯的尝试，并推出了以自己名字命名的大衣和西装系列。成功立竿见影。时任邦维特·特勒百货公司总裁的米尔德丽德·库斯汀向他订购了许多产品，为卡尔文·克莱因有限公司提供了关键性的帮助。1976 年，克莱因开始销售一件后来成为旗舰款的衣服——背面绣有他名字的牛仔裤。两年后，他每月销售的牛仔裤达到 200 万条。克莱因产品线的巨大成功在很大程度上要归功于一条有效的广告，由年轻的波姬·小丝主演。[39]

354　尽管 20 世纪 80 年代流行夸张的服装样式，但克莱因仍然坚持简约风格。它设计的核心总是由超越时间的高质量作品构成。1982 年，这位设计师推出了一款男士内裤，令在腰部的松紧带上印制品牌名称成为内衣设计的新标准。大胆的广告以安东尼奥·萨巴托（Antonio Sabato Jr.）和马基·马克（Marky Mark）等名人为主角，他们摆出性暗示的姿势，以说服异性恋者和同性恋者购买产品。作为一种真正的现象级产品，这条产品线最终被复制到女装。[40]1994 年，在他的同名香水失败 11 年后，卡尔文·克莱因再次尝试香水产品。理查德·阿弗顿（Richard Averton）和布鲁斯·韦伯（Bruce Weber）在报纸和电视上的广告令"Obsession"香水大卖，之后的"Eternity"和"CK One"这两款香水也同样获得了成功。"CK One"是最早出现的"男女通用"香水之一，主要针对 X 一代①青少年，在这 10 年里，"雌雄莫辨"已经变成性感的代名词。安·戈特利布（Ann Gottlieb）是一名嗅觉开发顾问，曾受邀设计香水。她如此描述当时的社会氛围："性别很明显地混淆和融合。男孩和女孩穿同样的衣服。越来越多的大学宿舍变成男女混住宿舍。年轻人出行更多是成群结队，而不只是男女情侣或夫妇在一起。'CK One'赞美的就是这种风潮。"在黑白片的电视广告中，"一群瘦骨嶙峋、笨手笨脚的年轻人交谈、吵架、亲吻和开玩笑"。在最后一个镜头中，一个孱弱、闷闷

---

①　X 一代指出生于 20 世纪 60 年代中期至 70 年代末的一代人。——编者注

不乐、叛逆的顶级模特对着镜头说："独一无二的'CK One'给男人或女人的香水。"这个模特是凯特·莫斯。[41] 这个创意深深影响了其他设计师。两年后，三种"男女通用"香水问世：宝格丽的"Bvlgari Extreme"、帕科·拉巴尼的"Paco"和卡隆（Caron）的"Eau Pure"。20 世纪 90 年代，卡尔文·克莱因在亚洲、欧洲和中东的业务发展为这位设计师赢得了国际认可。他重组了自己的设计系列，创建了"CK"——一个为年轻、时尚的消费者创建的牛仔裤和运动服装品牌。2002 年，克莱因和他的合作伙伴巴里·施瓦茨最终将这个品牌卖给了菲利普-范·赫森（Phillips-Van Heusen）。从那时起，克莱因一直担当企业的顾问。如今，他的名字与牛仔裤和内衣、对"男女通用"潮流的利用、广告以及有效的商业实践联系在一起。他的设计作品堪称"美国制服"。[42]

355

性别问题是 20 世纪下半叶时尚的核心主题。让我们记住，在解放运动之前，大多数同性恋者最希望的事是成为异性恋者。然而，服饰规范彰显了性别。

由于 20 世纪 60 年代的"男性时尚革命"，时髦不再仅是男同性恋的特征。随着亚文化的兴起和伦敦卡纳比街的时尚在世界各地的传播，男性对时尚的兴趣越来越大。不过，同性恋者依然是首先被伦敦时尚所吸引的群体。后来，纽约格林尼治村和洛杉矶西好莱坞的精品店也推出了别出心裁的时装风格。20 世纪 60 年代末，同性恋者开始质疑他们作为二等公民的地位。在争取平等和认同的斗争中，他们选择了特殊风格的服装。20 世纪 70 年代初，纽约和旧金山的男同性恋采纳了美国式的男子气概形象（比如牛仔和伐木工的形象），穿着紧身李维斯牛仔裤、方格衬衫，留短发和小胡子。[43] 这些装扮与特殊性体验、异装癖和施虐狂相关。20 世纪 80 年代，当同性恋与艾滋病联系在一起时，男子气概的同性恋形象被淡化了。此后，年轻一代重新定义了自己的身份，剃光头，穿靴子，裤子上系背带。[44] 此外，第二次世界大战以后，激进女权主义的兴起推翻了古老的女性外表准则。平底鞋、肥大的裤子、未剃腿毛的腿和素面朝天的形象传达了一种政治和社会宣言：女性不再为男性着装。20 世纪 70 年代，背带裤是女同性恋的标志。20 世纪 80 年代和 90 年代，服装行业出现了新的多元化趋势。道德革命和女同性恋在公共生活中的可见度的提高，结合了城市化的着装风格和"女性"的标志，如口红。人们的衣橱被一次又一次的运动颠覆着。[45]

1948 年，哈里·海伊（Harry Hay）在一群朋友的帮助下发起了美国第一个同性恋组织。组织汇集了海伊、鲁迪·简莱什、鲍勃·赫尔（Bob Hull）、查克·罗兰（Chuck Rowland）和戴尔·詹宁斯（Dale Jennings）。马特辛协会（Mattachine Society）的目标是让公众承认同性恋。在该协会的宣言中，成员们写道："同性恋者的生理和心理障碍不应阻止世界人口的10%参与人类社会进步的建设。"[46] 随着习俗的改变，同性恋者的需求也发生了变化。[47] 艾滋病流行的第一个迹象可以追溯到20 世纪 70 年代末，当时纽约和旧金山的医生发现他们的许多同性恋患者虚弱、体重减轻，有时甚至患有罕见的、非典型的癌症。这一问题在 1981 年成为严肃的议题。这种疾病在美国一度被称为"同性恋肺炎"或"同性恋癌症"。一旦疾病的普遍性得到确认，这些名称就显得不再合时宜。1982 年，"艾滋病"这一名称开始在美国使用。同性恋社群被指控应对艾滋病问题负责，因此组织起来反抗。1985 年，皮埃尔·贝尔热创立了"阿尔卡特艾滋病"协会（Arcat Sida），9 年后，他与莉娜·雷诺（Line Renaud）建立了"抗艾滋病共同体"，后更名为"抗艾滋病行动"。该协会同时为研究机构和病人提供帮助。2009 年，贝尔热设立了一个捐赠基金"援助行动"，在 5 年内每年向它支付 200 万欧元。[48]

同性恋文化的早期灵感来自街头和亚文化。它肯定了一种独特的美学，暗示着服装的微妙之处。20 世纪 80 年代，受同性恋倾向影响的社会变革和女权主义运动产生了新的男性形象。设计师、美发师和摄影师都在利用性别的模糊性展开创作。现在，异性恋者已经成为服装、配饰和化妆品的忠实消费者。足球运动员大卫·贝克汉姆（David Beckham）等受欢迎的名人甚至承认他们欠同性恋群体的人情。如今，同性恋在大城市被容忍且在很大程度上被接受，根据男女同性恋者和异性恋者的穿着来区分他们变得越来越困难。[49]

从芭比娃娃到色情风潮

根据媒体报道，自 20 世纪下半叶以来，女性一直被描绘得极度性感。首先受到抨击的是女孩们最喜欢的洋娃娃。此外，魔鬼身材的模特们受到了严厉的批评。大约 50 年后，裸体、性和带有挑逗暗示的姿势出现在公交车站的广告栏上，广告栏成为不同身体形象在公共场所展示的载体。

1959 年，美泰（Mattel）公司推出了一款名为"芭比"的时尚玩偶。从那时起，它就成为关于性别、女性特征和文化价值观的争论主题。美泰公司的创始人露丝·汉德勒（Ruth Handler，1938-2002）希望制作出她女儿芭芭拉（Barbara）喜欢的纸质时装娃娃的三维版本。她的灵感来自德国的莉莉的形象。莉莉最初以漫画形式出现在德国报纸《图片报》上。这个面向成人的媒体把莉莉变成了自己的吉祥物。第二次世界大战期间，销售德国军人和党卫军士兵小雕像的玩具制造商罗尔夫·豪瑟在莉莉形象的基础上，创造出一个性感的年轻女性形象——拥有充满欲望的嘴、化妆的面孔和杏仁般的眼睛——与当时市场上玩偶的小女孩和婴儿形象截然不同。[50]美泰公司购买了制造莉莉并将其变成芭比娃娃所需的生产权和专利。不同的经济和社会环境下，玩偶也不同。在 1961 年的一则电视广告中，除了芭比娃娃的模特生涯外，美泰公司为芭比赋予了模特的职业身份，还为"她"创造了学校生活、一位"男朋友"和一个衣橱，里面的衣服从校服到婚纱无所不包。芭比逐渐拥有了所需要的一切服装：晚礼服、休闲装、运动用品和内衣。美泰公司还邀请时装设计师为芭比设计高端服装。[51]20 世纪 60 年代初，芭比的职业身份包括传统上由女性担任的职业，比如护士，或大多数年轻女孩无法从事的职业，比如宇航员；而当芭比是一名舞蹈明星时，女性的传统职业与梦想融为一体。然而，20 世纪 70 年代女权主义的发展理应为产品设计师指引新

的方向。对芭比娃娃的批评越来越多。这个洋娃娃只对时尚和
她的朋友感兴趣，花很多钱买衣服，只想玩得开心，积累汽车
和房产。因此，美泰公司不得不调整和改变其策略。[52] 芭比娃
娃的"事业"在 20 世纪 80 年代中期开始腾飞，"她"的晚礼
服变成了粉红色的职业女装。在接下来的 10 年里，"她"成
了医生、兽医、联合国儿童基金会大使、说唱歌手、教师、
军人以及篮球运动员。重点在于芭比娃娃的收藏数量。最后，
为了满足消费者的需求，芭比娃娃有几种不同的肤色可供选
择。一些评论家认为，芭比娃娃代表了一种肤浅的女权主义，
主要关注个人的成功和发展。"她"的世界里充斥着头发用
双氧水漂成金色的白皮肤塑料闺蜜。[53] 芭比娃娃的"爱情生
活"则涉及异性恋和对一个男人——肯（Ken）的忠诚。这
些身体、社会和道德规范创造了一种理想主义的审美文化，
导致了消费者对自己的厌恶及不良的饮食习惯。另一些评论
家则指责美泰公司导致了整天剥洋娃娃衣服的孩子们的堕落，
使他们失去了童真。[54]

然而，芭比娃娃仍然是人们关注、迷恋和消费的对象。无
论她的影响力如何，"她"都成功地说服了人们。"她"是女
性气质的象征、幻想的催化剂，以及文化价值的标志和载体。
总体来说，女性模特也出于同样的原因受到鄙视。

第二次世界大战后，在《封面女郎》、《滑稽面孔》和
《爆炸》（Blow-up，1966）等电影的帮助下，模特行业获得了
一定程度的尊重。20 世纪上半叶，模特们四处走秀，克里斯
汀·迪奥从 1947 年起就鼓励她们将走秀戏剧化，如把烟灰缸

360　倒在观众面前，旋转并掀起斗篷。然而，20 世纪 50 年代的时
装秀仍然表现出一种倨傲和轻蔑的态度。当玛丽官的模特们
在爵士乐的伴随下疯狂地跳舞，或者在舞台上摆出静态的、
图形化的姿势时，变化出现了。摆姿势的技巧、上镜的美感
和表演者的直觉是成衣模特安身立命之本。他们的工资越来
越高，有时他们表演一场就能得到 1000 美元的报酬。媒体推
广着像崔姬（Twiggy）这样年轻而充满活力的美人。一些模
特成为名人，被称为"超模"。克莱德·马修·德斯纳广告
公司于 1948 年首次在书中使用了这个词。[55] 模特与摄影师之
间的联系让很多媒体大费笔墨。然而，最好的合作往往基于
紧密的联盟，比如，20 世纪 60 年代初珍·诗琳普顿（Jean
Shrimpton）和戴维·贝利（David Bailey）之间的关系。此后
崔姬取代了诗琳普顿在时尚杂志封面的地位。她的国际声誉
并没有令她的职业生涯更加轻松。1993 年，她解释道，旅
行、走秀和聚会让她筋疲力尽。她之后说道："我是一个物
件。"[56] 贪心的公众希望在每场发布会上看到新模特。很少有
年轻女性能在这个行业中承受住压力、口味变化和时间的影
响。有些人成功地撑了下来。滚石乐队成员的妻子帕蒂·汉
森和杰里·霍尔成了榜样。1992 年，帕特里克·德马尔舍利
耶拍摄的《时尚芭莎》封面上出现了当时当红的超模：克里
斯蒂·特灵顿（Christy Turlington）、辛迪·克劳馥（Cindy
Crawford）、娜奥米·坎贝尔（Naomi Campbell）、琳达·埃万
杰利斯塔（Linda Evangelista）、雅斯米·高里（Yasmeen
Ghauri）、凯伦·穆德（Karen Mulder）、克劳迪娅·希弗

（Claudia Schiffer）、尼基·泰勒（Niki Taylor）和塔塔亚娜·帕蒂茨（Tatjana Patitz）。她们与海伦娜·克里斯滕森（Helena Christensen）、史蒂芬妮·西摩（Stephanie Seymour）以及后来的凯特·莫斯一起代表了时装模特的黄金时代。她们的形象是由卡尔·拉格菲尔德、卡尔文·克莱因或詹尼·范思哲等设计师，以及帕特里克·德马尔舍利耶或彼得·林德伯格（Peter Lindbergh）等摄影师共同创造的。[57] 随着 20 世纪 80 年代过度消费、华尔街的股市崩盘和全球经济衰退的结束，模特在保持公众注意力方面变得更加不可或缺。公众对新面孔的渴望和模特的过分要求是造成他们成功的原因。比如，琳达·埃万杰利斯塔曾说过，她是不会为不到 1 万美元而起床的。1995 年，这个数字上升到了 2.5 万美元。[58]1981 年，敏锐的英国记者安东尼·哈登-盖斯特发表了一篇关于模特和摄影师之间的不当行为、他们的高薪以及可卡因泛滥现象的文章。[59] 这些黄金时代的模特之后，新一代模特出现在舞台上，他们更年轻、生活更靡费。但是，除了凯特·莫斯之外，观众似乎对此并不买账。[60]

此后流行的是"内衣女孩"，比如"维多利亚的秘密"的广告明星吉赛尔·邦辰（Gisele Bundchen）和海蒂·克鲁姆（Heidı Klum）。其余的模特统统不为人知。设计师深知，进入 21 世纪的转折点是情欲与性。

汤姆·福特是时尚界极度性感化的核心人物，他开创了一种潮流，这种潮流虽然遭到人们的唾骂，但也获得了广泛关注。作为古驰集团的艺术总监（1990~2004 年），这位得

361

克萨斯人将创新、创意、营销和品牌推广置于同一水平上。1962 年出生的汤姆·福特在纽约帕森斯设计学院学习设计之前，已经开始了电视广告模特的职业生涯。他先是做自由职业者，后来在佩里的牛仔裤部门工作。1990 年，经历了史上最严重的金融危机的古驰，聘请他担任女装成衣设计师。两年后，他成为品牌所有产品线的设计总监。1995 年上半年，公司收入增长了 87%。汤姆·福特凭借惊世骇俗的营销和广告活动，巩固了产品线，扩充了配饰系列，更新了品牌形象和沟通方式，解决了许可证数量和专卖店扩张等问题。时尚标杆被汤姆·福特重新塑造，比如将经典的古驰"mocassin"便鞋系列的颜色变成了绚丽的彩虹色（1991 年）。1995~1996 年秋冬是一个神圣的季节。[61] 这位设计师展示了一个优雅而复古的时装系列，唤起了一种神秘而不受限制的性行为。整套服饰包括一条天鹅绒长裤、一件丝质的紧身衬衫、一个大号单肩包，以及用金属光泽的漆皮（就像汽车的车身一样）制成的弹性紧身裤。这个系列的重点不是整体的外观，而是必备的配饰。福特特别指定时尚摄影师马里奥·特斯蒂诺（Mario Testino）来拍摄他的广告，把服装造型和配饰的特写镜头区分开。在 2003 年春夏系列中，一位模特展示了他剃成古驰首字母 G 字形的阴毛。这一画面受到了广泛的批评：过多性暗示、格调低下且尺度过大。[62]

伊夫·圣罗兰退休后，古驰集团收购了该品牌，并委托汤姆·福特担任创意总监。他的作品带给圣罗兰服装强

烈的情色意味，因而受到猛烈抨击。伊夫·圣罗兰本人也
公开表示了对这种风格的不认同，加大了争议。法国媒体
对这个敢于接管法国最大的时装品牌之一的得克萨斯人
"宣判了死刑"。然而，古驰集团实现了非凡的利润增长，
并主导着时尚和奢侈品市场。由于在新合同的谈判中没有
达成一致，汤姆·福特于 2004 年宣布离开该集团。不过这
并没有结束时尚界对性取向的利用，人们显然正处于身份
危机之中。

亚文化与极端时尚

20 世纪有两种极端的时尚：一种是故意挑衅的风格，另
一种则彰显更理性的主张。20 世纪 60 年代，嬉皮士与他们
过于保守的父辈及越战做斗争。1970 年前后，朋克运动将性
与攻击性结合起来，引起社会的震惊。20 世纪 70 ~ 90 年代，
时尚界从未完全驾驭这种带有个人色彩的颓废潮流。相反，
嘻哈音乐的平等话语权被服装行业和消费者彻底改变，这一
音乐流派失去了最初的本质。因此，20 世纪下半叶的挑战是
理性至上的，即在不影响行业活力的前提下，放弃或修改传
统的审美标准。在全球化和资本主义的背景下，这种挑战前
路漫漫。

20 世纪 50 年代，由于婴儿潮，美国的年轻消费者市场呈
现出新的规模。和平盛世、兼职工作和父母的支持增加了年轻
人的收入。[63]青少年杂志、电影和电视剧如《美国舞台》（从

1957 年开始在美国广播公司的网络上播出）的激增，使青少年时尚得以传播。20 世纪 60 年代中期，披头士和滚石乐队对英美产生了极大的影响。另类文化对国际风格造成了重大的冲击。年轻的波西米亚主义者、学生和政治激进分子对亚文化、自我探索、另类生活方式、迷你裙和长发有着相同的兴趣。[64]

364 与此同时，年轻的非洲裔美国人正在成为一个更大的消费群体。通过要求公民权利和更多的就业机会，他们成功地提高了生活水平。灵魂音乐完美地表达了这一点，尤其是贝里·高迪（Berry Gordy）的摩城（Motown）唱片公司的崛起。20 世纪 70 年代末，说唱音乐和嘻哈文化在纽约南布朗克斯将涂鸦、舞蹈与时尚结合起来。它的特点是运动服、紧身衣和配饰的大量出现，尤其是锐步和耐克生产的运动服。说唱三人组 Run-DMC 在他们的歌曲《我的阿迪达斯》中向他们最喜欢的运动品牌致敬。[65] 尽管失业率上升和经济危机发生，年轻人的消费市场仍在扩大。广告商和制造商甚至针对更低龄的少年进行投资。嘻哈文化最终被 20~40 岁的年轻人所接受，这是对凸显差异的社会趋势的回应。战后的年轻人追求自我、追求时尚。然而，这种诉求并不单一，体现出不同的形式。嬉皮士运动就是其中之一。

20 世纪 60 年代，婴儿潮一代反对父母的传统价值观和消费社会。嬉皮文化的潮流起源于旧金山，它的名称来自首字母缩写"HIP"——海特-阿希伯利街区独立产权（Haight-Ashbury Independent Property），这是一个由业主组成的协会，业主们担心自己的社区由于垮掉的一代的涌入而声誉受损。垮

掉的一代由此被称为嬉皮士。嬉皮士运动推动的服装变革被认
为是不正常和可耻的，但也是历史上最具影响力的变革之一。
就像嬉皮士的生活方式一样，它的灵感来自旧金山的反偶像传
统，并由此带来了伦敦成衣业的动荡。嬉皮士针对资本主义和
物质主义进行批判。他们试图通过创造不可理喻的甚至是无政
府主义的混搭来打破服装的同质性，并试图削弱品牌的重要
性。由此，二手服装变成了一种让人自豪的象征。服装同时也
是性和性感的赞歌。衣服的质感是最重要的，比如弹力缎或刺
绣的质感。有质感的服装可以解放自工业化以来一直受限制的
身体。[66] 受欢迎的半身长裙使长折边和流畅的线条重新流行起
来。限定社会角色的制服，比如商人和家庭主妇的服装，受到
了批评。和平时期穿军装，是通过意识形态上的分裂而对民族
感情进行嘲弄和歪曲。同样，美国世居民族风格服装的热潮显
示了嬉皮士对少数民族困境的声援。嬉皮士们还与世界各地的
劳动者们站在同一立场，他们反对资本主义的剥削，宣称需要
一种反时尚的风格，这种风格是建立在简单并结实的物品
（比如牛仔裤及其他稍具装饰性的服装）的结合之上的。混搭
的服装与配饰使人们的形象更加个性化，这种个性化无法仅靠
花钱来实现。旧服装和旧面料的回收也显示了嬉皮士运动的生
态意识。许多独立商店选择在洛杉矶的日落大道和纽约的格林
尼治村开店。然而，最大的赢家是伦敦的二手服装店，它们完
美地利用了这种古老的新文化。[67] 1967～1971 年，成衣和定制
服装接手了嬉皮时尚的主导地位，但海特-阿希伯利街区的边
缘人群却无法接触这些商品。不过，最初嬉皮士运动确实威胁

365

到服装设计师，后者的角色被认为应该被消除。此外，通常由男性设计的服装与新兴的妇女解放运动背道而驰。1968 年，鲁迪·简莱什关闭了他的成衣品牌，他解释说，他对印着设计师名字的衣服感到失望。设计师的创作既不再能满足他个人的欲望，也不再能满足客户的需求。[68]

嬉皮士的时尚在 20 世纪 70 年代末式微，但此后，许多经典的服装重新得到人们认可，因为嬉皮士的主张毕竟富有力量并广为人知。嬉皮士革命虽然没有成功，但其他颇有影响力的反主流文化持续涌现，尤其是朋克文化和摇滚文化。

作为社会运动和亚文化，朋克为 20 世纪 70 年代初的年轻人提供了新的文化出口。虽然纽约市中心看上去是朋克的主要活动场所之一，但底特律和克利夫兰都声称自己是这种新兴美学的重镇。年轻人总是在寻找新的身份。20 世纪 60 年代，随着英美波普艺术的发展，这种断裂逐渐消失。安迪·沃霍尔的作品是波普文化的典型代表，他的作品"重复与复制"的本质和对青春的虚无主义文化观点，体现了"快点活，早点死"的格言。围绕着沃霍尔工厂和下东区，在纽约政治和金融崩溃的时期，朋克音乐以工厂生产的节奏为灵感，延续了摇滚文化。在像 Max's Kansas City① 这样声名狼藉的地方演奏，朋克乐队意图破坏商业音乐和唱片公司的惯例。在大不列颠，华丽摇滚正在兴起。戴维·鲍伊（David Bowie，1947–2016）在舞台上表演，将音乐与挑衅性服装甚至异装结合起来。1975 年，

① Max's Kansas City 是纽约著名夜店。——译者注

美国朋克出现在电视上，从皮夹克、T 恤、牛仔裤到球鞋，全
部都是黑色的。大多数团体采用了一种与时代脱节的街头风 367
格。两个核心人物确立了朋克服装风格：马尔科姆·麦克拉伦
（Malcolm McLaren，1946−2010）和他的搭档薇薇安·韦斯特
伍德在国王路 69 号创立了自己的品牌。[69] 作为设计师和商人，
麦克拉伦将朋克运动引入音乐领域，管理音乐团体和它们的形
象，比如性手枪乐队（Sex Pistols）。第一家商店 "Let It
Rock" 于 1972 年开业。韦斯特伍德和麦克拉伦的反建制美学
为他们在伦敦地下舞台赢得了一席之地。性手枪乐队就是这样
诞生的。虽然乐队的首席贝斯手格伦·马特洛克（Glen
Matlock）接受过艺术教育，但其他成员都来自工人阶级。他
们利用这种真实的性格和社会背景将英国朋克与美国朋克区分
开。在英国，朋克已经成为一种反文化的体验，一种通过服装
将社会阶层与占主导地位的资产阶级意识形态隔绝开来的表现
形式。[70]

1979 年，社会学家迪克·赫伯迪格（Dick Hebdige）用从
马克思主义到结构主义的分析框架，描绘了一幅英国朋克青年
的图景。[71] 他认为朋克是白人反对英国社会歧视的主要风格。
朋克的典型装束是褪色牛仔裤、撕破的外套、穿孔的耳朵和鼻
子。这种外表想表达的是将碎片穿戴在身上，显示一个被破坏
的身体。长发、破损的 T 恤、格子呢斗篷、扯烂的衬衫和长
裤，再加上韦斯特伍德的安全别针，都在挑战保守派，后者认
为这些都是犯罪的标志。媒体欣喜地描绘了这些暴力和吸毒的
年轻人。朋克对服装加以改造和搭配，既体现了自己的审美，

也与社会运动相结合。服装和配饰的销售是通过每周发行的音
乐杂志进行的，比如英国的 Sounds。[72] 朋克文化也促进了城市
风格杂志（如 The Face）的出现，成为当代生活美学的一部
分。从西雅图之声、垃圾摇滚到今天的音乐作品，朋克形成了
很多分支。然而，为了影响更广泛的受众，广告淡化了政治意
味。20 世纪 80 年代初，哥特式或浪漫主义的运动恢复了朋克
的关键元素：机车夹克、徽章、马丁靴、染发剂和对黑色的偏
爱。[73] 对于时装业来说，朋克的"拼接"和"反叛"的风格，
使其成为一种以新精神重新诠释旧风格的理想形式。[74] 然而，
并不是所有的亚文化都那么容易对服装产生影响。垃圾摇滚乐
就是一个失败的例子。

　　在 1972 年的西雅图，重金属音乐、朋克和老派摇滚乐的
混合催生了垃圾摇滚乐。就像 20 世纪 60 年代的旧金山一样，
西雅图是音乐发展和年轻人成长的沃土。通过以低成本为西雅
图的许多乐队录制唱片，独立品牌"Sub Pop"在一定程度上
创造了这种新声音。"讨厌鬼"乐队（the Melvins）、声音花园
乐队（Soundgarden）和涅槃乐队（Nirvana）在世界各地都很
受欢迎。涅槃乐队的第二张专辑 Nevermind（1991）和富有魅
力的主唱科特·柯本（Kurt Cobain，1967–1994）代表了整整
一代人。虽然 20 世纪 80 年代的垃圾摇滚乐青年对政治问题有
自己的看法，但他们对自我表达的问题更加敏感，比如沮丧、
怀旧和幻想破灭。垃圾摇滚乐青年并没有像朋克的无政府状态
或嬉皮士倡导的和平那样的共同目标。尽管缺乏意向性，但垃
圾摇滚乐青年依然为迷失的、情感上被忽视的后朋克一代赋予

368

了发言权，实际上 X 世代①这个称谓本身就来自一支朋克乐队
的名字。[75] 作为嬉皮士的后代，在朋克音乐声中长大的年轻垃
圾摇滚乐青年重新诠释了这些元素。衣冠不整、打破协调的穿
衣风格以破烂的牛仔裤、法兰绒衬衫或羊毛背心、脏兮兮的 T
恤和马丁靴为代表。衬衫系在腰部打结，因为西雅图的天气在
一天之内可以变化 20 度。格子衬衫的灵感则来自当地林业工
人的服装。作为经济衰退的结果，反物质主义哲学把人们的消
费导向了廉价商品和过剩的军需用品。女童裙风格的睡衣上套
着过大的粗毛线衫和破洞开衫。垃圾摇滚乐培养了无拘无束、
不合身和追求舒服的着装风格。[76]

369

　　这种风格横跨了大西洋，后来被时尚界采用，《时尚》杂
志用 8 个版面专门介绍了它。[77]垃圾摇滚乐的风格将古早的服
装元素结合在一起。1993 年，设计师马克·雅各布斯（Marc
Jacobs）为佩里·埃利斯（Perry Ellis）设计了一个完全是垃
圾摇滚乐风格的时装系列，阿玛尼、杜嘉班纳和范思哲也紧随
其后如法炮制。[78] 然而，这些尝试最终以失败告终，因为基于
个性和混搭的垃圾摇滚乐哲学不适用于批量生产的时尚服装。
不过，垃圾摇滚乐的巨大成功改变了人们对服装的看法。个性
化、叠穿和选择的自由推动和丰富了穿搭的组合，使其能够更
好地表达穿衣者自己的风格。

　　与垃圾摇滚乐相反，另一种潮流成功背叛了自己最初的哲
学，这便是嘻哈音乐。嘻哈音乐超越了许多流行文化特征。自

---

① X 世代是指 1991 年之后大为流行的一个生活形态名词。——编者注

20 世纪 70 年代初形成以来，它已成为比此前 10 年的民权运动更有效、更有力地激发黑人社会认同的工具。[79] 嘻哈时尚通过服饰来表达当代城市生活。自从嘻哈时尚形成以来，它的发展一直遵循着一条清晰的道路。男装比女装丰富得多。早期的嘻哈服饰讲求功能性。它包括皮夹克、羊皮大衣、带背带的天鹅绒裤或牛仔裤、连帽衫、运动裤和棒球帽。最高档的嘻哈服饰则包括带刮痕的牛仔裤、黄金首饰、坎戈尔袋鼠牌（Kangol）贝雷帽、运动鞋和超大的卡加尔牌（Cazal）墨镜。20 世纪 80 年代，人们开始借助宽松的胯裆裤（baggy）来掩盖身体的轮廓。从屁股上掉下来的宽大裤子起源于监狱系统，囚犯的腰带都被没收了。人们纷纷模仿被拘留的朋友或家人的服装风格，令这种胯裆裤成为一种街头风格。嘻哈歌手在他们的音乐中谴责黑人遭遇的恶劣处境。很多被传统着装规范所束缚的人对胯裆裤抱有一种非常消极的看法，尤其是因为这种裤子把内裤露在了外面。在美国，一些立法者甚至试图禁止它，因为它是违法、犯罪和缺乏教养的同义词。[80] 嘻哈音乐在保守派机构中非常不受欢迎，这些机构希望对嘻哈音乐的表达方式进行审查，并监控年轻人的行为和道德。然而，媒体把它当作物质主义的吸引力和贫民阶层困境的标志。因此，无论在新西兰、日本、非洲、法国还是英国，嘻哈音乐都成为一个全球性的城市生存议题。它是一种离心力，是资本主义、道德、语言、手势、舞蹈和艺术的另类选择。音乐和时尚是嘻哈文化的核心。然而，与摇滚乐的受欢迎程度相比，嘻哈音乐处于边缘地位，因此无论是在音乐领域还是在时尚领域，人们对嘻哈文化都在让步和全盘接受之间摇摆不定。来自不同社会背景的大多数青少年参与了嘻哈文化运动。[81]

非裔美国人与加勒比海移民的文化诉求

如今推崇拥有各种奢侈品的嘻哈文化，与它诞生初期的理念相比，绝对是荒谬和不可想象的。事实上，它是在由 Kool Herc、Grandmaster Flash 和 Starski 等 DJ 在纽约布朗克斯区的公园、街道和社区中心举办的聚会上正式确立的。受到牙买加文化和非洲口头表达传统的启发，嘻哈音乐成为一种语言，并作为一种亚文化得到了传播。"Bboy"（"Breaking boy"，霹雳舞男孩）跳霹雳舞时需要运动服和运动鞋，如彪马球鞋、阿迪达斯运动裤、T 恤和带填充物的皮制或尼龙夹克。霹雳舞的动作挑战重力，伴随着断断续续的、重复的节拍。"Bboy"这个词成功地跨越了文化界限。新黑豹党、黑人社团运动和黑帮的运动风格受到广泛关注。这些团体成员身上有一种外侨社群的嘻哈风印记：许多黑帮成员模仿了 20 世纪 70 年代皮条客的形象，而霹雳舞男孩则将黑豹党的美学与牙买加"Rude Boy"文化的运动风格融合在一起。他们成功地处理了"非裔美国人与加勒比海移民身份以及历史的文化需求"[82]。20 世纪 80 年代中期到 90 年代初，随着嘻哈音乐征服世界，这种时尚也占据了更重要的地位。黑人和蓝领工人不再是霹雳舞男孩的主要组成部分。

20 世纪 70 年代，不同社会群体根据他们的诉求调整着装

372　风格。非官方设计师提供了多种创意。这对时尚行业来说是一种激励，因为时尚风格的产生有时纯粹基于个人和集体经验，背后并没有任何商业目的。真实性是成功的关键。此时的市场由美国、意大利和英国的设计师汤米·希尔费格（Tommy Hilfiger）、拉尔夫·劳伦、古驰和博柏利主导。对于霹雳舞男孩来说，购买衣服是一种消费和自我展示的仪式，他们说："我所拥有和消费的物品体现了我的身份。"[83] 这种美学围绕着幽默、夸张和奢侈的服装展开，类似于卡通人物的穿着。个人从视觉上表明他既不被社会束缚，也不被社会忽视。20 世纪 80 年代，服装品牌通过哈莱姆区随处可见的标识吸引消费者的注意。仿制品也开始涌现。仿制品工厂在专柜不可能出现的服装上印上芬迪和古驰的标识。嘻哈时尚影响到先锋运动品牌，如阿迪达斯、锐步和耐克，这在一定程度上是顺理成章的。其他品牌，比如卡尔·卡尼（Karl Kani），则是纯粹的嘻哈风格。然而，嘻哈风格的基础并不是被服饰主导的。运动鞋是嘻哈形象不可或缺的元素，耐克空军一号和乔丹气垫鞋成为象征性的单品。耐克的标识已经成为嘻哈的图腾，它被纹在皮肤上，好像是某种首饰，还有人将头发剃成它的形状。特定网络创造了消费模式。比如，名人效应为品牌发展提供了极其重要的助力。黑帮嘻哈、体育明星和歌手的物质主义表现助长了穷人走出贫民窟的愿望，[84] 发展出一种迄今未被加以利用的特权形象。一些品牌为它们的产品注入城市的价值观和态度，简言之就是

373　"酷"。另一些品牌则认为这些新消费者与它们的声誉不相符。为了更好地利用这个后现代的时尚时代，彪马和范思哲等公司

采取了一种交叉营销策略，让名人出现在广告中，或坐在时装秀的前排。[85] 产品、质量和创意最终被排在了次要位置。

为了回应现有品牌对他们的文化的剥削，拉塞尔·西蒙斯（Russell Simmons）和吹牛老爹（Puff Daddy）等嘻哈明星纷纷创建自己的服装公司。嘻哈服装满足了设计师和消费者的不同愿望。汤米·希尔费格很早就了解了这种文化并推出了特别设计的时装。20 世纪 90 年代中期，以非裔美国人占人口多数的哈莱姆区和布朗克斯区地理位置为标志，希尔费格品牌推出了名为"上城区"的新版型牛仔裤，它看起来像是一件夸张的胯裆裤，推出后便获得了极大的成功。希尔费格的设计师围绕"酷"做文章，吸引不同的社会群体。威廉王子和哈里王子都穿希尔费格的 T 恤，搭配球鞋和棒球帽。"酷"的潮流被分析为对受到压迫的个人权利的一种增值。[86] 它是嘻哈时尚的核心，表达了态度、改变了穿戴者的状态，是嘻哈生活方式中不可或缺的一部分。受嘻哈音乐和音乐电视的启发，服装设计反映了城市的活力和体验。黑人在服装领域创造了许多新事物。殖民主义和后殖民主义的背景很容易激发人们的需求，正如萨普所证明的那样，20 世纪下半叶的移民推动了服饰风格的传播。 374

20 世纪 50 年代安哥拉伦巴舞的流行在首都催生了许多酒吧。年轻人特别重视他们的服装。21 世纪头 10 年的萨普是刚果花花公子的第三代。然而，与前辈们不同，他们正在征服欧洲的大城市。在那些社会政策歧视贫穷国家移民的国家，服装和萨普组织使人们远离歧视。20 世纪 90 年代以前，在金沙萨或布拉柴维尔度假时，萨普会向人们展示他们的巴黎风服饰。

然而，出于经济和社会原因，他们越来越不愿意返回原籍国。萨普文化既代表一种激情，也是一种生活哲学，一些萨普在切瑞蒂（Cerutti）和高田贤三专卖店购物，平均每件衣服花费1300 欧元。[87] 刚果-金沙萨的萨普首先对蒙博托·塞塞·塞科（Mobutu Sese Seko，1930-1977）禁止像西方人一样戴领带的法规做出回应。作为对这种歧视的回应，穿西服变成一件令人兴奋的事。刚果南部的布拉柴维尔人指责自 1969 年以来掌权的北方人把国家的资源浪费在豪华别墅和汽车上。高调展现自己、大声说话和运输走私货物与服装一起成为萨普表达态度的方式。萨普还通过上述行为反对法国和比利时的殖民统治。非洲裔的年轻人通过他们的服装来争取和塑造自己的身份和地位。[88]

肤色或面部特征并不是区分黑人和白人外貌的唯一因素。发质也必须考虑在内。毛囊形状反映了特别明显的遗传性状。圆形或长圆形的毛囊形成圆润光滑或扁平打弯的头发，符合"欧洲类型"。椭圆形的毛囊则形成小卷或又短又卷的头发，光滑浓密，更多像是"非洲人的头发"。头发是黑人或白人身份认同的重要元素。[89]20 世纪 50 年代末，女性黑人舞者和爵士乐歌手打破了群体的常规，将面部和头发的颜色变浅。他们参与民权运动，将头发的颜色视为一种骄傲。10 年后，只招收黑人的霍华德大学的活动人士不再拉直头发。这些斗士们传统蓬松的卷发成了非洲风格的象征。非洲式篦子的顶端被雕刻成黑色拳头的造型，戴在头发上，传遍世界各地。奴隶后裔们的声明和"美丽黑人"运动将一种独立的黑人文化奉为神圣，拒绝接受欧洲的规定。这种运动与非洲和加勒比的独立不谋而合。在 1970 年前后最受欢迎的时候，黑人的发型代表了黑人运动。然而，随着非洲裔美国人越来越受欢迎，他们与黑人政治运动和政治承诺的联系越来越少。[90] 到 1960 年，新独立的非洲国家的意识，以及民权运动的胜利与挫折，鼓励人们探索非裔美国青年的身份。在这种政治和情感氛围中，非洲黑人拒绝矫饰与欺骗，蔑视种族主义的审美标准，并公开宣扬自己的黑人血统。男性和女性舞者们厌倦了不断修剪他们光滑但被汗水弄乱的发型，直接将头发剪短。在历史悠久的黑人校园里，政治活跃的圈子里的年轻女性会选择保持头发的自然状态。早在 1961 年，爵士乐作曲家艾比·林肯（Abbey Lincoln，1930 - 2010）、妮娜·西蒙（Nina Simone，1933 - 2003）和欧蒂塔（Odetta，1930-2008）就通过传播这种风格来宣扬他们的政治理念。然而，主流的黑人媒体并不认同这种对性感的牺牲。先行者遭遇的是震惊的眼神、嘲笑、侮辱和被解雇。黑人女性的天性成了一个争论的话题。对于卷发的支持者来说，拉直的头发象征黑人的自卑。1966 年，受马列主义和毛泽东思想启发的非洲裔美国人革命解放运动"黑豹党"成员出现在电视上。他们的黑色皮夹克和贝雷帽、太阳镜和非洲式的发型休现了政治激进主义和黑人激进主义。[91] 1968 年，非洲式发型出现在肯特香烟和百事可乐的广告中。长期开发头发拉直产品的庄臣引领了潮流，并开发其"非洲光泽"系列产品。广播广告和媒体打出一句斯瓦希里语的口号"Wantu Wazuri Sheen"，意思是漂亮的人使用非洲光泽产品。斯瓦希里语是坦桑尼亚的原始语

376

言，混杂着阿拉伯语和其他非洲语言。电视剧《国防军》
(*Mod Squad*) 中也聘请了非洲演员克拉伦斯·威廉三世出演
角色。非洲风格成为时尚界的一种新兴模式，与布景、配饰以
及野性和异国情调的气质相结合。1970 年，激进分子、哲学
专业教授安吉拉·戴维斯（Angela Davis）被美国联邦调查局
列为头号通缉犯。具有讽刺意味的是，她的形象由此在国际上
广为流传，推动了非洲风格的输出和流行。

最后，在边缘化的白人群体中，潮人（hipster）认为自己
是逆流的代表。近年来，潮人的哲学融入了消费主义市场。潮
377 人指的是衣着时髦、喜欢非洲裔美国人或拉丁音乐的年轻白
人。他们组成了一个地下世界，拒绝平庸和保守。"潮人"一
词通过爵士乐钢琴家哈里·吉布森（Harry Gibson，1915 –
1991）的专辑《蓝色布吉·伍吉》（*Boogie Woogie In Blue*，
1944 年发行）流行开来，表明一种个人主义和另类的态度，
努力使个体与大众相区别，将不同的潮流融合在一起，并将个
人置于文化主流的边缘。在 21 世纪前 10 年，潮人认为自己独
立于某些消费主义和社会文化习惯之外。虽然潮人仍然坚持自
己的着装风格、不墨守成规的态度和音乐，但潮人运动已经变
得同质化，现在显然已成为资本主义体系的一部分。[92] 约翰·
克莱伦·霍姆斯（John Clellon Holmes，1926–1988）引用了他
的诗人朋友杰克·凯鲁亚克的话：20 世纪 40 年代的潮人对应
的是"一群新兴的、流动的美国年轻人，他们在那里狂欢、
搭便车、四处游走，并拥有真正的精神力量"[93]。这些知识分
子激励着詹姆斯·迪恩这一代人。潮人被认为等同于两次世界

大战之间的达达主义者，他们以"就好像"（like if）为每句话的开头，这表明接下来的一切都不过是幻觉。2000年，潮人的潮流席卷了布鲁克林和纽约东村。《纽约时报》称这些25~35岁的年轻白人为布波族（波西米亚式的中产阶级）。一本手册指出了成为布波族所必须具备的条件："留着披头士样式的发型，拿着复古手袋，永远在打移动电话，抽欧洲牌子的香烟，穿坡跟鞋，切·格瓦拉的传记从多袋的上衣兜里露出来。"虽然这种描述有点愤世嫉俗，但它确实定义了一种市场营销形象，一种全新的大杂烩式的社会类型。[94] 这是一个如何从大众中脱颖而出的问题，尤其是在音乐、社交场所和穿着习惯上，比如穿复古和公平贸易的服装、蓄须和文身。在21世纪前10年，潮人成为时尚的推动者，尽管他们试图避免服装的同质性。根据罗布·霍宁（Rob Horning）的说法，这种转变预示着潮人的末路，因为潮人自身变成了模仿的对象、一种嵌入消费主义的刻板印象，与另类文化渐行渐远。[95] 泽伊内普·阿塞尔（Zeynep Arsel）和克雷格·汤普森（Craig Thompson）从皮埃尔·布尔迪厄那里借用了"文化资本"的概念，从托马斯·弗兰克（Thomas Frank）那里借用了"收服"的概念。作为一种营销现象，潮人被拒绝变为"商品"的音乐从业者和知识分子所排斥。[96]

　　马丁·马吉拉的案例表明，抵制潮流的同质化和全球化是多么困难。这位时装设计师从一开始就表现出对匿名的渴望，这与当时时尚界对名人的崇拜形成了鲜明对比。他不接受采访，从不在照片上露脸，走秀结束时从不出来与观众见面。他

378

的公关部门用"我们"一词作为主语来回应采访。马吉拉建立了一种反文化，强调产品而不是名字，但事实上，他的隐姓埋名使其更加引人注目。20 世纪 80 年代末，他开设在二层的没有标识的店铺、白色家具和无名标签提供了一种个性化体验。然而，马吉拉还是在 2003 年将品牌卖给了 Diesel（迪赛）品牌，并在 6 年后彻底离开。反主流文化的设计者也无法在喧闹的市场营销或大群体之外独善其身。[97]

379　　　总体来说，反文化似乎注定要回归文化。最初的替代方案或边缘方案迟早会被市场吸收，并被服装行业的经济实力所吞噬。

前沿阵地：化妆品、手术刀与科技

　　在 20 世纪 50 年代至 2010 年的重大变革中，化妆品、或多或少具有侵入性的整容手术和高科技假体的发展尤其引人注目。大多数人接受这种看待自己身体的新方式，愿意对它进行暂时或永久的改变。虽然美容通常被认为不该走极端，甚至不应该过于明显，但仍有一些人在探索获得惊人改变的可能性。

　　20 世纪 60 年代初，眼妆产品——睫毛膏、眼线液和眼影的销量激增。美容院越来越多。早在 20 世纪 70 年代，玩具和化妆品制造商就开始争夺最年轻的消费者。与战前不同，化妆品强调女性的性魅力，男性则成为她们的话题焦点。[98]1952 年，露华浓的"火与冰"广告将宣传口号与爱、美和调情联系起来，推出鲜红的唇彩和指甲油。[99]情色则是其 2010 年重新发布

的广告的核心。至于将性革命进行得如火如荼的玛丽官，她的
"爱情化妆品"系列专为青春期女生设计，使用了男性生殖器
形状的包装。[100]积极的女权主义者拒绝一切化妆品，以保持一
种自然的样貌。不过，这种反文化同样可以被用在宣传由草本
或浆果制成的天然产品上。1968年，雅诗兰黛公司（Estée
Lauder）意识到这一趋势，推出了一款名为"倩碧"（Clinique）
的新产品，强调了化妆品的卫生和科学特性。虽然消费者对产
品成分的质量很敏感，但他们也想要未经动物测试的产品——
这一观点被品牌所利用。经营替代性产品的商店纷纷开业，比
如某些食品合作社。由安妮塔·罗迪克（Anita Roddick，
1942-2007）于1976年创立的美体小铺（The Body Shop），以
与绿色和平组织的合作而闻名，宣称自己的产品是100%环保
的。正如1991年的畅销书《美丽神话》（*The Beauty Myth*）所
证明的那样，一些女性批评化妆，而另一些女性，无论是后女
权主义者还是后现代主义者，则不惜一切代价反对"自然"
对人的钳制。[101]使用化妆品应该是一种游戏、快乐和自我表达
的源泉。

　　第二次世界大战后，各种"反文化"大行其道。黑人、
拉丁裔和亚洲女性拒绝接受西方的标准。由于对种族多样性和
全球经济日益敏感，美宝莲等公司推出了针对各种肤色的化妆
品。然而，最大的创新非指甲油莫属。[102]露华浓是最早将唇膏
和指甲油搭配起来的公司之一，为女性外貌带来一场革命。染
指甲首先被认为是一种提升诱惑力的手段，涉及对男性的依
附，随后便越来越多地与女性解放联系在一起。[103]自20世纪

380

80年代以来，制造商一直在提升女性幸福感的研究上投资，包括提高指甲油干燥速度，并增强色调的多样化。"巴巴爸爸"色、"玫瑰金"色，或是有亮片或金属星星的指甲油应运而生。1995年，香奈儿推出了电影《低俗小说》中女演员乌玛·瑟曼（Uma Thurman）使用的黑红色指甲油，这款售价18欧元的小瓶子成了一种奢侈品。衰败城市（Urban Decay）以及更晚近的 O. P. I. 正在成为市场的领导者，从根本上改变着人们的双手。贴纸、微小的玫瑰雕塑、小钉子和人工碎钻，以及树脂或凝胶制作的装饰物现在可以直接粘在指甲上。美甲艺术的潮流甚至导致了每年在拉斯维加斯举行的比赛。[104] 黑人文化是这种活力的源泉，被认为是欧洲审美的替代品。指甲的变化让人大开眼界，指甲的可塑性几乎可以达到外科手术级别，并实现了蓬勃发展。

　　试图把整形手术和美容分开是徒劳的。相同的技术既可以用来修复因受伤而造成的身体损害，也可以用来满足纯粹的审美变化和修改可识别的种族特征。并非所有的操作都以同样的方式被看待。1990年，乳房手术，尤其是乳房增大术，创造了3.5亿美元的价值。但当一些泌尿科医生着手进行阴茎增大术时，这种手术引发了巨大争议。不过，旧金山的一位泌尿科医生声称他已经做了3500例这种类型的手术。[105] 硅胶植入物是隆胸手术成功的关键，目前隆胸已成为除脂之外最常见的美容手术。然而，植入物的破裂或泄漏导致了集体诉讼。陶氏康宁（Dow Corning）、百时美施贵宝公司（Bristol - Myers Squibb Company）和其他公司同意向2.5万名有严重手术并发症的女性支付 40 多亿美元。最后，尽管仍有一些人否认该产品的危害性，但硅胶已被生理血清所取代。出于审美或生理原因，乳房缩小术也很常见：4 万名妇女在 1992 年接受了这种手术。[106] 变性手术可能是最激进的整形或美容手术。在过去的 50 年里，外科医生成功地利用阴茎和睾丸的皮肤来制造功能性的阴唇和阴道。用男性生殖器替换女性生殖器的手术则更为罕见。事实上，制造一个既可以用来排尿又可以用来做爱的阴茎是非常困难的。[107]

植入物以一种材料或物品的状态被置入皮肤之下，以改变身体的形状。身体变化可以是暂时性、半永久性或永久性的，手术可以改变一个部位的体积、空间和重量。植入物涉及侵入性手术或外科手术。整形外科的目的是重建、纠正或改变身体的某些部位；整容手术则是取代、重建或重塑从脸颊到臀部的身体外延部分，但不一定是出于医学原因。[108] 出于重建和美容的目的，面部提升术涉及各种植入操作（软组织、牙齿和下巴等植入）。20 世纪下半叶，科学研究带来了从假体植入到注射的多种整容方法。软组织材料是最受到青睐的，如胶原蛋白、人体脂肪和组织、肉毒杆菌素和 "Gortex" 微孔薄膜。胶原植入物来源于杀菌牛皮的深层皮肤，经过净化和重建注入皮肤层。身体吸收胶原蛋白，皮肤会在 4~10 个月内变得光滑。多余的脂肪也可以填补到皱纹处，效果可能会持续数年。肉毒杆菌毒素能使面部皱纹下的肌肉麻痹 5 个月。[109] 自 20 世纪中期以来，脸颊和下巴一直是外科手术的首选部位，因为它们可以明显地重塑面部。鼻整形术是一种改变鼻子大小或形状的外科手术，也很常见。至于在古埃及已经被使用的牙科植入物，它只是刚刚开始得到普及。[110] 毛发植入是在头皮上植入含有2~10根头发的小假体。最后，还有两种类型的植入物（腿肚植入物和臀部植入物）非常成功。它们分为固态和内聚两种。前者由质地紧致的硅胶制成，不舒服且看上去不太自然。后者则是由啫喱状的硅胶制成，轻巧灵活。[111]

　　就像大多数需要手术干预的改变一样，植入物会带来健康风险：血块、感染、皮肤长时间肿胀、植入物破裂和感觉丧失。针对健康风险、身体历史的改变、为美所做出的牺牲等的批判层出不穷。然而，身体不是因为科学研究而自动变形或致残的。创新和技术也被用来提升服装，使其更便宜、更舒适和更卫生。

　　作为20世纪最具创新性的纺织品之一，尼龙于1835年由杜邦公司的一名工程师发明，最初用于牙刷。时装业和尼龙的结合真正开始于1940年发明的长筒袜，后者5年后便成为女性解放的象征。[112] 然而，消费者不喜欢衣服中的尼龙，认为尼龙不如天然纤维舒服。制造商于是将其与其他纤维混合，以提高强度和舒适感。不同类型的尼龙被制造出来。比如，所谓的"亲水尼龙"旨在增强吸水性；最新的尼龙微纤维（直径特别细），如杜邦的Tactel 6.6纤维，深受运动员的喜爱。时装业花了几十年的时间才接受这种材料，现在正在投资于对这种材料的研究。尼龙在亚洲、北美、西欧和东欧生产，以其高耐磨性、持久性、延展性和多功能而闻名。在非常高的温度下，它可能会皱缩甚至溶化，但它能抵抗化学物质、霉菌和昆虫的破坏。与杜邦公司一名研究人员开发的聚酯纤维相比，尼龙非常轻盈。[113] 聚酯纤维于 1929 年被发明出来，发明者两年后获得了第一个版本的专利。最终，1945 年，杜邦公司买下了英国研究人员的专利，这些研究人员极大地提高了纤维的质量。聚酯纤维的商业化始于 1953 年。这种纤维易于维护，干燥快，不易起皱，耐收缩，抗霉菌和螨虫。它的特性很快就征服了消费者。然而，它在高温下会变得让人不舒服，容易燃烧，油脂在聚酯纤维的面料上形成的污点很难被清除。为了避免形成汗渍，业界正在对其进行改进。根据生产工艺的不同，聚酯纤维可以仿制出丝绸、棉布、亚麻或羊毛的质感。它已成为服装和家具行业使用最广泛的人造纤维。

　　20 世纪下半叶，科学研究极大地改变了人们的穿着。最后一个趋势——高科技纺织——持续发展。[114] 自 20 世纪 60 年代以来，太空竞赛和未来主义风格、技术材料一直是人们关注的焦点。安德烈·库雷热和他的创新面料、帕科·拉巴尼和他的金属化服装，甚至皮尔·卡丹的真空织物都极大地扩展了时尚的边界。塑料、金属和轧塑材料构建了一个新世界。时尚的未来在于合成面料，它催生了新的美学和裁剪方式。[115] 虽然合成纤维最初是用来模仿天然纤维的，但现在它们因固有的性能而大放异彩。纺织工业最近的发展涉及微纤维、玉米和牛奶蛋白再生纤维、金属化纤维和光纤。微纤维，如聚酯纤维，重量轻，柔软，富有流动感，耐腐蚀。人们在实验中使用玉米或大豆等可再生资源生产环境友好的纤维。天然有色棉花的基因研究杜绝了腐蚀性染料的使用。镍和钛材料的记忆合金现在以金

385

属丝的形式生产。全息纤维被用来反射佩戴者周围环境的颜色和图像。最后，织物中嵌入的光纤实现了对信息的传递。[116]

传统的织布和编织方法仍然存在，新的纺织技术也在不断发展。无纺布生产成本低，适用于多种用途，被侯赛因·卡拉扬（Hussein Chalayan）等最著名的设计师所使用。现在的晚礼服有可能是由合成橡胶制成的，它可以改善贴身织物的穿着效果，同时保证运动自如。至于热塑性纤维，它们被加热成型，形成永久性的 3D 表层。川久保玲、三宅一生和山本耀司都是传统工匠技术与先锋科技相结合的领导者。

工业资本主义的"衣橱"

2014 年之后，每年 4 月 20 日至 28 日举办的"时装革命周"旨在反思服装生产对人类和环境造成的破坏。它是在孟加拉国拉纳广场倒塌后创立的。拉纳广场是一座纺织工人居住的建筑，在这里发生了 1127 人死亡的恶性事件。这家工厂为世界上最大的品牌生产服装，这些品牌以越来越低的价格提供越来越多的产品。潮流的产生和消亡通常被描述为文化变化的产物。但文化的变化其实非常缓慢，甚至是非常稳定的，因为它依赖于社会规范的稳定。但在过去 30 年里，潮流变化得越来越快。今天，产品成功销售的关键在于价格。要想提高产品销量，产品的价格就需要尽可能低。只有这样，廉价和一次性才能取代可持续发展。

为了获得较低的价格，工厂必须降低生产成本。价格是至关重要的，因为它是说服客户做出购买决定的因素。快时尚行业由 Zara、H&M 和 New Look 等欧洲公司主导。每个人都知道它们的产品很便宜，但看起来很贵。这种商业模式的成功促使所有零售商探索快时尚产品线。即使是范思哲等传统奢侈品品牌，现在也在效仿这种模式。低价格通过给人一种拥有奢侈品的印象，扩大了客户的潜力或范围。这种探索彻底改变了这个行业。新颖性和品牌声望允许更高的标价；当款式开始变得不那么时髦时，产品价格就会下降，继而产品被其他产品取代。那些对时尚最感兴趣的消费者为走在潮流的最前沿付出了高昂的代价，其他人则情愿等待一个负担得起的价格。

387

在法国鲜为人知的 Forever 21 公司是快时尚成功的象征，它是由来自韩国的张氏夫妇于 1984 年创立的。这个家族企业的总部位于破败的洛杉矶市中心，离"血汗工厂"只有几步之遥。工作时间是按分钟计算的。员工通过指纹识别系统进入公司，并携带个人工卡。上午 10 点和下午 3 点，员工们各有 10 分钟的休息时间。借助保安摄像头，管理层能知道是否每个人都在正确的时间和正确的地方做正确的事。这是一个现代化的"血汗工厂"，员工在固定的时间到公共自助餐厅吃饭。

1975 年，当服装制造商阿曼西奥·奥特加（Amancio Ortega）的公司因一笔取消的批发订单而面临风险时，他开了一家名为 Zara 的商店来处理库存。现在，Zara 可以在两周内设计、生产并交付新品到它在世界各地的任何一家商店。每个款式的货品数量有限，这样便可保证商店里总有新品销售。由于顾客频繁地回到商店看看有什么新风格，大多数服装能以高价售出。Zara 的供应链建立在销售点、工厂和位于西班牙拉科鲁尼亚的总部之间不间断的信息交换的基础上。员工实时传递关于销售、客户反馈和新风格的信息。工厂处于一种紧张状态：超过 50% 的面料在没有染色的状态下等待信息，以便在必要时在中途改变颜色。但快时尚的真正成功还在于销售了大量前所未有的产品。只有当消费者一出门就买新衣服时，低价才有可能实现。平均来看，Zara 的顾客平均每年进店 17 次。在 Zara，未售出的库存产品不到库存总量的 10%，而在服装工业领域，这一比例平均为 17%～20%。很显然，这是一种巨大的成功，因为持续性消费已经成为一种习惯。[117]

2019 年，21.2 万名粉丝关注了 YouTube 用户艾玛·希尔（Emma Hill）。被点赞最多的视频是她的布雷泽夹克系列。艾玛·希尔将她展示的每一件产品（小到一支口红）链接到她的商业平台。她不知疲倦地谈论着商品的价格和质量，平均一件夹克的售价是 30 欧元。它们的质量则一言难尽。涤纶的材料、塑料纽扣、无衬里的结构……每一次清洗都会对衣服造成更大的损伤。一件衣服会一直穿到下一个需要它的场合，或者乐观一点地说，直到被下一个潮流淘汰。在过去的 15 年里，服装价格几乎一直在下降，而住房、汽油、教育、医疗保健和电影票的价格却在飙升。YouTube 用户的购买理念很简单：不到 20 欧元的商品就闭眼买。成衣品牌 Forever 21 是这一理念的最大赢家。2018 年，该品牌服装的平均价格为 17.21 欧元。YouTube 博主的受欢迎程度建立在他们熟悉和分享购物策略的

基础上，这种消费形式在我们的文化中已经成为一种流行的消遣方式：花很少的钱买很多衣服。 389

　　生产和推广一次性廉价服装的现象被称为快时尚。它并非真正的文化现象，也不是自然发生的，更不是意外。快时尚是为刺激销售而人为设计的产物。真正的时尚已经终结。 390

结　语

时尚产业的力量是数个世纪以来持续发展的结果。商品和采购为人们带来强烈的愉悦感，由此产生新的日常习惯；往常家庭的周日活动是去植物园参观，如今变成了家庭购物；为孩子们准备的化妆教程激增……这些都是不应该被忽视的问题。如今，时尚和时代精神早已成为消费者基因的一部分。然而，被销毁的滞销新装却让消费者窒息。时尚不会消失，但我们有可能对一个既创造财富——因此对世界经济至关重要——又因其发展速度和贪婪而疲惫不堪的行业未来提出质疑。

我们能影响这样一个古老的行业吗？知识分子、道德家或改革家对时尚产业没有任何实际影响。真正的变化通常来自技术的发展、政治事件和个人的创造力。

时尚与技术

服装生产一直受到技术创新和调整的影响。颜料和着色剂的发现和发明、越来越细的缝纫针、棉布、印染技术……都是典型的例子。此外，记账技术、换算表和公制的国际化也推动了时尚产业的发展。织布机、缝纫机和硫化橡胶在19世纪深刻地改变了服装行业。拉链改变了服装的形状和轮廓，尼龙和聚酯纤维则直接改变了服装业的游戏规则。21世纪初，应用于纺织品的技术创新影响了设计师对服装的想象。天然纤维始终受到欢迎。材料的弹力则成为一种执念，因为它们使服装能够在不改变数值、剪裁和形状的情况下适应不同的尺寸。更前沿的研究越来越多地涉及温度。时尚产业变得越来越尖端，将化学、高科技和设计结合在一起。通信的发展也影响着未来的服装。工业服装设计公司（Industrial Clothing Design）生产的尼龙夹克通过集成的通信系统向穿戴者提供娱乐服务。[1]服装不再仅具有保护、审美或时尚价值，而且为消费者的日常生活带来乐趣和放松。二合一、三合一……根据消费者的需要，夹克可以变成帐篷、椅子或床垫。[2]时尚服装由此变成多功能物品。

政治与社会问题的镜子

　　政治事件和社会变革也影响着时尚产业。军装让人们的身高和体型显得一致化。战争武器则迫使制造商对防护织物不断改进。迷彩服起初是为军队设计的，但最终穿得最多的是平民，以此表达一种党派信息、一种反战的舆论，或者根本没去想它最初的用途到底是什么。另一种影响来自反对使用动物皮毛的反皮草组织。这些组织经常扰乱时装秀，成功地迫使一些设计师放弃他们设计中的某些材料。时尚产业是世界上仅次于石油的第二大污染行业，它对环境的影响也需要受到重视。然而，环境问题掩盖了真正的社会问题。事实上，剥削工人的问题才是消费者所关心的问题，无论他们在政治上是否活跃。这

392

事关车间或棉花地里工作的工人的尊严。企业向廉价劳动力地区的迁移也被认为是不公平竞争。[3] 在这一点上，扮演核心角色的实际上是消费者：只要他们想要 4.99 欧元的 T 恤，这个问题就不太可能从根本上得到解决。在各国尚未共同商讨出全球规则的情况下，时尚跨国公司的实力将持续增强。非洲的未来是一个令人担忧的问题，因为非洲大陆已经成为发达国家的"服装垃圾箱"。为了改变现状，或许我们应该重新关注时尚产业的基础，让设计师发挥作用。

设计师们如何看待时尚的未来？

设计师参与确定时尚的过程。因此，他们似乎必须放眼未来。设计师们经常声称自己解放了身体，调和了个人的愿望与服装、美丽与自由之间的关系。但当你阅读波烈、香奈儿或库雷热的文字时会发现，他们当时的话在我们的时代同样具有其价值……最重要的例子是库雷热和帕科·拉巴尼。他们对 21 世纪的预测——模塑服装、粘贴塑形、塑料的使用和无缝拼接工艺——现在看来是彻底的失败。[4] 露西尔·霍拉克（Lucille Khornak）于 1982 年出版的《时尚 2001》一书也能证明这一点。创作者从风俗习惯的转变中获得灵感，试图创造未来的服装，比如在"雌雄莫辨"的基础上发展出来的"男女通用"服装、受到男性服装启发的职业女性服装，或与平权主义形成反差的对女性魅力的刻意凸显。这一系列可能性的尝试并没有消除人们对服装的刻板印象。在时装秀中，女性的性别特征无处不在，它是道德规范的一部分，通过衣服的褶皱和蝴蝶结、透明的薄纱、僵硬约束的皮革、紧裹的胸衣展示出来。再一次，一切都是由古老传统的二分法来定义的。男人的阳刚之气也影响着社会对男性的定义。一般来说，像第二层皮肤一样的衣服会让人们的日常生活更加轻松，理应成为一种持续性的消费需求。然而，事实并非如此。男人不会为了舒适而穿裙子，乳胶连体塑身衣也并没有大行其道。但也许这就是未来的时尚方向。明天的身体或肉体与今天不同。未来的服装是不可预设的，因为去皱、遮盖、吸脂、提拉……身体的变化也在加速，被永久或暂时地改变。[5]

394

时尚的终结：乐趣的消失

　　吉勒·利波维茨基很好地解释了一个人通过购物想要得到什么。拥有物品使购买者相信，当他在商店的收银台结账时，他已经获得了完全的幸福。

　　购买快乐、体验式消费……人们经常强调广告如何使商品情色化，如何创造一种欢庆的环境、一种被唤醒的梦想和不断激发欲望的气氛。这种情况始终延续。现在是把卖场戏剧化、举办各种活动和开展"实验性营销"的时候了，其目的是营造一种愉快的情绪和愿望，让顾客通过频繁光顾获得快乐。当盎格鲁-撒克逊专家谈到"有趣的购物体验"时，购物中心和时髦商店的目的是"重新激励"购物的动作和地点，"把一个让人感到受限的区域变成一个享受美好时光地方"。然而，尽管这些销售策略很重要，但它们并不能解释一切。事实是，过度消费和享乐主义之间存在着一种内在的、结构性的联系：这种联系便是被确立为物质经济和精神经济普遍原则的、对变化和新生事物的渴望。消费曾经是一种让自己变得与众不同的途径；而现在，它越来越多的是一种"玩耍"、一种放松、一种在日常环境中更换一件物品的快乐。因此，消费不再是一种交流系统、一种社会意义的语言，而是一种旅行、一种通过物品和服务寻求日常的新奇感的过程。与精神兴奋剂和冒险精神相比，消费与其说是一种无聊或"否认生活"的体验，还不如说是一种新奇和自我激励的力量。就像在游戏中一样，消费是对自己的奖励。经济学家只注意到休闲领域的消费额增长，但事实上，消费本身就是一种休闲。今天，在消费人（homo consumans）当中，比以往任何时候都有更多的游戏人（homo ludens），消费的乐趣更接近于游戏活动所带来的乐趣。[6]

395

由此，消费已经成为一种追求幸福的行为。如果购买的情绪可以被视觉化，那么毫无疑问，它会释放出信息素——一种极端享受所带来的紧张感。但它的力量无法使人有高潮的体验，只是一种没有明天的"一见钟情"。然而，我们不能否认某些类型的购物的确能给人带来快乐，但正是通过消费者的选择，时尚才能重新激活它的美丽。

　　目前的问题仍然在于定制的终结和街头风格对时尚的刺激。在《时尚终结：营销如何永久性改变服装业》一书中，泰瑞·阿金斯提出，街头文化、消费者需求和对利润的追求已经改变并将继续改变时尚界。根据作者的说法，在这种商品、风格、积压时尚品焚烧炉、杀虫剂和营销噱头泛滥的环境中生存下来的时尚从业者，将能够在不欺骗消费者的情况下进行更新和预测。[7]然而，时尚界的王牌始终不曾改变：性、魅力和地位。它们将被证明永远有效。

注　释

引言

1. Lipovetsky (G.), *L'Empire de l'éphémère. La mode et son destin dans les sociétés modernes*, Paris, Gallimard, 1987 ; *Plaisir et toucher. Essai sur la société de séduction*, Paris, Gallimard, 2017.
2. Barthes (R.), « Histoire et sociologie du vêtement, quelques observations méthodologiques », *Annales*, 1957, vol. 12, n°3, p. 430-441.
3. Johnson (K.), Tortora (P. G.), Eicher (J.), *Fashion Foundations : Early Writings on Fashion and Dress*, Oxford, Berg, 2003. Carter (M.), *Fashion Classics : From Carlyle to Barthes*, Oxford, Berg, 2003.
4. Roche (D.), *La culture des apparences. Une histoire du vêtement (XVIIᵉ- XVIIIᵉ siècle)*, Paris, Fayard, 1989. Breward, C. *The Culture of Fashion*, Manchester, Manchester University Press, 1995. Tortora (P. G.), Eubank (K.), *Survey of Historic Costume*, New York, Fairchild Publications, 1998.
5. Lipovetsky (G.), *op. cit.*, 1987. Roche (D.), *op. cit.*, 1989. Breward (C.), *op. cit.*, 1995.
6. Lipovetsky (G.), *Ibid.*, 1987, p. 5.
7. Breward (C.), *op. cit.*, 1995, p. 34
8. Tortora (P. G.), Eubank (K.), *op. cit.*, 1998.
9. Breward (C.), *op. cit.*, 1995, p. 183.
10. Steele (V.), « Fashion : Yesterday, Today and Tomorrow », *in* White (N.), Griffiths (I.), *The Fashion Business*, Oxford, Berg, 2000, p. 7.
11. Agins (T.), *The End of Fashion. How Marketing Changed the Clothing Business Forever*, New York, William Morrow, 1999.
12. Barcan (R.), *Nudity : A Cultural Anatomy*, Oxford, Berg, 2004.
13. Veblen (T.), *La théorie de la classe de loisir*, (1899) Paris, Gallimard, 1970.
14. Newton (S. M.), *Health, Art and Reason : Dress Reformers of the 19th Century*, London, John Murray, 1974.
15. Steele (V.), *Paris Fashion : A Cultural History*, Oxford, Oxford University Press, 1988.
16. Roberts (H.), « The Exquisite Slave : The Role of Clothes in the Making of the Victorian Woman », *Signs* 2, 1977, n°3, p. 554-569. Roberts (H.), « The Exquisite Slave : The Role of Clothes in the Making of the Victorian Woman », *Signs* 2, 1977, n°3, p. 554-569.

17. Steele (V.), *op. cit.*, 1988. Kunzle (D.), *Fashion and Fetishism: A Social History of the Corset, Tight-Lacing and Other Forms of Body-Sculpture in the West*, Totowa, Rowan and Littlefield, 1982.

18. Flügel (J.), *The Psychology of Clothes*, London, Hogarth Press, 1930.

19. Baudrillard (J.), *Pour une critique de l'économie politique du signe*, Paris, Gallimard, 1972, p. 79.

20. Wilson (E.), *Adorned in Dreams: Fashion and Modernity*, London, Virago Press, 1985, p. 52.

21. *Ibid.*, p. 53

22. Jefferys (T.), *Collection of the Dresses of Different Nations, Ancient and Modern*, 1757-1772, London, Charles Grignon, 4 vol. Voir à ce sujet la synthèse de Lou Taylor, *Establishing Dress History*, Manchester, Manchester University Press, 2004.

23. Strutt (J.), *Tableau des mœurs, usages, armes, habillemens...*, 1774, 1775 et 1776. *Une vue complète sur les vêtements et les habitudes du peuple anglais*, (1796-1799), Paris, Firmin Didot, 1888.

24. Entre 1810 et 1845, soixante-cinq livres sur le vêtement du paysan breton sont publiés en France.

25. Bonnard (C.), *Costumes historiques des XII°, XIII°, XIV° et XV° siècles*, Paris, A. Levy fils, 1830. Viel-Castel (H.), *Collection de costumes, armes et meubles, en quatre volumes*, Paris, Vauleur, Treuttel et Wurtz, 1827-1845.

26. «Avez-vous lu Veblen?» demande Raymond Aron dans la Préface de *Théorie de la classe de loisir*, Paris, Gallimard, 1970.

27. McClellan (E.), *Historic Dress in America, 1607-1800*, Philadelphie, George W. Jacobs & Company, 1904.

28. *Ibid.*, p. 5.

29. Talbot (H.), *Dress Design Dress Design: An Account of Costume for Artists & Dress-makers*, London, Sir I. Pitman & sons, 1920.

30. xxxxxx

31. Cruso (T.), *London Museum*, London, W. Clowes and Sons, 1934.

32. Parsons (F. A.), *The Psychology of Dress*, New York, Doubleday, Page & company, 1920.

33. Flügel (J.), *op. cit.*, 1930.

34. Cunnington (C. W.), *English women's clothing in the nineteenth century*, London, Faber, 1937; *Why women wear clothes*, London, Faber, 1941; *The history of underclothes*, London, Faber, 1951.

35. Laver (J.), *Taste and Fashion: From the French Revolution to the Present Day*, London, G. G. Harrap, 1945, p. 211.

36. Taylor (L.), *op. cit.*, 2004, p. 51-57.

37. Langley Moore (D.), *The Woman in Fashion*, London, Batsford, 1949; *The Child in Fashion*, London, Batsford, 1953.

38. Langley Moore (D.), *op. cit.*, 1949.

39. Wilson (E.), *op. cit.*, (1985) New Brunswick, Rutgers University Press, 2003.

40. Tarrant (N.), *The Development of Costume*, London, Routledge, 1994.

41. Breward (C.), *Fashion*, Oxford, Oxford University Press, 2003, p. 229

42. Evans (C.), *Fashion at the Edge: spectacle, modernity & deathliness*, New Haven & London, Yale University Press, 2003, p. 308-309.

43. Craik (J.), *The Face of Fashion: Cultural Studies in Fashion*, London, Routledge, 1994.

44. Roche (D.), *op. cit.*, 1989.

45. Berg (M.), *Luxury and Pleasure in Eighteenth-Century Britain*, Oxford, Oxford Univerity Press, 2005. Riello (G.), Rublack (U.) (éd.), *The Right to Dress: Sumptuary*

Laws in a Global Perspective, 1200-1800, Cambridge, Cambridge University Press, 2019. Riello (G.), Gerritsen A.) (éd.), *Writing Material Culture History*, London, Bloomsbury, 2014. Riello (G.), Muzzarelli (M. G.), Tosi Brandi (E.) (éd.), *Moda: Storia e Storie*, Milan, Bruno Mondadori, 2010). Riello (G.), McNeil (P.) (éd.), *Shoes: A History from Sandals to Sneakers*, Oxford-New York, Berg, 2006. Riello (G.), «The Object of Fashion: Methodological Approaches to the Study of Fashion», *Journal of Aesthetics and Culture*, 2011, vol. 3, n° 1, p. 1-9. Riello (G.), «*La chaussure à la mode*: product innovation and marketing strategies in Parisian and London boot and shoe-making in the early nineteenth century», *Textile History*, 2003, vol. 34, n° 2, p. 107-133. McNeil (P.), *Fashion: Critical and Primary Sources*, London-New York, Berg, 2008, 4 vol.

第一章　古希腊的服饰

1. Barthes (R.), «Histoire et sociologie du vêtement. Quelques observations méthodologiques», *Annales ESC*, n° 3, 1957, p. 430-441.
2. Gherchanoc (F.), Huet (V.), «Pratiques politiques et culturelles du vêtement. Essai historiographique», *Revue historique*, 2007, vol. 1, n° 641, p. 3-30. Losfeld (G.), *Essai sur le costume grec*, Paris, Boccard, 1991.
3. Johnson (M.), *Ancient Greek Dress*, Chicago, Argonaut, 1964.
4. Johnson (M.), *op. cit.*, 1964.
5. Geddes (A. G.), «Rags and Riches: The Costume of Athenian Men in the Fifth Century», *Classical Quarterly*, vol. 37, n° 2, 1987, 307-331.
6. Tortora (P. G.), Eubank (K.), *A Survey of Historic Costume: A History of Western Dress*, New York, Fairchild Publications, 1998.
7. Van Wees (H.), «Trailing Tunics and Sheepskin Coats: Dress and Status in Early Greece», *in* Cleland (L.), Harlow (M.), Llewellyn-Jones (L.) (éd.), *The Clothed Body in the Ancient World*, Oxford, Oxbow Books, 2005, p. 44-51.
8. Bresson (A.), *La cité marchande*, Bordeaux, Ausonius, 2000.
9. Van Wees (H.), art. cité, 2005, p. 44-51.
10. Cairns (D.), «Vêtu d'impudeur et de chagrin. Le rôle des métaphores de l'"habillement" dans les concepts d'émotion en Grèce ancienne», *in* Gherchanoc (F.), Huet V. (éd.), *Les vêtements antiques: S'habiller, se déshabiller dans les mondes anciens*, Arles, Errance, 2012, p. 175-88.
11. Frijda (N.), *The Emotions*, Cambridge, Cambridge University Press, 1986.
12. Gherchanoc (F.), «Beauté, ordre et désordre vestimentaires féminins en Grèce ancienne», *Clio. Femmes, Genre, Histoire*, 2012, n° 36, p. 19-42.
13. Gherchanoc (F.), art. cité, 2012.
14. Ovide, *L'Art d'aimer*, Paris, Les Belles Lettres, 2011.
15. Ovide, *Ibid*.
16. Dikotter (F.), «Hairy Barbarian, Furry Primates, and Wild Men: Medical Science and Cultural Representations of Hair in China», *in* Hiltebeitel (A.), Miller (B.) (éd.), *Hair: Its Power and Meaning in Asian Cultures*, Albany, State University of New York Press, 1998, p. 51-74.
17. Murris (E. T.), *The Story of Perfume from Cleopatra to Chanel*, New York, Charles Scribner's Sons, 1984.
18. Ackerman (D.), *A Natural History of the Senses*, New York, Random House, 1990. Classen (C.) (éd.), *Aroma: The Cultural History of Smell*, London, New York, Routledge, 1994.
19. Guiraud (H.), «Représentations de femmes athlètes (Athènes, VIᵉ-Vᵉ siècle avant J.-C.)», *Clio. Histoire, femmes et sociétés*, 2006, n° 23, p. 269-278.
20. Vout (C.), «La nudité héroïque et le corps de la femme athlète dans la culture grecque et romaine», *in*

Gherchanoc (F.), Huet V. (éd.), *op. cit.*, 2012, p. 239-252.
21. Blackmore (C.), Jennett (S.), *The Oxford Companion to the Body*, Oxford, Oxford University Press, 2001.
22. Cité dans: Gherchanoc (F.), Huet (V.), art. cité, 2007, p. 3-30.
23. Corson (R.). *Fashions in Makeup from Ancient to Modern Times*, London, Peter Owen, 1972.
24. Wolf (N.), *The Beauty Myth*, New York, William Morrow, 1991.
25. Cohen (C.), «Les bijoux et la construction de l'identité féminine dans l'ancienne Athènes», *in* Gherchanoc (F.), Huet (V.) (éd.), *op. cit.*, 2012, p. 149-164.
26. Barthes (R.), *op. cit.*, 1957, p. 430-441.
27. Llewellyn-Jones (L.), *Women's Dress in the Ancient Greek World*, London, Duckworth, 2002.
28. Gherchanoc (F.), *op. cit.*, 2012, p. 19-42.
29. Llewellyn-Jones (L.), *Aphrodite's Tortoise. The Veiled Woman of Ancient Greece*, Swansea, The Classical Press of Wales, 2003.
30. Gherchanoc (F.), Huet (V.), *op. cit.*, 2007, p. 3-30.
31. Schmitt-Pantel (P.), «Athéna Apatouria et la ceinture: les aspects féminins des Apatouries à Athènes», *Annales. ESC*, 1977, n° 32, p. 1059-1073.
32. Carter (A.), *Underwear: The Fashion History*, London, Batsford, 1992. Corson (R.), *op. cit.,* 1965.
33. Cheskin (M. P.), *The Complete Handbook of Athletic Footwear,* New York, Fairchild Publications, 1987.
34. Worn (W.), *CIBA Review, The Development of Footwear*, 1940, n° 34.
35. Barthes (R.), *op. cit.*, 1957, p. 432
36. Jones (J.), «Coquettes and Grisettes: Women Buying and Selling in Ancien Regime Paris», *in* De Grazia (V.), Furlough (E.), *The Sex of Things: Gender and Consumption in Historical Perspective*, Berkeley, University of California Press, 1996, p. 25-53.
37. Breward (C.), *The Culture of Fashion*, Manchester, Manchester University Press, 1994.
38. Gherchanoc (F.), *op. cit.*, 2012, p. 19-42.
39. Mills (H.), «Greek Clothing Regulations: Sacred and Profane», *Zeitschrift für Papyrologie und Epigraphik,* 1984, n° 55, p. 255-265. Gherchanoc (F.), Huet (V.), *op. cit.*, 2007, p. 3-30.
40. Wagner-Hasel (B.), «*Tri himatia.* Vêtement et mariage en Grèce ancienne», *in* Gherchanoc (F.), Huet (V.) (éd.), *op. cit.,* 2012, p. 39-46.
41. Tortora (P. G.), Marcketti (S. B.), *Survey of Historic Costume*, London-New York, Bloomsbury, 2015, p. 53-71.

第二章　古罗马人和时尚

1. Robert (J.-N.), *Les Romains et la mode*, Paris, Les Belles Lettres, 2011.
2. Plaute, *Comédies, t. 3 Cistellaria, Cuculio, Epidicus*, Paris, Les Belles Lettres, 2002.
3. Robert (J.-N.), *op. cit.*
4. Tortora (P. G.), Eubank (K.), *A Survey of Historic Costume: A History of Western Dress*, New York, Fairchild Publications, 1996.
5. Robert (J.-N.), *op. cit.,* 2011.
6. Louis (P.), *Ancient Rome at Work: An Economic History of Rome From the Origins to the Empire,* (1927) London, Routledge, 2013.
7. Baroin (C.), «Genre et codes vestimentaires à Rome», *Clio. Femmes, Genre, Histoire,* 2012, n° 36, p. 43-66.
8. Sebesta (J. L.), «Symbolism in the Costume of the Roman Woman» et Sebesta (J. L.), «Tunica Ralla, Tunica Spissa», *in* Sebesta (J. L.), Bonfante (L.), *The World of Roman Costume,* Madison, University of Wisconsin Press, 1994, p. 46-53 et p. 65-76.

9. Ovide, *L'art d'aimer*, Paris, Les Belles Lettres, 2011.
10. Gherchanoc (F.), Huet (V.), «Pratiques politiques et culturelles du vêtement. Essai historiographique», *Revue historique,* 2007, vol. 1, n° 641, p. 3-30.
11. Deniaux (É.), «La *toga candida* et les élections à Rome sous la République», *in* Chausson (F.), Inglebert (H.), *Costume et société dans l'Antiquité et le Haut Moyen Âge,* Paris, C. Picard, 2003, p. 49-56.
12. Gherchanoc (F.), Huet (V.), *op. cit.,* 2007, p. 7.
13. Quintilien, *Institution oratoire,* Paris, Les Belles Lettres, 2012, 7 tomes.
14. Baroin (C.), «Genre et codes vestimentaires à Rome», *Clio. Femmes, Genre, Histoire,* 2012, n° 36, p. 43-66.
15. Wolf (N.), *The Beauty Myth,* New York, William Morrow, 1991. Corson (R.), *Fashions in Hair: The First Five Thousand Years,* London, Peter Owen, 1965.
16. Juvénal, *Satires,* Paris, Les Belles Lettres, 2002.
17. Ovide, *op. cit.*.
18. Pline l'Ancien, *Histoire naturelle,* Paris, Les Belles Lettres, 2016, livre XXVI.
19. MacMullen (R.), «Woman in Public in the Roman Empire», *Historia,* 1980, vol. 29, n° 2, p. 208-218.
20. Blackmore (C.), Jennett (S.), *The Oxford Companion to the Body,* Oxford, Oxford University Press, 2001.
21. Ovide, *op. cit.*.
22. Corson (R.), *Fashions in Makeup from Ancient to Modern Times,* London, Peter Owen, 1972.
23. Pline l'Ancien, *op. cit.*, livre XIII.
24. Murris (E. T.), *The Story of Perfume from Cleopatra to Chanel,* New York, Charles Scribner's Sons, 1984.
25. Pline l'Ancien, *op. cit.*, livre XIII.
26. Aulu-Gelle, *Nuits Attiques,* Paris, Belles Lettres, 2002.
27. Ovide, *op. cit.*
28. Corson (R.), *op. cit.,* 1965.
29. Cohen (C.), «Les bijoux et la construction de l'identité féminine dans l'ancienne Athènes», *in* Gherchanoc (F.), Huet (V.) (éd.), *Les vêtements antiques : S'habiller, se déshabiller dans les mondes anciens,* Arles, Errance, 2012, p. 149-164.
30. Sebesta (J. L.), *op. cit.*, p. 46-53 et p. 65-76.
31. Galliou (P.), «Ombres et lumières sur la Bretagne antique», *Pallas,* 2009, n° 80, p. 351-372.
32. Le Roux (P.), «Rome et l'Occident: seize provinces en quête d'histoires», *Pallas,* 2009, n° 80, p. 389-398.
33. Millet (A.), *Dessiner la mode. Une histoire des mains habiles (XVIIIᵉ-XIXᵉ siècles),* Turnhout, Brepols, à paraître, 2020.
34. Wilson (L. M.), *The Roman Toga,* Baltimore, Johns Hopkins Press, 1924.
35. Baroin (C.), art. cité, p. 43-66.
36. Croom (A. T.), *Roman Clothing and Fashion,* Charleston, Tempus, 2002.
37. Phillips (C.), *Jewelry: From Antiquity to the Present,* New York, Thames and Hudson, 1996.
38. Cordier (P.), *Nudités romaines. Un problème d'histoire et d'anthropologie,* Paris, Belles Lettres, 2005. Delmaire (R.), «Le vêtement dans les sources juridiques du Bas-Empire», *Antiquité tardive. Tissus et vêtements dans l'Antiquité tardive,* 2004, n° 12, p. 195-202.
39. Bonnefond-Coudry (M.), «Loi et société: la singularité des lois somptuaires de Rome», *Cahiers du Centre Gustave Glotz,* 2004, n° 15, p. 135-171 ;
40. Pline l'Ancien, *op. cit.*, livre IX.

41. Plaute, *Comédies, Tome I, Amphitryon-Asinaria-Aulularia*, Paris, Les Belles Lettres, 1932.
42. Ovide, *op. cit.*, livre I.
43. Sebesta (J. L), «Tunica Ralla, Tunica Spissa», *in* Sebesta (J. L.), Bonfante (L.) (éd.), *The World of Roman Costume*, Madison, University of Wisconsin Press, 1994, p. 65-76.
44. Herlihy (D.), *Opera muliebria: Women and Work in Medieval Europe*, Philadelphia, Temple University, 1900.
45. Jones (A. H. M.), «The Cloth Industry under the Roman Empire», *Economic History Review*, 1960, vol. 13, n°2, p. 183-184.
46. Friedlander (L.), *Roman Life and manners under the Early Empire*, New York, Dutton, vol. 1, p. 146-149.
47. Bonfante (L.), «Introduction», *in* Sebesta (J. L.), Bonfante (L.) (éd.), *op. cit.*, p. 3-9.
48. Croom (A. T.), *op. cit.*, 2002.
49. Casson (L.), *Everyday Life in Ancient Rome*, New York, Heritage, 1975.

第三章　中世纪的服装与审美

1. Newton (S. M.), *Fashion in the Age of the Black Prince,* Totowa, Rowan and Littlefield, 1980.
2. Braudel (F.), *La dynamique du capitalisme*, (1985) Paris, Flammarion, 2014. Braudel (F.), *Civilisation matérielle, économie et capitalisme, XVᵉ et XVIIIᵉ siècles, t. 1. Les Structures du quotidien et 2. Les Jeux de l'échange, Paris, Armand Colin, 1979.*
3. Lipovetsky (G.), *op. cit.,* , 1987.
4. Breward (C.), *op. cit.*, 1994, p. 34.
5. Tortora (P.), Eubank (K.), *Survey of Historic Costume,* New York, Fairchild Publications, 1998.
6. Audoin-Rouzeau (F.), *Les Chemins de la peste. Le rat, la puce et l'homme*, Rennes, PUR, 2003, p. 203-277.
7. De Lespinasse (R.), Bonnardot (F.), *Les métiers et corporations de la Ville de Paris : XIIIᵉ siècle, Le Livre des Métiers d'Étienne Boileau*, Paris, Imprimerie nationale, 1879.
8. Roux (S.), «Les femmes dans les métiers parisiens : XIIIᵉ-XVᵉ siècles», *Clio. Femmes, Genre, Histoire*, 1996, n° 3, [En ligne], mis en ligne le 1ᵉʳ janvier 2005, consulté le 17 février 2018. URL : http://journals.openedition.org/clio/460 ; DOI : 10.4000/clio.460
9. Spufford (P.), *Power and Profit: The Merchant in Medieval Europe,* New York, Thames & Hudson, 2003.
10. Cunnington (C. W.), Cunnington (P.), *Handbook of English Medieval Costume*, Northampton, John Dickens, 1973. Evans (J.), *Dress in Medieval France*, Oxford, Clarendon, 1952.
11. Goddard (E. R.), *Women's Costume in French Texts of the 11ᵗʰ and 12ᵗʰ Centuries*, New York, Johnson Reprints, 1973. Newton (S. M.), *op. cit.*, Totowa, Rowan and Littlefield, 1980.
12. Pastoureau (M.), *L'étoffe du diable: une histoire des rayures et des tissus rayés*, Paris, Le Seuil, 1991.
13. Pastoureau (M.), *op. cit.,* 1991.
14. Van Buren (A. H.), *Illuminating fashion, Dress in the Art of Medieval France and the Netherlands, 1325-1515*, New York, The Morgan Library & Museum, 2011, p. 13-17.
15. Byrde (P.), *The Male Image: Men's Fashion in England, 1300-1970,* London, B. T. Batsford, 1979.
16. Vigarello (G.), «The Upward Training of the Body from the Age of Chivalry to Courtly Civility», *in* Feher (M.), Nadoff (R.), Tazi (N.), *Fragments for a History of the Human Body*, New York, Zone Books, 1989, p. 149-199.
17. Bondi (F.), Mariacher (G.), *If the Shoe Fits*, Venice, Cavallino Venezia, 1983.

18. Newton (S. M.), *op. cit.*, Totowa, Rowan and Littlefield, 1980.
19. Staniland (K.), «*Clothing* Provision and the Great Wardrobe in the MidThirteenth Century», *Textile History*, 1991, vol. 22, n° 2, p. 239-52.
20. Cunnington (C. W.), Cunnington (P.), Beard (C.), *A Dictionary of English Costume 900-1900,* London, Adam and Charles Black, 1972.
21. Jolivet (S.), «Pour soi vêtir honnêtement à la cour de monseigneur le duc : costume et dispositif vestimentaire à la cour de Philippe le Bon, de 1430 à 1455», thèse d'histoire, Université de Bourgogne, 2003.
22. *Statues of the Realm,* vol. 1 (de Henri III à Édouard III), p. 22. Il s'agit de la compilation des actes du parlement d'Angleterre.
23. Kovesi (C.), «Women and Sumptuary Law», *in* Mc Neil (P.) (éd.), *Fashion : Critical and Primary Sources*, vol. 1, Oxford, Blomsbury, 2009, p. 110-129. Kovesi (C.), *Sumptuary Law in Italy 1200-1500*, Oxford, Clarendon Press, 2002.
24. Heller (S.-G.), «Fashion in French Crusade Literature : Desiring Infidel Textiles», *in* Koslin (G.), Snyder (J.) (éd.), *Encountering Medieval Textiles and Dress : Objects, Texts, Images,* New York, Palgrave Macmillan, 2002, p. 103-119.
25. Huizinga (J.), *The Waning of the Middles Ages,* London, Penguin Books, 1924, p. 250-52 et 270-74.
26. Castiglione (B.), *Il libro del cortegiano,* (1528) Paris, Garnier-Flammarion, 1991.
27. Pastoureau (M.), *Noir, histoire d'une couleur*, Paris, Seuil, 2008.
28. Gies (F.), Gies (J.), *Cathedral, forge and waterwheel,* New Yorh, HarperCollins, 1994.
29. Gies (F.), Gies (J.), *Ibid.*
30. Newton (S. M.), *op. cit.*, Woodbridge, Boydell Press, 1980.
31. Netherton (R.), «The Tippet Accessory after the Fact ?», *in* Netherton (R.), Owen-Crocker (G. R.), (éd.), *Medieval Clothing and Textiles,* Woodbridge University, Boydell Press, 2005, p. 115-132.
32. Piponnier (F.), Mane (P.), *Dress in the Middle Ages,* New Haven, Yale University Press, 1997.

第四章　品位经济的稳定化

1. Frick (C.), *Dressing Renaissance Florence. Families, Fortunes, and Fine Clothing,* Baltimore, Johns Hopkins University Press, 2002.
2. Cunnington (C. W.), Cunnington (P. E.), Charles Beard (C.), *A Dictionary of English Costume 900-1900,* London, Adam and Charles Black, 1972.
3. Tortora (P.), Eubank (K.), *Survey of Historic Costume,* New York, Fairchild Publications, 1998. Frick (C.), *op. cit.,* Baltimore, Johns Hopkins University Press, 2002. Herald (J.), *Renaissance Dress in Italy, 1400–1500,* New York, Humanities Press, 1981.
4. Ashelford (J.), *The Visual History of Costume : The 16th Century,* New York, Drama Book, 1983.
5. Breward (C.), *The Culture of Fashion : A New History of Fashionable Dress,* New York, St. Martin's Press, 1995.
6. McKendrick (N.), Brewer (J.), Plumb (J. H.), *The Birth of a Consumer Society : The Commercialization of Eighteenth-Century England,* Bloomington, Indiana University Press, 1982.
7. Ashelford (J.), *Dress in the Age of Elizabeth I,* New York, Holmes and Meier, 1988.
8. Gaumy (T.), «Le chapeau à Paris. Couvre-chefs, économie et société, des guerres de Religion au Grand Siècle (1550-1660)», thèse d'histoire, École nationale des Chartes, 2015.
9. Frick (C.), *op. cit.,* Baltimore, Johns Hopkins University Press, 2002.
10. Breward (C.), *op. cit.,* New York, St. Martin's Press, 1995.

11. Milliot (V.), «La Ville au miroir des métiers. Représentations du monde du travail et imaginaires de la ville (XVIe-XVIIIe siècle)», *in* Petitfrère (C.), *Images et imaginaires de la ville à l'époque moderne*, Tours, Université François-Rabelais, 1998, p. 211-234.

12. Consulter à ce sujet, les 316 actes notariaux concernant les fabricants d'accessoires du Minutier Central (Archives nationales, Paris).

13. Gaumy (T.), *op. cit.*, 2015.

14. Bosseboeuf (L.-A.), *La Touraine à travers les âges. Histoire des origines à nos jours*, Tours, Imprimerie tourangelle, 1911.

15. Coudouin (A.), «L'âge d'or de la soierie à Tours (1470-1550)», *Annales de Bretagne et des pays de l'Ouest*, 1981, t. 88, n° 1, p. 43-65.

16. Collas (R.), *Heurs et malheurs des soieries tourangelles Rolande Collas*, Chambray-lès-Tours, le Clairmirouère du temps, 1987. Millet (A.), «*Couleurs* de soie: tentatives de rénovation de la teinture à *Tours*, 1740-1827», *in La soie en Touraine*, Actes du colloque, 24 novembre 2006, *Tours, Cité de la Soie*, 2007, p. 55-67.

17. Hilaire-Pérez (L.), *La pièce et le geste. Artisans, marchands et savoir technique à Londres au XVIIIe siècle*, Paris, Albin Michel, 2013. Sennett (R.), *Ce que sait la main. La culture de l'artisanat*, Paris, Albin Michel, 2010.

18. Gaumy (T.), *op. cit.*, 2015. Allaire (B.), *Pelleteries, manchons et chapeaux de castor. Les fourrures nord-américaines à Paris, 1500-1632*, Paris, Presses de l'Université de Paris-Sorbonne, 1999. Havard (G.), *Histoire des coureurs de bois. Amérique du Nord, 1600-1840*, Paris, Les Indes savantes, 2016.

19. Millet (A.), *Dessiner la mode. Une histoire des mains habiles (XVIIIE-XIXe siècles)*, Turnhout, Brepols, à paraître 2020.

20. Von Boehm (M.), *Dolls and Puppets*, Boston, Charles T. Branford, 1956.

21. Hartnoll (P.), *The Theatre: A Concise History,* London, Thames and Hudson, 1985.

22. Fogel (M.), «Modèle d'État et modèle social de dépense: les lois somptuaires en France de 1485 à 1660», *in* Genet (J. P.), Le Mené (M.), *Genèse de l'État moderne. Prélèvement et redistribution*, Paris, CNRS, 1987, p. 227-235. Pascal (B.), «"Aux tresors dissipez l'on cognoist le malfaict": Hiérarchie sociale et transgression des ordonnances somptuaires en France, 1543-1606», *Renaissance & Réformation/Renaissance et Réforme*, 1999, vol. 23, n° 4, p. 23-43.

23. Baldwin (F. E), *Sumptuary Legislation and Personal Regulation in England,* Baltimore, The Johns Hopkins Press, 1926, vol. 44. Benhamou (R.), «The Restraint of Excessive Apparel: England 1337-1604», *Dress*, 1989, n° 15, p. 27–37. Vincent (J. M.), *Costume and Conduct in the Laws of Basel, Bern, and Zurich, 1370-1800,* (1935) New York, Greenwood, 1969.

24. Montchrestien de (A.), *Traité de l'économie politique*, (1615), Genève, Droz, 1999, p. 60.

25. Manuscrit, Bibliothèque nationale de France, recueil de dessins annotés du 20 février 1520 au 15 septembre 1560.

26. Massié (A.), «Les artisans du Camp du Drap d'Or (1520): Culture matérielle et représentation du pouvoir», master d'histoire, Université Paris-Diderot, 2012.

27. Michelet (J.), *Histoire de France*, (1855) Paris, Ed. Equateurs, 2015, t. 8.

28. Élias (N.), *La Société de cour*, (1974) Paris, Flammarion, 1985.

29. Roche (D.), *La Culture des apparences: une histoire du vêtement (XVIIe-XVIIIE siècle)*, Paris, Fayard, 1989.

30. Massié (A.), *op. cit.*, 2012.

31. Lanoé (C.), *La Poudre et le Fard. Une histoire des cosmétiques de la Renaissance aux Lumières*, Seyssel, Champ Vallon, 2008.

32. Deblock (G.), *Le Bâtiment des recettes – Présentation et annotation de l'édition Jean Ruelle, 1560,* Rennes, Presses Universitaires de Rennes, 2015, p. 60.
33. Wolf (N.), *The Beauty Myth,* New York, William Morrow, 1991.
34. Lanoë (C.), «Images, masques et visages. Production et consommation des cosmétiques à Paris sous l'Ancien Régime», *Revue d'histoire moderne et contemporaine,* 2008, vol. 55, n° 1, p. 7-27.
35. Lanoé (C.), *La Poudre et le Fard…, op. cit,* 2008.
36. Muzzarelli (M.-G.), «Statuts et identités. Les couvre-chefs féminins (Italie centrale, XVᵉ-XVIᵉ siècle)», *Clio. Femmes, Genre, Histoire,* 2012, n° 36, p. 67-89.
37. Bondi (F.), Mariacher (G.), *If the Shoe Fits,* Venice, Cavallino Venezia, 1983.
38. Wilcox (C.), *Bags,* London, Victoria and Albert Museum, 1999. Johnson (A.), *Handbags: The Power of the Purse,* New York, Workman Publishing Company, 2002.
39. Richard (M.), Koda (H.), *Splash! A History of Swimwear,* New York, Rizzoli International, 1990.
40. Cheskin (P.), *The Complete Handbook of Athletic Footwear,* New York, Fairchild Publications, 1987. Paquin (E.), «From Creepers to High-tops: A Brief History of the Sneaker», *Lands' End Catalog,* http://www.landsend.com
41. Rubin (A.) (éd.), *Marks of Civilization: Artistic Transformations of the Human Body,* Los Angeles, University of California, 1988. Wilcox (C.), *Radical Fashion,* London, Harry N. Abrams, 2001.
42. Johnson (R.), «The Anthropological Study of Body Decoration as Art: Collective Representations and the Somatization of Affect», *Fashion Theory,* 2001, vol. 5, n° 4, p. 417-434.
43. Waugh (N.) *Corsets and Crinolines,* (1954) New York, Theatre Arts Books, 1991.
44. Herald (J.), *Renaissance Dress in Italy, 1400-1500,* Atlantic, Humanities Press, 1981.
45. Chamberlin (E. R.), *Everday Life in Renaissance Times,* New York, Putman, 1969, p. 53

第五章　身体的大时代

1. Stanisland (K.), «Samuel Pepys and His Wardrobe», *Costume,* 1997, n° 37, p. 41-50.
2. Lemire (B.), *Dress, Culture and Commerce: The English Clothing Trade Before the Factory, 1660-1800,* New York, St. Martin's Press, 1997.
3. Stanisland (K.), *op. cit.,* 1997, p. 41-50.
4. Adburgham (A.), *Shops and Shopping (1800-1914),* London, Allen & Unwin, 1964.
5. Minard (P.), *La Fortune du colbertisme. État et industrie dans la France des Lumières,* Paris, Fayard, 1998.
6. Millet (A.), «Les dessinateurs de fabrique (1750-1850)», thèse d'histoire, Université Paris 8, 2015.
7. Kidwell (C.), *Cutting a Fashionable Fit. Dressmakers Drafting Systems in the United States,* Washington D.C., Smithsonian Institution Press, 1979, p. 4.
8. De Alcega (J.), *Libro de Geometria, Practica y Traça,* Madrid, Guillermo Drouy, 1589.
9. Thépaut-Cabasset (C.), *L'esprit des modes au Grand Siècle,* Paris, CTHS, 2010.
10. Charles-Roux (E.), *Théâtre de la mode: Fashion Dolls. The Survival of Haute Couture,* Portland, Palmer-Pletsch Associates, 2002.
11. Abbé Prévost, *Contes, aventures et faits singuliers,* (1704) Amsterdam, 1784, p. 495.
12. Thépaut-Cabasset (C.), *op. cit.,* 2010.
13. Glorieux (G.), *À l'enseigne de Gersaint: Edme-François Gersaint, marchand d'art sur le pont Notre-Dame (1694-1750),* Seyssel, Champ Vallon, 2002.

14. Furetière (A.), *Dictionnaire universel, contenant généralement tous les mots françois tant vieux que modernes, et les termes de toutes les sciences et des arts*, La Haye, A. et R. Leers, 1690, non paginé.
15. Zazzo (A.), Chenoune (F.), Lécallier (S.), Grumbach (D.), Veillon (D.), *Showtime : le défilé de mode*, Paris, Musées, 2006.
16. Appadurai (A.), *The Social Life of Things : Commodities in Cultural Perspective*, Londres, Cambridge University Press, 1986.
17. Mauss (M.), « Essai sur le don. Forme et raison de l'échange dans les sociétés archaïques », dans *Sociologie et Anthropologie*, (1923-1924), Paris, Presses Universitaires de France, 1950, p. 143-279.
18. *Koyré (A.), Du monde clos à l'univers infini*, Paris, Presses Universitaires de France, 1962.
19. Renbourn (E. T.), Rees (W. H.), *Materials and Clothing in Health and Disease*, London, H. K. Lewis and Company, 1972.
20. Bulwer (J.), *Anthropometamophosis*, London, J. Hardesty. 1650.
21. Hart (A.), North (S.), Davis (R.), *Fashion in Detail from the 17th and 18th Centuries*, New York, Rizzoli International, 1998.
22. Kuchta (D.), *The Three-Piece Suit and Modern Masculinity. England, 1550-1850*, Berkeley, Los Angeles and London, University of California Press, 2002.
23. Roche (D.), *La Culture des apparences. Une histoire du vêtement (XVIIᵉ-XVIIIᵉ siècles)*, Paris, Fayard, 1990.
24. Gravure, « Powdered Poodle », début XVIIIᵉ siècle, Paris, Bibliothèque nationale de France. Cooper (W.), *Hair : Sex, Society, Symbolism,* New York, Stein and Day, 1971. Corson (R.), *Fashions in Hair : The First Five Thousand Years,* London, Peter Owen, 1965.
25. Scott (P.), « Masculinité et mode au XVIIᵉ siècle. *L'Histoire des perruques* de l'abbé J.-B. Thiers », *Itinéraires*, 2008, nᵒ 1, p. 77-89.
26. Robert (E.), *Causes amusantes et connues*, Berlin, 1769, t. 1.
27. Gerbod (P.), « Les métiers de la coiffure en France dans la première moitié du XXᵉ siècle », *Ethnologie française*, 1983, t. 13, nᵒ 1, p. 39-46.
28. Tallemand des Réaux, *Les historiettes*, Paris, J. Techener, 1850, vol. 5, p. 420-422.
29. Claude Galien (Pergame v. 129, Rome v. 200), est considéré comme l'un des pères de la pharmacie. Son influence durable sur la médecine est notamment due à sa théorie des humeurs. Selon lui, le corps est constitué des quatre éléments fondamentaux, air, feu, eau et terre possédant quatre qualités : chaud ou froid, sec ou humide. Ces éléments coexistent en équilibre lorsque la personne est en bonne santé. Un déséquilibre mineur entraîne des « sautes d'humeur ». Plus grave, un déséquilibre majeur menace la santé de l'individu.
30. Lanoë (C.), *La Poudre et le Fard, une histoire des cosmétiques de la Renaissance aux Lumières*, Seyssel, Champ Vallon, 2008.
31. Marcel Mauss pose les fondements de sa réflexion sur la gestualité le 17 mai 1934 lors d'un séminaire de la Société de psychologie. L'article est d'abord publié dans le *Journal de Psychologie* XXXII 3-4 (15 mars-15 avril 1936), puis largement diffusé grâce à Claude Lévi-Strauss qui dirige l'édition de la compilation des textes de Marcel Mauss : *Anthropologie et Sociologie,* Paris, Presses Universitaires de France, 1950, p. 365-86.
32. Cumming (V.), *Gloves,* London, B. T. Batsford Ltd., 1982. Eldred (E.), *Gloves and the Glove Trade,* London, Pitman and Sons, 1921.
33. Johnson (A.), *Handbags. The Power of the Purse*, New York, Workman Publishing Company, 2002.
34. Bondi (F.), Mariacher (G.), *If the Shoe Fits,* Venice, Cavallino Venezia, 1983. June (J.), *Shoes,* London, B.T. Batsford, 1982.

35. Hagerty (B.), Rivers Siddons (A.), *Handbags: A Peek Inside a Woman's Most Trusted Accessory,* New York, Running Press, 2002.
36. McKendrick (N.), Brewer (J.), Plumb (J. H.), *The Birth od a Consumer Society: The Commercialization of Eighteenth Century England,* Bloomington, Indiana University Press, 1982.

第六章　永远更快

1. Roche (D.), *La Culture des apparences. Une histoire du vêtement (XVIIᵉ-XVIIIᵉ siècles),* Paris, Fayard, 1989.
2. Delpierre (M.), *Dress in France in the Eighteenth Century,* New Haven, Yale University Press, 1998.
3. Kuchta (D. M), «Graceful, Virile and Useful: The Origins of the Three-Piece Suit», *Dress,* 1990, n° 17, p. 118. Buck (A.), *Dress in 18th Century England,* New York, Holmes and Meier, 1979.
4. Mercier (L.-S.), *Tableau de Paris,* Amsterdam, 1785, vol. VII.
5. Pellegrin (N.), *Les vêtements de la liberté. Abécédaire des pratiques vestimentaires françaises de 1780 à 1800,* Aix-en-Provence, Alinéa, 1989.
6. *Modes et révolutions, 1780-1804,* catalogue d'exposition, Palais Galliera, Paris Musées, 1989.
7. Ribeiro (A.), *Fashion in the French Revolution,* New York, Holmes and Meier, 1988.
8. Picot (G.), Picot (G.), *Le Sac à main, histoire amusée et passionnée,* Paris, Éd. du May, 1993.
9. Steele (V.), *Paris Fashion: A Cultural History,* New York, Berg, 1998.
10. Walkley (C.), Foster (V.), *Crinolines and Crimping Irons: Victorian Clothes. How They Were Cleaned and Cared For,* London, p. Owen, 1978.
11. *The Lily,* septembre 1851. Foote (S.), «Bloomers», *Dress,* 1980, n° 5, p. 1.
12. Severa (J.), *Dressed for the Photographer. Ordinary Americans and Fashion 1840-1900,* Kent, Kent State University Press, 1995.
13. Cunnington (P.), Mansfield (A.), *English Costume for Sports and Outdoor Recreation: From the Sixteenth to the Nineteenth Centuries,* London, Adam and Charles Black, 1969.
14. Veblen (T.), *Théorie de la classe de loisir,* (1899) Paris, Gallimard, 1970.
15. Miller (D.), *Shopping, Place and Identity,* London, Routledge, 1998. McKendrick (N.), Brewer (J.), Plumb (J. H.), *The Birth of Consumer Society,* London, Europa, 1982.
16. François Boucher, *La Marchande de mode,* 1746, huile sur toile, Nationalmuseum, Stockholm.
17. Chabaud (G.), «Images de la ville et pratique du livre. Le genre des guides de Paris (XVIIᵉ-XVIIIᵉ siècles)», *Revue d'histoire moderne et contemporaine,* 1998, vol. 45, n° 2, p. 323-345. Turcot (L.), *Sports et Loisirs. Une histoire des origines à nos jours,* Paris, Gallimard, 2016.
18. Sapori (M.), *Rose Bertin: Ministre des modes de Marie-Antoinette,* Paris, Regard-Institut Français de la Mode, 2004. Chrisman (K.), «Rose Bertin in London?», *Costume,* 1999, n° 32, p. 45-51.
19. Mercier (L.-S.), *Tableau de Paris,* 1781, vol. 2, p. 281.
20. Comte de Lubersac, *Vues politiques et patriotiques,* Paris, Imp. de Monsieur, 1787, p. 39.
21. Rothstein (N.), *400 Years of Fashion,* London, V&A Publishing, 1988.
22. Breward (C.), *Fashioning London: Clothing and the Modern Metropolis,* Oxford, Berg, 2004.
23. Steele (V.), *Paris Fashion: A Cultural History,* Oxford, Berg, 1998.
24. Grau (F.-M), *La Haute Couture,* Paris, Presses universitaires de France, 2000.

25. Kidwell (C.), Christman (M.), *Suiting Everyone: The Democratization of Clothing in America*, Washington, Smithsonian Institution Press, 1974.
26. Chassagne (S.), *Oberkampf, un entrepreneur capitaliste au siècle des Lumières*, Paris, Aubier Montaigne, 1980.
27. *Parthasarathi (P.)*, Riello (G.), «India to the world: cotton and fashionability», *in* Trentmann F. (éd.), *The Oxford Handbook of the History of Consumption*, Oxford, Oxford University Press, 2012, p. 160.
28. Millet (A.), «Les dessinateurs de fabrique (1750-1880)», thèse d'histoire, Université Paris 8, 2015.
29. Jarrige (F.), «Le martyre de Jacquard ou le mythe de l'inventeur héroïque (France, XIXᵉ siècle)», *Tracés. Revue de Sciences humaines* [En ligne], 2009, n° 16, mis en ligne le 20 mai 2010, consulté le 9 avril 2018.
30. McKendrick (N.), Brewer (J.) et Plumb (J. H.), *The Birth of Consumer Society*, London, Europa, 1982.
31. Jarrige (F.), *Au temps des «tueuses de bras». Les bris de machines à l'aube de l'ère industrielle (1780-1860)*, Rennes, Presses universitaires de Rennes, 2009.
32. Roche (D.), *La Culture des apparences. Une histoire du vêtement (XVIIᵉ-XVIIIᵉ siècles)*, Paris, Fayard, 1989.
33. Belloir (V.) (dir.), «Déboutonner la mode», catalogue d'exposition, Paris, Les arts décoratifs, 2015.
34. Pearsall (S.), «In Waterbury, Buttons Are Serious Business», *New York Times*, 3 août 1997.
35. Epstein (D.), Safro (M.), *Buttons*, New York, Harry N. Abrams, 1991.
36. Ginsburg (M.), «Rags to Riches: The Second-Hand Clothes Trade 1700-1978», *Costume*, 1980, n° 14, p. 121-135.
37. Stanisland (K.), «Samuel Pepys and His Wardrobe», *Costume*, 1997, n° 37, p. 41-50. Sanderson (C. E), «Nearly New: The Second-Hand Clothing Trade in Eighteenth-Century Edinburgh», *Costume*, 1997, n° 31, p. 38-48.
38. Transberg (K. H.), «Other People's Clothes? The International Second-hand Clothing Trade and Dress Practises in Zambia», *Fashion Theory*, 2000, n° 3, p. 245-274.
39. Millet (A.), *Vie et destin d'un dessinateur textile d'après le journal d'Henri Lebert (1794-1862)*, Seyssel, Champ Vallon, 2018.
40. «En France, les deux premières périodes de créations de magasins sont ainsi les années 1820-1860: *Aux Trois quartiers* (1829), *La Belle Jardinière* (1824), *Au Bon Marché* (racheté par Boucicaut en 1852), *Le Louvre* (1855), *le Printemps* (1865) – puis les années1880-1920, où sont notamment créés les *Galeries Lafayette* et la plupart des magasins à succursales (Goulet-Turpin en 1874, Système U en 1884, Casino en 1899)». Chatriot (A.), Chessel (M.-E.), «L'histoire de la distribution: un chantier inachevé», *Histoire, économie et société*, 2006, vol. 25, n° 1, p. 67-82.
41. Withaker (J.), *Une histoire des grands magasins*, Paris, Citadelles & Mazenod, 2011.
42. Parrot (N.), *Mannequins*, New York, St. Martin's Press, 1982.
43. Waltraud (E.), *Histories of the Normal and the Abnormal: Social and Cultural Histories of Norms and Normativity*, London, Routledge, 2006, p. 154-155.
44. Perret (J.-J.), *La Pogonotomie ou L'art d'apprendre à se raser soi-même*, Paris, Chez Dufour, 1769.
45. Cooper (W.), *Hair: Sex, Society, Symbolism*, New York, Stein and Day, 1971. Corson (R.), *Fashions in Hair: The First Five Thousand Years*, London, Peter Owen, 1965.
46. Crowston (C. H.), *Credit, Fashion, Sex. Economies of Regard in Old Regime France*, Durham & London, Duke University Press, 2013.
47. Coffin (J.), *The Politics of Women's Work: The Paris Garment Trades, 1750-1915*, Princeton, Princeton University Press, 1996.

48. Eileen (Y.), Thompson (E. P.), *The Unknown Mayhew*, New York, Pantheon Books, 1971.
49. Stansell (C.), *City of Women: Sex and Class in New York 1789-1860*, Urbana, University of Illinois Press, 1987.
50. Waugh (N.), *The Cut of Men's Clothes, 1600-1900*, London, Faber and Faber, 1964.
51. Waltraud (E.), *Histories of the Normal and the Abnormal: Social and Cultural Histories of Norms and Normativity*, London, Routledge, 2006, p. 154-162.
52. Notamment, le *Mercure galant* (1678-1714), le *Cabinet des modes* (1785-1786), *Gallery of Fashion* (1794-1803), le *Tableau général du goût, des modes et costumes de Paris* (1797-1799), le *Magasin des modes nouvelles françaises et anglaises* (1786-1789), *L'art du coiffeur* (1833-1834), *La Sylphide* (1839-1873), *Le Journal des coiffeurs. Paris* (1836-1875) et le *Journal L'homme du monde: magasin complet du gentleman français* (1863). Goffman (E.), *Gender Advertisements*, London, Macmillan, 1979.
53. Rose (A.-C.), *Voices of the Marketplace: American Thought and Culture, 1830-1860*, New York, Rowman and Littlefield, 2004, p. 75.
54. Mac Neil (S.), *The Paris Collection*, Cumberland, Hobby House Press, 1992.
55. Chedzoy (A.), *Sheridan's Nightingale:* Story of Elizabeth Linley, London, *Allison & Busby*, 1998.
56. Pointon (M.), *Hanging the Head: Portraiture and Social Formation in Eighteenth-Century England*, New Haven, Yale University Press, 1993. Ribeiro (A.), *The Art of Dress: Fashion in England and France, 1750 to 1820*, New Haven, Yale University Press, 1995.
57. Lewis (W. S.), *The Yale Edition of Horace Walpole's Correspondence*, New Haven, Yale University Press, 1937, vol. 38, p. 306.
58. McNeil (P.), «That Doubtful Gender': Macaroni Dress and Male Sexualities», *Fashion Theory. The Journal of Dress, Body & Culture*, 1999, vol. 3, n°4, p. 411-447.
59. Ribeiro (A.), «The Macaronis», *History Today*, 1978, vol. 28, n°7, p. 463-468.
60. Steele (V.), «The Social and Political Significance of Macaroni Fashion», *Costume*, 1985, n°19, p. 94-109. Donald (D.), *The Age of Caricature: Satirical Prints in the Reign of George III*, New Haven, Yale University Press, 1996.
61. Schiffter (F.) (Barbey d'Aurevilly J.), *Du dandysme et de George Brummell*, Paris, Payot & Rivages, 1997.
62. Walden (G.), *Who's a Dandy?*, London, Gibson Square Press, 2002, p. 52
63. Balzac (H.), *Sur le dandysme. Traité de la vie Élégante. Par Balzac. Du dandysme et de George Brummell par Barbey D'Aurevilly. La peinture de la vie moderne par Baudelaire*, Paris, Union générale d'Édition, 1971.
64. Trumbach (R.), «The Birth of the Queen: Sodomy and the Emergence of Gender Equality in Modern Culture, 1660-1750», *in* Duberman (M.), Vicanus (M.), Chauncey (G.), *Hidden From History: Reclaiming the Gay and Lesbian Past*, London, Penguin, 1991, p. 129-140.
65. De Marly (D.), *Working Dress: A History of Occupational Clothing*, London, B. T. Batsford, 1986.
66. Severa (J.), *Dressed for the Photographer: Ordinary Americans and Fashion, 1840-1900*, Kent, Kent State University Press, 1995. Stansell (C.), *City of Women: Sex and Class in New York 1789-1860*, Urbana, University of Illinois Press, 1987.
67. Millet (A.), «Les dessinateurs de fabrique (1750-1850)», thèse de doctorat, Université Paris 8, chapitre 4.
68. Worsley (H.), *100 idées qui ont transformé la mode*, Paris, Seuil, 2011, p. 20-21.
69. Morris (N.), Rothman (D.) (edi.), Oxford History of the Prison, Oxford-New York, Oxford University Press, 1995.
70. Foucault (M.), *Surveiller et punir. La naissance de la prison*, Paris, Gallimard, 1975.

71. Renbourn (E. T.), Rees (W. H.), *Materials and Clothing in Health and Disease,* London, H.K. Lewis and Company, 1972, p. 32-46.
72. Cox (C.), *Lingerie: A Lexicon of Style,* London, Scriptum Editions, 2001. Carter (A.), *Underwear: The Fashion History,* London, B. T. Batsford Ltd., 1992.
73. Martin (R.), Koda (H.), *Splash! A History of Swimwear,* New York, Rizzoli International, 1990. Lansdell (A.), *Seaside Fashions 1860-1939,* Princes Risborough, Shire Publications, 1990.
74. Steele (V.), *Paris Fashion: A Cultural History,* New York, Oxford University Press, 1980, p. 39-43.

第七章　极端的19世纪

1. *Visions of the body: Fashion or Invisible Corset,* Catalogue d'exposition, Kyoto, The Kyoto Costume Institute, 7 août-23 novembre 1999.
2. Connolly (M.), « The Disappearance of the Domestic Sewing Machine, 1890-1925 », *Winterthur Portfolio,* 1999, p. 31-48.
3. CISST, *Per una Storia della Moda Pronta, Problemi e Ricerche,* Actes de la 5ᵉ conférence internationale du CISST (The Italian Center for the Study of the History of Textiles), Milan, 26-28 février, 1990, Firenze, EDIFIR, 1991. Quételet (A.), *Anthropométrie, ou Mesure des différentes facultés de l'homme,* Bruxelles, C. Muquardt, 1870.
4. Kidwell (C.), Christman (M.), *Suiting Everyone: The Democratization of Clothing in America,* Washington, The Smithsonian Institution Press, 1974. Rath (J.) (éd.), *Unravelling the Rag Trade: Immigrant Entrepreneurship in Seven World Cities,* Oxford and New York, Berg, 2002.
5. Godfrey (F.), *An International History of the Sewing Machine,* London, Robert Hale, 1982.
6. Moser (P.), « How do patent laws influence innovation? Evidence from Nineteenth-Century World Fairs », *The American Economic Review,* vol. 95, nº 4, 2005, p. 1214-1236.
7. Clifton (R.), Simmons (J.) (éd.), *Brands and Branding,* Princeton, Bloomberg Press, 2004.
8. White (N.), Griffiths (I.) (éd.), *The Fashion Business: Theory, Practice, Image,* Oxford, Berg, 2000.
9. Bowlby (R.), *Carried Away: The Invention of Modern Shopping,* London, Faber and Faber, 2000. Rappaport (E.), *Shopping for Pleasure: Women and the Making of London's West End,* Princeton, Princeton University Press, 2000.
10. Miller (D.) (éd.), *Acknowledging Consumption: A Review of New Studies,* London, Routledge, 1995. Miller (D.) (éd.), *Shopping, Place and Identity,* London, Routledge, 1998.
11. Rappaport (E.), *op. cit.,* 2000.
12. Bowlby (R.), *op. cit.,* 2000. Rappaport (E.), *op. cit.,* 2000.
13. Ames (F.), *Kashmir Shawl and Its Indo-French Influence,* Woodbridge, Antique Collectors Club, 1988. Levi-Strauss (M.), *The Cashmere Shawl,* New York, Harry N. Abrams, 1987.
14. Martin (R.), Koda (H.), *Orientalism,* New York, Harry N. Abrams, 1994. Wichmann (S.), *Japonisme: The Japanese Influence on Western Art in the 19ᵗʰ and 20ᵗʰ Centuries,* New York, Harmony Books, 1981.
15. White (P.), *Poiret,* New York, Studio Vista, 1973.
16. De Osma (G.), *Mariano Fortuny: His Life and Work,* New York, Rizzoli, 1980.
17. Evett (E.), *The Critical Reception of Japanese Art in Late Nineteenth Century Europe,* Ann Arbor, UMI Research Press, 1982. Fukai (A.), Kanai (J.),, *Japonism in Fashion,* Kyoto, Kyoto Costume Institute, 1996.
18. Carré (G.) (dir.), *Le Japon: Des Samouraïs à Fukushima,* Paris, Fayard, 2011, p. 240.

19. Vreeland (D.), Penn (I.), *Inventive Paris Clothes: 1909-1939*, New York, Viking Press, 1977. Wichmann (S.), *Japonisme: The Japanese Influence on Western Art in the 19th and 20th Centuries*, New York, Harmony Books, 1981.

20. Kirke (B.), *Madeleine Vionnet*, San Francisco, Chronicle Press, 1998.

21. Reeder (J.), «Historical and Cultural References in Clothes from the House of Paquin», *Textile and Text*, 1991, vol. 13, p. 15-22. Sirop (D.), *Paquin*, Paris, Adam Biro, 1989.

22. Caplin (R. A.), *Health and Beauty: or, Woman and Her Clothing, Considered in Relation to the Physiological Laws of the Human Body*, London, Darton and Co, 1850.

23. Renbourn (E. T.), Rees (W. H.), *Materials and Clothing in Health and Disease*, London, H.K. Lewis and Company, 1972, p. 11.

24. Steele (V.), *The Corset*, New Haven, Yale University Press, 2001.

25. Gunn (F.), *The Artificial Face: A History of Cosmetics*, London, David and Charles, 1973.

26. Smith (V.), «The Popularisation of Medical Knowledge: The Case of Cosmetics», *Society for the Social History of Medicine Bulletin*, 1986, vol. 36, p. 12-15. Vinikas (V.), *Soft Soap, Hard Sell: American Hygiene in an Age of Advertisement*, Ames, Iowa State University Press, 1992.

27. Martin-Hattemberg (J.-M.), *Lèvres de Luxe*, Montreuil, Gourcuff-Gradenigo, 2009.

28. *Chirurgia nova de nasium, aurium, labiorumque defectu per insitionem cutis ex humero*, Francfort, 1598.

29. Jost (G.), «Histoire de la chirurgie plastique», *Les cahiers de médiologie*, 2003, vol. 1, n° 15, p. 79-88.

30. Gerste (R. D.), *Jacques Joseph. Das Schicksal des großen plastischen Chirurgen und die Geschichte der Rhinoplastik*, Heidelberg, Kaden, 2015.

31. Haiken (E.), *Venus Envy: A History of Cosmetic Surgery*, Baltimore, Johns Hopkins University Press, 1997.

32. Azoulay (É.) (éd.), *100 000 ans de beauté*, Paris, Gallimard, 2009, 5 vol.

33. Grumbach (D.), *Histoires de la mode*, Paris, Éd. du Regard, 2008, p. 34.

34. Chase (E. W.), Chase (I.), *Always in Vogue*, New York, Doubleday, 1954. Ballard (B.), *In My Fashion*, New York, David McKay, 1960.

35. Bruzzi (S.), *Undressing Cinema: Clothing and Identity in the Movies*, London, Routledge, 1997.

36. Evans (C.), «The Enchanted Spectacle», *Fashion Theory*, 2001, vol. 5, n° 3, p. 271-310.

37. De Marly (D.), *Worth: Father of Haute Couture*, London, Elm Tree Books, 1980.

38. Gordon (L.), *Discretions and Indiscretions*, London, Jarrolds, 1932.

39. Leach (W.), *Land of Desire: Merchants, Power, and the Rise of a New American Culture*, New York, Vintage Books, 1994.

40. Evans (C.), art. cité, 2001, p. 271-310.

41. Colchester (C.) (éd.), *Clothing the Pacific*, Oxford, Berg, 2003.

42. Phillips (R. B.), *Trading Identities: The Souvenir in Native North American Art from the Northeast, 1700-1900*, Hong Kong, University of Washington Press, 1998.

43. Alloula (M.), *The Colonial Harem*, Minneapolis, University of Minnesota Press, 1986.

44. Tarlo (E.), *Clothing Matters: Dress and Identity in India*, London, Hurst and Company, 1996.

45. Steele (V.), Major (J.) (éd.), *China Chic: East Meets West*, New Haven, Yale University Press, 1999.

46. Martin (P.), «Contesting Clothes in Colonial Brazzaville», *Journal of African History*, 1994, vol. 35, n° 3, p. 401-426.

47. Martin (P.), *Leisure and Society in Colonial Brazzaville,* Cambridge, New York, Cambridge University Press, 1995. De Witte (J.), *Les Deux Congo,* Paris, Plon, 1913.

48. Ko (D.), *Every Step a Lotus: Shoes for Bound Feet,* Berkeley, University of California Press, 2001. Steele (V.), *Fetish: Fashion, Sex and Power,* Oxford, Oxford University Press, 1996.

49. Ko (D.), *Cinderella's sisters: a revisionist of history of footbinding,* Berkeley, University of California Press, 2005. Koda (H.), *Extreme Beauty: The Body Transformed,* New York, Metropolitan Museum of New York, 2001.

50. Romaine Brooks, *Una, Lady Troubridge,* 1924, huile sur toile, Smithsonian American Art Museum, n° 1966.49.6

51. Fillin-Yeh (S.) (éd.), *Dandies: Fashion and Finesse in Art and Culture,* New York, New York University Press, 2001.

52. Coye (D.), «The *Sneakers*/Tennis Shoes Boundary», *American Speech,* 1986, vol. 61, p. 366-369. Vanderbuilt (T.), *The Sneaker Book: Anatomy of an Industry and an Icon,* New York, The New Press, 1998, p. 9.

53. Hendrickson (R.), *Facts on File Encyclopedia of Word and Phrase Origins,* New York, Facts on File Inc., 2000.

54. Tenner (E.), «Lasting Impressions: An Ancient Craft's Surprising Legacy in Harvard's Museums and Laboratories», *Harvard Magazine,* 2000, vol. 103, 103, n° 1, p. 37.

55. Vanderbuilt (T.), *op. cit.,* p. 9.

56. Vanderbuilt (T.), *op. cit.,* p. 22.

57. Heard (N.), *op. cit.,* p. 278-279.

58. Vanderbuilt (T.), *op. cit.,* p. 11.

59. Heard (N.), *Sneakers: Over 300 Classics from Rare Vintage to the Latest Designs,* London, Carlton Books, 2003, p. 290-291.

60. Friedel (R.), *Zipper: An Exploration in Novelty,* New York, W. W. Norton, 1994.

61. Hardy (A.), *A, B, C of Men's Fashion,* London, Cahill and Co. Ltd, 1964. Keers (P.), *A Gentleman's Wardrobe,* London, Weidenfield and Nicolson, 1987.

62. Waugh (N.), *The Cut of Women's Clothes 1600-1930,* London, Faber, 1968. Breward (C.), *Fashion,* Oxford, Oxford University Press, 2003.

63. Waugh (N.), *op. cit., 1968.*

64. De Marly (D.), *Working Dress: A History of Occupational Clothing,* London, B. T. Batsford, Ltd., 1986.

65. Gruber (G.), (dir.), *Il Maestro della tela jeans. Un nouveau maître de la réalité dans l'Europe de la fin du XVIIᵉ siècle,* Galerie Canesso, Paris, 2010.

66. *Histoires du jeans de 1750 à 1994,* Paris, Paris Musées, 1994.

67. Downey (L.) et al., *This Is a Pair of Levi's Jeans: The Official History of the Levi's Brand,* San Francisco, Levi Strauss and Co. Publishing, 1997. Finlayson (I.), *Denim: An American Legend,* New York, Simon and Schuster Inc., 1990.

68. Foucault (M.), *Folie et déraison: Histoire de la folie à l'âge classique,* Paris, Plon, 1961.

第八章 一场又一场战争: 外表革命及其限制

1. Tortora (P.), Eubank (K.), *A Survey of Historic Costume: A History of Western Dress,* New York, Fairchild Publications, 1996.

2. Kidwell (C. B.), Christman (M. C.), *Suiting Everyone: The Democratization of Clothing in America,* Washington, D.C., The Smithsonian Institution Press, 1974.

3. Kidwell (C. B.), *Cutting a Fashionable Fit: Dressmakers Drafting Systems in the United States,* Washington D. C., Smithsonian Institution Press, 1979.

4. Kidwell (C. B.), *Ibid.,* 1979.

5. White (N.), Griffiths (I.) (éd.), *The Fashion Business: Theory, Practice, Image,* Oxford, Berg, 2000.
6. Troy (N. J.), *Couture Culture: A Study in Modern Art and Fashion,* Cambridge, MIT Press, 2003.
7. Adburgham (A.), *Shops and Shopping,* London, Allen and Unwin, 1964.
8. Bowlby (R.), *Carried Away: The Invention of Modern Shopping,* London, Faber and Faber, 2000. Rappaport (E.), *Shopping for Pleasure: Women and the Making of London's West End,* Princeton, Princeton University Press, 2000.
9. Jackson (P.), Michelle (L.), Miller (D.), Mort (F.), *Commercial Cultures: Economies, Practices, Spaces,* Oxford, New York, Berg, 2000.
10. Clifton (R.), Simmons (J.) (éd.), *Brands and Branding,* Princeton, N.J., Bloomberg Press, 2004.
11. White (N.), Griffiths (I.) (éd.), *The Fashion Business: Theory, Practice, Image,* Oxford, Berg, 2000.
12. Miller (D.) (dir.), *Shopping, Place and Identity,* London, Routledge, 1998.
13. Kohle (Y.), Nolf (N.), *Claire McCardell: Redefining Modernism,* New York, Harry N. Abrams, 1998.
14. Moholy-Nagy (L.), «How Photography Revolutionizes Vision», *The Listener,* 1933, p. 688-690.
15. Goffman (E.), *Gender Advertisements,* London, Macmillan, 1979.
16. Chase (E. W.), Chase (I.), *Always in Vogue,* New York, Doubleday and Company, 1954.
17. Martin (R.), Koda (H.), *Diana Vreeland: Immoderate Style,* New York, Metropolitan Museum of Art, 1993.
18. Dwight (E.), *Diana Vreeland,* New York, HarperCollins Publishers, 2002.
19. Evans (C.), «Living Dolls: Mannequins, Models and Modernity», *in* Stair (J.), *The Body Politic: The Role of the Body and Contemporary Craft,* London, Crafts Council, 2000, p. 103-116.
20. Leach (W.), *Land of Desire: Merchants, Power, and the Rise of a New American Culture,* New York, Vintage Books, 1994.
21. Kaplan (J. H.), Stowell (S.), *Theatre and Fashion: From Oscar Wilde to the Suffragettes,* Cambridge, Cam- bridge University Press, 1994.
22. Tarlo (E.), *Clothing Matters: Dress and Identity in India,* London, Hurst and Company, 1996. Nordholt (H. S.), *Outward Appearances: Dressing State and Society in Indonesia,* Leiden, KITLV Press, 1977. Colchester (C.), *Clothing the Pacific,* Oxford, Berg, 2003.
23. Alloula (M.), *The Colonial Harem,* Minneapolis, University of Minnesota Press, 1986.
24. Bowlt (J. E.), «Constructivism and Early Soviet Fashion Design», *in* Gleason (A.), Kenez (P.) et Stites (R.), *Bolshevik Culture: Experiment and Order in the Russian Revolution,* Bloomington, Indiana University Press, 1985, p. 203-219.
25. Yasinskaya (I.), *Soviet Textile Design of the Revolutionary Period,* London, Thames and Hudson, 1983.
26. Strizhenova (T.), *Soviet Costume and Textiles 1917-1945,* Paris, Flammarion, 1991.
27. Zakharova (L.), *S'habiller à la soviétique. La mode et le dégel en URSS,* Paris, CNRS Ed., 2011.
28. Vainshtein (O.), «Female Fashion: Soviet Style: Bodies of Ideology», *in* Goscilo (H.), Holmgren (B.), *Russia Women Culture,* Bloomington, Indiana University Press, 1996, p. 64-93.
29. Koonz (C.), *Mothers in the Fatherland: Women, the Family, and Nazi Politic,* New York, St. Martin's Press, 1987.

30. Guenther (I.), «Nazi Chic? German Politics and Women's Fashions, 1915-1945», *Fashion Theory: The Journal of Dress, Body and Culture*, 1997, n° 1, p. 29-58.
31. Westphal (U.), *Berliner Konfektion und Mode: Die Zerstörung einer Tradition, 1836-1939,* Berlin, Hentrich, 1992.
32. Guenther (I.), *Nazi Chic? Fashioning Women in the Third Reich*, Oxford, Berg, 2004.
33. Stephenson (J.), «*Propaganda, Autarky, and the German Housewife*», *in* Welch (D.) (éd.), *Nazi Propaganda: the Power and the Limitations,* London, Croom Held, 1983, p. 117-142.
34. Guenther (I.), *Ibid.,* 1997.
35. Stephenson (J.), art. cité, *in* Welch (D.) (éd.), *Nazi Propaganda: the Power and the Limitations,* London, Croom Held, 1983, p. 117-142.
36. Barcan (R.), *Nudity: A Cultural Anatomy,* Oxford, Berg 2004.
37. Parmelee (M.), *Nudism in Modern Life: The New Gymnosophy*, London, Noel Douglas, 1929, p. 179-180.
38. Toepfer (K.), *Empire of Ecstasy: Nudity and Movement in German Body Culture, 1910-1935,* Berkeley, University of California Press, 1997, p. 9.
39. Saleeby (C. W.), *Sunlight and Health,* London, Nisbit and Company, 1923.
40. Bide (M.), Collier (B. J.), Tortora (P. G.), *Understanding Textile,* New York, Macmillan, 2000.
41. Kadolph (S.), Langford (A.), *Textiles,* New York, Prentice-Hall, 2002.
42. Gray (J.), *Talon, Inc.: A Romance of Achievement,* Meadville, Talon Inc., 1963.
43. Friedel (R.), *Zipper: An Exploration in Novelty,* New York, W. W. Norton, 1994.
44. Haiken (E.), *Venus Envy: A History of Cosmetic Surgery,* Baltimore, Johns Hopkins University Press, 1997.
45. Steele (V.), *The Black Dress,* New York, Collins Design, 2007. MacDonell Smith (N.), *The Classic Ten: The True Story of the Little Black Dress and Nine Other Fashion Favorites,* New York, Penguin Books, 2003, p. 14.
46. Chase (E. W.), Chase (I.), *op. cit.,* 1954, p. 163.
47. Little (A.), *Wimbledon Compendium 1999,* London, The All England Lawn Tennis and Croquet Club, 1999, p. 305.
48. Milbank (C.), *New York Fashion: The Evolution of American Style,* New York, Harry N. Abrams, 1996. Schreier (B. A.), «Sporting Wear», *in* Kidwell (C. B.), Steele (V.) (éd.), *Men and Women: Dressing the Part*, Washington, Smithsonian Institution Press, 1989, p. 92-123.
49. Palladino (G.), *Teenagers: An American History,* New York, Basic Books, 1996.
50. Fass (P.), *The Damned and the Beautiful: American Youth in the 1920s,* Oxford, Oxford University Press, 1978.
51. Fogg (M.) (dir.), *Tout sur la mode: Panorama des chefs-d'œuvre et des techniques*, Paris, Flammarion, 2013, p. 308-311.
52. Palladino (G.), *op. cit.,* 1996.
53. Poli (D. D.), *Beachwear and Bathing-Costume,* Modena, Zanfi Editori, 1995. Probert (C.), *Swimwear in Vogue Since 1910,* New York, Abbeville Press, 1981. Richard (M.), Koda (H), *Splash!: A History of Swimwear,* New York, Rizzoli International, 1990.
54. Fogg (M.) (dir.), *op. cit.,* p. 277.
55. Welters (L.), Mead (A. C.), «The Future of Chinese Fashion», *Fashion Practice,* 2012, vol. 4, n° 1, p. 13-40.
56. Keyes (J.), *A History of Women's Hairstyles, 1500-1965,* London, Methuen, 1967.
57. Corson (R.), *Fashions in Eyeglasses,* London, Peter Owen, 1967. Parker (D.), *New York World,* 16 août 1925.

58. Schiffer (N. N.), *Eyeglass Retrospective: Where Fashion Meets Science,* Atglen, Schiffer Publishing, 2000.
59. Corson (R.), *op. cit.,* 1967, p. 73-112.
60. Blackman (C.), *100 ans de mode,* Paris, La Martinière, 2013.
61. Lash (N. A.), «Black-owned banks: A survey of the issues», *Journal of Developmental Entrepreneurship,* 2005, vol. 10, n° 2, p. 187-202. «Anthony Overton», *The Journal of Negro History,* 1947, vol. 32, n° 3, p. 394-396.
62. Peiss (K.), *Hope in a Jar: The Making of America's Beauty Culture,* New York, Metropolitan Books, 1998.
63. Gunn (F.), *The Artificial Face: A History of Cosmetics,* London, David and Charles, 1973.
64. Smith (V.), «The Popularisation of Medical Knowledge: The Case of Cosmetics», *Society for the Social History of Medicine, 1986, n° 36, p. 12-15.*
65. Gunn (F.), *op. cit.,* 1973, p. 116-125.
66. Banner (L.), *American Beauty,* Chicago, University of Chicago Press, 1983.
67. *La Guerre du N° 5,* de Stéphane Benhamou (Fr., 2017, 55 min).

第九章 辉煌

1. «*Le Théâtre de la Mode*», *L'Officiel,* mars-avril 1945, n° 277-278, p. 48-49.
2. Charles-Roux (E.) (éd.), *Théâtre de la mode: Fashion Dolls: The Survival of Haute Couture,* Portland, Palmer-Pletsch Associates, 2002.
3. Milleret (G.), *Haute couture: Histoire de l'industrie de la création française des précurseurs à nos jours,* Paris, Eyrolles, 2015, p. 110-111.
4. *Hommage à Christian Dior 1947-1957,* Paris, Union centrale des Arts décoratifs, 1986.
5. Cawthorne (N.), *Le New Look / la révolution Dior,* Paris, Celiv, 1997.
6. Veillon (D.), *La Mode sous l'Occupation,* Paris, Payot, 1990.
7. Martin (R.), Koda (H.), *Christian Dior,* New York, Metropolitan Museum of Art, 1996.
8. Dior (C.) (éd.), *Christian Dior et moi,* Paris, Amiot-Dumont, 1956.
9. *Ibid.,* p. 49-50.
10. Steele (V.), *Se vêtir au XXᵉ siècle,* Paris, Adam Biro, 1998.
11. *Hommage à Christian Dior...,* op. cit., 1986.
12. White (N.), *Reconstructing Italian Fashion: America and the Development of the Italian Fashion Industry,* Oxford, Berg, 2000.
13. Collins (A. M.), «Pucci's Jet-Set Revolution», *Vanity Fair,* octobre 2000, p. 380-393
14. Collins, *op. cit.,* 2000, p. 387.
15. Sozzani (F.), *Valentino's Red Book,* Milan, Rizzoli International, 2000.
16. Steele (V.), *Fashion: Italian Style,* New Haven, Yale University Press, 2003.
17. Maeder (E.), (éd.), *Hollywood and History: Costume Design in Film,* Los Angeles, Thames and Hudson, 1987.
18. Bucci (A.), *Moda a Milano: Stile e impresa nella città che cambia,* Milan, Abitare Segesta, 2002. Martin (R.), *Gianni Versace,* New York, The Metropolitan Museum of Art and Harry N. Abrams, 1998.
19. Harris (A.), *The Blue Jean,* New York, Powerhouse Books, 2002.
20. Marsh (G.), Trynka (P.), *Denim: From Cowboys to Catwalks: A Visual History of the World's Most Legendary Fabric,* London, Aurum Press Limited, 2002.
21. *New York Magazine,* 28 novembre 1983, p. 53.
22. Breward (C.), *Fashion,* Oxford, Oxford University Press, 2003.
23. Steele (V.), *Fifty Years of Fashion: New Look to Now,* New Haven, Yale University Press, 2000.

24. Wilson (E.), *Adorned in Dreams: Fashion and Modernity,* London, Virago Press, 1985.
25. Carter (M.), *Fashion Classics: From Carlyle to Barthes,* Oxford, Berg, 2003. Johnson (K.), Tortore (S.), Eicher (S.), *Fashion Foundations: Early Writings on Fashion and Dress,* Oxford, Berg, 2003. Roche (D.), *La Culture des apparences: une histoire du vêtement (XVII ^e-XVIII ^e siècle)*, Paris, Fayard, 1989.
26. Agins (T.), *The End of Fashion,* New York, William Morrow, 1999.
27. Kidwell (C. B.), Christman (M. C.), *Suiting Everyone: The Democratization of Clothing in America,* Washington, Smithsonian Institution Press, 1974.
28. Tortora (P.), Eubank (K.), *Survey of Historic Costume,* New York, Fairchild Publications, 1998.
29. Breward (C.), *The Culture of Fashion,* Manchester, Manchester University Press, 1995, p.183.
30. Steele (V.), « Fashion: Yesterday, Today and Tomorrow », *in* White (N.), Griffiths (I.) (éd.), *The Fashion Business,* Oxford, Berg, 2000, p. 7
31. Agins (T.), *op. cit.*, 1999, p. 16.
32. Bonacich (E.), Appelbaum (R.), *Behind the Label: Inequality in the Los Angeles Apparel Industry,* Berkeley, University of California Press, 2000. Ross (A.) (éd.), *No Sweat: Fashion, Free Trade, and the Rights of Garment Workers,* New York, Verso, 1997.
33. Biggs (T.), Moody (G. R.), van Leeuwen (J. H.), White (D. E.), *Africa Can Compete!: Export Opportunities and Challenges for Garments and Home Products in the U.S. Market,* World Bank Discussion Papers, Washington, The World Bank, 1994, n° 142, p. 1-2.
34. Rabine (L. W.), *The Global Circulation of African Fashion,* Oxford, Berg, 2002, p. 118.
35. Clete (D.), *Culture of Misfortune: An Interpretive History of Textile Unionism in the United States*, Ithaca, Cornell University Press, 2001. O'Brien (R.), « Workers and World Order: The Tentative Transformation of the International Union Movement », *Review of International Studies*, 2000, n° 26, p. 533-555.
36. Stiglitz (J. E.), *Globalization and Its Discontents,* New York, W. W. Norton and Company, 2002.
37. Rabine (L. W.), *op. cit.*, 2002.
38. Kidwell (C. B.), Christman (M. C.), *op. cit.*, 1974.
39. Dickerson (K. G.), *Textiles and Apparel in the Global Economy,* Upper Saddle River, Prentice-Hall, 1999. Rath (J.) (éd.), *Unravelling the Rag Trade: Immigrant Entrepreneurship in Seven World Cities,* Oxford, Berg, 2002.
40. Longstreth (R.), *City Center to Regional Mall: Architecture, the Automobile, and Retailing in Los Angeles, 1920-1950,* Cambridge, MIT, 1997.
41. Miller (D.) (éd.), *Acknowledging Consumption: A Review of New Studies*, London, Routledge, 1995. Miller (D.) (dir.), *Shopping, Place and Identity*, London, Routledge, 1998.
42. Allen (C.), Kania (D.), Yaeckel (B.), *One-to-One Web Marketing: Build a Relationship Marketing Strategy One Customer at a Time,* New York, John Wiley & Sons, 2001.
43. Borrelli (L.), *Net Mode: Web Fashion Now,* London, Thames and Hudson, 2002.
44. Quinn (B.), *Techno Fashion,* Oxford, New York, Berg, 2002.
45. Braddock (S. E.), O'Mahony (M.), *Techno Textiles: Revolutionary Fabrics for Fashion and Design,* London, Thames and Hudson, 1999.
46. Bernard (B.), *Fashions in the 60s,* London, Academy Editions, 1978.
47. Morris (B.), *Mary Quant's London, London,* Museum of London, 1973.

48. Fogg (M.), *Boutique: A '60s Cultural Phenomenon*, London, Mitchell Beazley, 2003. Lobenthal (J.), *Radical Rags: Fashions of the Sixties*, New York, Abbeville Press, 1990.

49. Clifton (R.), Simmons (J.) (éd.), *Brands and Branding*, Princeton, Bloomberg Press, 2004.

50. Klein (N.), *No Logo: Taking Aim at the Brand Bullies*, New York, Picador, 1999.

51. Jenss (H.), «Sixties Dress Only! The Consumption of the Past in a Youth-cultural Retro-Scene», *in* Palmer (A.), Hazel (C.), *Old Clothes, New Looks: Second-Hand Fashion*, Oxford, Berg, 2004, p. 177-195.

52. Tolkein (T.), *Vintage: The Art of Dressing Up*, London, Pavilion, 2000.

53. Hansen (K.), *Salaula: The World of Secondhand Clothing and Zambia*, Chicago, University of Chicago Press, 2000.

54. Milgram (L. B.), «Ukay-Ykay' Chic: Tales of Fashion and Trade in Secondhand Clothing in the Philippine Cordillera», *in* Palmer (A.), Hazel (C.), *op. cit.*, 2004, p. 135-154.

55. Watson (J.), *Textiles and the Environment*, New York, The Economist Intelligence Unit, 1991.

56. Hawley (J.), «Textile Recycling as a System: The Micro-Macro Analysis», *Journal of Family and Consumer Sciences*, 2001, vol. 92, n° 4, p. 40-46.

57. Meis (M.), «Consumption Patterns of the North: The Cause of Environmental Destruction and Poverty in the South: Women and Children First», Genève, Suisse, Commission des Nations Unies pour l'environnement et le développement, 1991.

58. Breward (C.), *Fashioning London: Clothing and the Modern Metropolis*, Oxford, Berg, 2004. Breward (C.), Ehrman (E.), Evans (C.), *The London Look*, New Haven, Yale University Press, 2004.

59. Steele (V.), *Paris Fashion: A Cultural History*, Oxford, Berg, 1998.

60. Milbank (C. R.), *Couture: The Great Designers*, New York, Stewart, Tabori & Chang, 1985.

61. Steele (V.), *op. cit.*, 2003.

62. Sudjic (D.), *Rei Kawakubo and Comme des Garçons*, New York, Rizzoli International, 1990. Kawamura (Y.), *The Japanese Revolution in Paris Fashion*, Oxford, Berg Publishers, 2004. Kawamura (Y.), *Kenzo*, Tokyo, Bunka Publishing, 1995.

63. Kawamura (Y.), *op. cit.*, 2004.

64. Gill (A.), «Deconstruction Fashion: The Making of Unfinished, Decomposing and Reassembled Clothes», *Fashion Theory*, 1998, vol. 2, p. 25-49.

65. Coppens (M.) (éd.), *Les Années 80: L'essor d'une mode Belge*, Bruxelles, Musées Royaux d'Art et Histoire, 1995.

66. *Ibid.*, 2004.

67. Tantet (M.), «La stratégie publicitaire de Benetton», *Communication & Langages*, 1992, n° 94, p. 20-36.

68. Dwight (E.), *Diana Vreeland*, New York, William Morrow and Company, 2002. Mirabella (G.), *In and Out of Vogue: A Memoir*, New York, Doubleday and Company, 1995.

69. Levesque (C.), *Vogue: en beauté (1920-2007)*, Paris, Ramsay, 2007.

70. Seebohm (C.), *The Man Who Was Vogue: The Life and Times of Condé Nast*, New York, Viking Penguin, 1962.

71. La Ferla (R.), «All Fashion, Almost All the Time», *New York Times*, 29 mars 1998. Menkes (S.), «Fashion's TV Frenzy», *New York Times*, 2 avril 1995. Parsons (P.), Friedman (R.), *The Cable and Satellite Television Industries*, Boston, Allyn and Bacon, 1998.

72. Evans (C.), «The Enchanted Spectacle», *Fashion Theory*, 2001, vol. 5, n° 3, p. 270-310.

73. Morris (N.), Rothman (D.) (éd.), *Oxford History of the Prison,* Oxford and New York, Oxford University Press, 1995.
74. Craver (M. B.), Rothstein (M.), Schroeder (E. P.), Shoben (E. W.), Vandervelde (L. S.), *Employment Law,* St. Paul, West Publishing Company, 1994. Lennon (S. J.), Schultz (T. L.), Johnson (K. K. P.), «Forging Linkages Between Dress and the Law in the U.S., Part II: Dress Codes», *Clothing and Textiles Research Journal,* 1999, vol. 17, n°3, p. 157-167.
75. Alexander (K.), Alexander (M. D.), *The Law of School, Students, and Teachers in a Nutshell,* St. Paul, West Publishing Co., 1984.
76. Lennon (S. J.), Schultz (T. L.), Johnson (K. K. P.), art. cité, 1999.
77. Alexander (K.), Alexander (M. D.), *op. cit.,* 1984
78. Lewin (T.), «High School Tells Student to Remove Antiwar Shirt», *New York Times,* 23 février 2003.
79. Samiullah (M.), *Muslims in Alien Society: Some Important Problems with Solution in Light of Islam,* Lahore, Pakistan, Islamic Publications, 1982.
80. Haddad (Y.), Esposito (J. L.) (éd), *Muslims on the Americanization Path?,* Oxford, Oxford University Press, 2000.
81. Clifford (M. L.), *The Land and People of Afghanistan,* New York, J. B. Lippincott, 1989.
82. Depuis 2018, le Swaziland a retrouvé son nom précolonial, Eswatini.
83. «Swazi women fear losing their trousers», *BBC News, World Edition,* 24 juin 2002, p 4.
84. Hlaváčková (K.), *Czech Fashion 1940-1970: Mirror of the Times,* Prague, Olympia Publishing, 2000.
85. Zakharova (L.), «La mise en scène de la mode soviétique au cours des Congrès internationaux de la mode (années 1950-1960)», *Le Mouvement Social,* 2007, vol. 221, n°4, p. 33-54.
86. Attwood (L.), *Creating the New Soviet Woman: Women's Magazines as Engineers of Female Identity, 1922-53,* London, Macmillan, 1999.
87. Vainshtein (O.), «Female Fashion: Soviet Style: Bodies of Ideology», *in* Goscilo (H.), Holmgren (B.), *Russia Women Culture,* Bloomington, Indiana University Press, 1996, p. 64-93.
88. Azhgikhina (N.), Goscilo (H.), «Getting under Their Skin: The Beauty Salon in Russian Womens Lives», *in* Goscilo (H.), Holmgren (B.), *op. cit.,* 1996, p. 94-121.
89. Potocki (R.), «The Life and Times of Poland's "Bikini Boys"», *The Polish Review,* 1994, n°3, p. 259-290.
90. Ryback (T.), *Rock Around the Block: A History of Rock Music in Eastern Europe and the Soviet Union,* Oxford, Oxford University Press, 1990.
91. Pilkington (H.), «"The Future is Ours": Youth Culture in Russia, 1953 to the Present», *in* Kelly (C.), Shepperd (J.), *Russian Cultural Studies: An Introduction,* Oxford, Oxford University Press, 1998, p. 368-386.
92. Roberts (C.) (éd.), *Evolution and Revolution: Chinese Dress, 1700s-1900s,* Sydney, Powerhouse Publishing, 1997. Steele (V.), Major (J. S.) (éd.), *China Chic: East Meets West,* Yale, Yale University Press, 1999.
93. Garrett (V. M.), *Chinese Clothing: An Illustrated Guide,* Hong Kong, Oxford University Press, 1994.
94. Mayo (E.) (éd.), *The Smithsonian Book of the First Ladies: Their Lives, Times, and Issues,* New York, Henry Holt, 1996.
95. Bruzzi (S.), Church Gibson (P.), *Fashion Cultures: Theories, Explorations, Analysis,* London, Routledge, 2000. Garland (M.), *The Changing Face of Fashion,* London, Dent, 1970.
96. Mayo (E.) (éd), *op. cit.,* 1996.

97. Collier (B. J.), Tortora (P. G.), *op. cit.,* 2000. Humphries (M.), *Fabric Reference,* Upper Saddle River, Pearson Prentice Hall, 2004.

98. Moncrieff (R. W.), *Man-Made Fibres,* London, Newnes Butter-worth, 1975. Collier (B. J.), Tortora (P. G.), *op. cit.,* 2000.

99. Palmer (A), *Dior.* London, V&A Publishing, 2009.

100. Milbank (C.), *New York fashion: The evolution of American style*, New York, Abrams, 1989.

101. Handley (S.), *Nylon: The story of a fashion revolution*, Baltimore, Johns Hopkins University Press, 1999.

102. Martin (R.), Koda (H.), *Jocks and nerds: Men's style in the twentieth century*, New York, Rizzoli, 1989.

103. Polhemus (T.), *Street Style,* New York, Thamesand Hudson, 1994.

第十章　时尚的终结

1. Silverman (D.), *Selling Culture: Bloomingdale's, Diana Vreeland, and the New Aristocracy of Taste in Reagan's America,* New York, Pantheon Books, 1986.

2. Martin (R.), Koda (H.), *Diana Vreeland: Immoderate Style,* New York, Metropolitan Museum of Art, 1993.

3. Teboul (D.), *Yves Saint Laurent: 5, Avenue Marceau, 75116 Paris, France,* Paris, Martinière, 2002.

4. Benaïm (L.), *Yves Saint Laurent,* Paris, Grasset, 1993, p. 451.

5. Saint Laurent (Y.), Vreeland (D.), *Yves Saint Laurent,* New York, Metropolitan Museum of Art, 1983, p. 31.

6. Benaïm (L.), *op. cit.,* 1993, p. 108.

7. Saint Laurent (Y.), *Yves Saint Laurent par Yves Saint Laurent, 28 ans de création*, Paris, Herscher, 1986.

8. Saint Laurent (Y.), *Ibid.,* 1986.

9. Benaïm (L.), *op. cit.,* 1993, p. 149.

10. *Ibid.,* p. 153.

11. *Ibid.,* 1993, p. 175.

12. Saint Laurent (Y.), Vreeland (D.), *op. cit.,* 1983, p. 31.

13. Buxbaum (G.) (éd.), *Icons of Fashion: The Twentieth Century*, New York, Prestel, 1999.

14. Mugler (T.), *Fashion, Fetish, and Fantasy,* London, Thames and Hudson, 1998.

15. Buxbaum (G.), *op. cit.,* 1999.

16. Milbank (C. R.), *op. cit.,* 1985.

17. Alessandrini (M.), «Christian Lacroix: La mode est un théâtre», *Le Nouvel Observateur,* 12-18 juillet 2001, p. 22.

18. De Bure (G.), «Christian Lacroix, l'homme qui comble», *Technikart*, 1998, n° 28, p. 129.

19. Örmen (C.), *Un siècle de mode*, Paris, Larousse, 2012, p. 116-119.

20. Chenoune (F.), *Jean-Paul Gaultier,* New York, Universe Publishers, 1998.

21. McDowell (C.), *Jean-Paul Gaultier,* New York, Viking Press, 2001.

22. Taraborrelli (J. R.), *Madonna: An Intimate Biography,* New York, Simon and Schuster, 2001.

23. Hilfiger (T.), DeCurtis (A.), *Rock Style: How Fashion Moves to Music,* New York, Universe Publishing, 1999.

24. Craughwell-Varda (K.), *Looking for Jackie: American Fashion Icons,* New York, Hearst Books, 1999.

25. Steele (V.), *The Corset: A Cultural History,* New Haven, Yale University Press, 2001.

26. Rubinfeld (J.), «Madonna Now», *Harper's Bazaar,* septembre 2003, p. 304.

27. Breward (C.), *op. cit.*, 2003. Bradberry (G.), «From Streatham to Dior», *The Times*, 15 octobre 1997.
28. McDowell (C.), *Galliano,* Londres, Weidenfeld and Nicolson, 1997.
29. Tucker (A.), *The London Fashion Book,* London, Thames and Hudson, 1998.
30. McDowell (C.), *Galliano: Romantic, Realist and Revolutionary*, Rizzoli, octobre 1997.
31. Evans (C.), *Fashion at the Edge: Spectacle, Modernity, and Deathliness,* New Haven, Yale University Press, 2003.
32. Dormoy (G.), «John Galliano devient directeur créatif de Maison Martin Margiela», *L'Express*, 6 octobre 2014.
33. McDowell (C.), *Fashion Today,* Londres, Phaidon Press Ltd., 2000.
34. Grumbach (D.), *Histoires de la mode*, Paris, Éd. du Regard, 2008, p. 137-143.
35. Fogg (M.) (dir.), *Tout sur la mode: Panorama des chefs-d'œuvre et des techniques*, Paris, Flammarion, 2013, p. 378-379.
36. Davis (F.), *Fashion, Culture, and Identity*, Chicago, The University of Chicago Press, 1992.
37. Lalanne (O.), «L'héritier», *Vogue Paris*, août 2012, n° 929, p. 208-215.
38. Kawamura (Y.), *op. cit.,* 2004, p. 125.
39. Marsh (L.), *House of Klein: Fashion, Controversy, and a Business Obsession*, Hoboken, John Wiley and Sons, 2003.
40. Gaines (S.), Churcher (S.), *Obsession: The Lives and Times of Calvin Klein*, New York, Carol Publishing Group, 1994.
41. Glachant (C.), «CK One de Calvin Klein», *Le Figaro*, 31 juillet 2012, p. 17.
42. Marsh (L.), *op. cit.,* 2003.
43. Chauncey (G.), *Gay New York: Gender, Urban Culture and the Making of the Gay Male World, 1890-1940,* New York, Basic Books, 1994.
44. Ainley (R.), *What is She Like: Lesbian Identities from the 1950s to the 1990s*, London, Cassell Academic Publishing, 1995.
45. Blackman (I.), Perry (K.), «Skirting the Issue: Lesbian Fashion for the 1990s», *Feminist Review*, 1990, n° 34, p. 67-78.
46. Sears (J.), *Behind the Mask of the Mattachine. The Hal Call Chronicles and the Early Movement for Homosexual Emancipation*, New York, Routledge, 2006.
47. D'Emilio (J.), *Sexual Politics, Sexual Communities*, Chicago, University of Chicago Press, 1983.
48. Barré-Sinoussi (F.), *Pour un monde sans Sida (entretiens avec François Bouvier)*, Paris, Albin Michel, 2012.
49. Hyman (P.), *The Reluctant Metrosexual: Dispatches from an Almost Hip Life*, New York, Villard Books, 2004.
50. Obermann (N.), «L'objet: la "Bild-Lilli"», Arte, 4 mai 2014 (consulté le 4 septembre 2018).
51. Fennick (J.), *Barbie, poupée de collection*, Courbevoie, Éditions Soline, 1996.
52. Lord (M. G.), *Forever Barbie: The Unauthorized Biography of a Real Doll,* New York, Morrow and Company, 1994.
53. Du Cille (A.), *Skin Trade*, Cambridge, Harvard University Press, 1996.
54. Rand (E.), *Barbie's Queer Accessories.* Durham, Duke University Press, 1995.
55. *Dessner* (C. D.), *So You Want to Be a Model!*, New York, Halcyon House, 1948.
56. Gross (M.), *Model: The Ugly Business of Beautiful Women,* New York, William Morrow, 1995, p. 183.
57. Castle (C.), *Model Girl*, Newton Abott, David and Charles, 1977.
58. Gross (M.), *op. cit.*, 1995, p. 438.
59. Haden-Guest (A.), «The Spoiled Supermodels», *New York Magazine*, 16 mars 1981, p. 24-29.

60. Etherington-Smith (M.), Pilcher (J.), *The «It» Girls*, London, Hamish Hamilton, 1986.

61. Forden (S. G.), *The House of Gucci: A Sensational Story of Murder, Madness, Glamour, and Greed*, New York, Perennial, 2001. Steele (V.), *op. cit.*, 2003.

62. Bizet (C.), «Tom Ford, créateur de désirs», *M, le magazine du Monde*, 17 décembre 2012.

63. Macdonald (D.), «A Caste, a Culture, a Market», *New Yorker*, 22 novembre 1958.

64. Frank (T.), *The Conquest of Cool: Business Culture, Counter-culture, and the Rise of Hip Consumerism*, Chicago, University of Chicago Press, 1997. Osgerby (B.), *Youth in Britain Since 1945*, Oxford, Blackwell, 1998.

65. Palladino (G.), *Teenagers: An American History*, New York, Basic Books, 1996.

66. Reich (C. A.), *The Greening of America: How the Youth Revolution Is Trying to Make America Livable*, New York, Random House, 1970.

67. Lobenthal (J.), *Radical Rags: Fashions of the Sixties*, New York, Abbeville Press, 1990.

68. Reich (C. A.), *op. cit.*, 1970.

69. Colegrave (S.), Sullivan (C.), *Punk*, New York, Thunder's Mouth Press, 2001.

70. Savage (J.), *England's Dreaming: Sex Pistols and Punk Rock*, London, Faber, 1991.

71. Hebdige (D.), *Subculture: The Meaning of Style*, London, Routledge, 1979.

72. Mikaïloff (P.), *Dictionnaire raisonné du punk*, Paris, Scali, 2007

73. Perry (M.), *Sniffin' Glue: The Essential Punk Accessory*, London, Sanctuary Publishing, 2000.

74. Coon (C.), *1988: The New Wave Punk Rock Explosion*, London, Orbach and Chambers, 1977.

75. Sims (J.), *Rock/Fashion*, London, Omnibus Press, 1999. Steele (V.), *Fifty Years of Fashion: New Look to Now*, New Haven, Yale University Press, 1997. Hamblett (C.), Deverson (J.), *Generation*, London, A. Gibbs & Phillips, 1964.

76. Sims (J.), *op. cit.*, 1999. Steele (V.), *op. cit.*, 1997.

77. Coddington (G.), «Grunge and Glory», *Vogue*, décembre 1992, p. 254-263.

78. Polhemus (T.), *Street Style: From Sidewalk to Catwalk*, London, Thames and Hudson, 1994.

79. Kitwana (B.), *The Hip-hop Generation: Young Blacks and the Crisis in African-American Culture*, New York, Basic Civitas Books, 2005.

80. Kitwana (B.), *op. cit.*, 2005.

81. Lusane (C.), «Rap, Race and Politics», *Race and Class: A Journal for Black and Third World Liberation*, 1993, vol. 35, n° 1, p. 41–56.

82. Rose (T.), *Black Noise: Rap Music and Black Culture in Contemporary America*, Middletown, Wesleyan University Press, 1994.

83. Fromm (E.), *To Have or to Be?*, New York, HarperCollins Publishers, 1976.

84. Keyes (C. L.), *Rap Music and Street Consciousness*, Urbana, Chicago, University of Illinois Press, 2004.

85. Perkins (W. E.) (éd.), *Droppin' Science: Critical Essays on Rap Music and Hip-hop Culture*, Philadelphia, Temple University Press, 1995.

86. Majors (R.), Mancini Billson (J.), *Cool Pose: The Dilemmas of Black Manhood in America*, New York, Touchstone Books, 1993.

87. Phyllis (M.), *Leisure and Society in Colonial Brazzaville*, Cambridge, Cambridge University Press, 1995.

88. Phyllis (M.), «Contesting Clothes in Colonial Brazzaville», *Journal of African History*, 1994, n° 35, p. 401-426.

89. Craig (M. L.), *Ain't I a Beauty Queen: Black Women, Beauty, and the Politics of Race*, New York, Oxford University Press, 2002.

90. Corson (R.), *Fashions in Hair: The First Five Thousand Years*, London, Peter Owen, 1965.

91. Bracey (J. H.), Meier (A.), Rudwick (E. M.) (dir.), *Black Nationalism in America*, Indianapolis, Bobbs-Merrill, 1970, p. 472

92. Lanham (R.), *The Hipster Handbook*, New York, Anchor Books, 2003.

93. Mailer (N.), *The White Negro: Superficial Reflections on the Hipster*, San Francisco, City Lights, 1957. Holmes (J. C.), *GO*, New York, Charles Scribner's Sons, 1952.

94. Lanham (R.), *op. cit.*, 2003.

95. Horning (R.): https://www.popmatters.com/the-death-of-the-hipster-panel-2496026662.html

96. Bourdieu (P.), *La Distinction*, Paris, Éditions de Minuit, 1979.

97. Pungetti (G.), Caputo (S.), «La création sans créateur: Le cas de Maison Martin Margiela», *Le journal de l'école de Paris du management*, 2012, n° 94, vol. 2, p. 8-13.

98. Allen (M.), *Selling Dreams: Inside the Beauty Business*, New York, Simon and Schuster, 1981.

99. Tobias (A.), *Fire and Ice: The Story of Charles Revson-The Man Who Built the Revlon Empire*, New York, William Morrow and Company, 1976.

100. Banner (L.), *American Beauty*, Chicago, University of Chicago Press, 1983.

101. Wolf (N.), *The Beauty Myth. How Images of Beauty Are Used Against Women?*, New York, W. Morrow, 1991.

102. Banner (L.), *op. cit.*, 1983.

103. Tobias (A.), *op. cit.*, 1976.

104. Mulvey (K.), Richards (M.), *Decades of Beauty: The Changing Image of Women 1890s-1990s*, London, Hamlyn, 1998.

105. Haiken (E.), *Venus Envy: A History of Cosmetic Surgery*, Baltimore, Johns Hopkins University Press, 1997.

106. Yalom (M.), *A History of the Breast*, New York, Alfred A. Knopf, 1998.

107. Haiken (E.), *op. cit.*, 1997.

108. Engler (A.), *Body Sculpture: Plastic Surgery for the Body of Men and Women*, New York, Hudson Publishing, 2000.

109. Chavoin (J.-P.) (dir.), *Chirurgie plastique et esthétique. Techniques de base*, Issy-les-Moulineaux, Elsevier Health Sciences, 2011.

110. Babbush (C.) (éd.), *Dental Implants: The Art and Science*, Philadelphia, W. B. Saunders, 2001.

111. Engler (A.), *op. cit.*, 2000. Kadolph (S.), Langford (A.), *Textiles*, New York, Pearson Prentice-Hall, 2002.

112. Ndiaye (P.), *Du nylon et des bombes: Du Pont de Nemours, le marché et l'État américain, 1900-1970*, Paris, Belin, 2001.

113. Hatch (K.), *Textile Science*, Minneapolis, West Publishing, 1993.

114. Collier (B. J.), Tortora (P.), *Understanding Textiles*, Upper Saddle River, Pearson Prentice-Hall, 2001.

115. Braddock (S. E.), O'Mahony (M.), *Techno Textiles: Revolutionary Fabrics for Fashion and Design*, London, Thames and Hudson, 1999.

116. Braddock (S. E.), O'Mahony (M.), *op. cit.*, 1999.

117. E. Rosenthal, «Can polyester save the world?», *The New York Times*, 25 janvier 2007.

结语

1. Lupton (E.), *Skin : Surface, Substance + Design,* New York, Princeton Architectural Press, 2002, p. 152-161.
2. Stevenson (S.), «Gimme Temporary Shelter», *New York Times Magazine,* 18 mai 2003, p. 26-30.
3. Jones (T.), Mair (A.) (éd.), *Fashion Now,* Köln, Taschen, 2003, p. 209.
4. Khornak (L.), *Fashion 2001,* New York, Viking Press, 1982, p. 7-9.
5. Lupton (E.), *op. cit.,* p. 183-189.
6. Lipotevsky (G.), *Le Bonheur paradoxal*, Paris, Gallimard, 1984, p. 72-73.
7. Agins (T.), *The End of Fashion,* New York, HarperCollins, 1999, p. 15-16.

参 考 文 献

ACKERMAN (D.), *A Natural History of the Senses,* New York, Random House, 1990.

ADBURGHAM (A.), *Shops and Shopping (1800-1914),* London, Allen & Unwin, 1964.

AGINS (T.), *The End of Fashion. How Marketing Changed the Clothing Business Forever,* New York, William Morrow, 1999.

AINLEY (R.), *What is She Like: Lesbian Identities from the 1950s to the 1990s,* London, Cassell Academic Publishing, 1995.

ALESSANDRINI (M.), «Christian Lacroix: La mode est un théâtre», *Le Nouvel Observateur,* 12-18 juillet 2001, p. 22.

ALEXANDER (K.), Alexander (M. D.), *The Law of School, Students, and Teachers in a Nutshell,* St. Paul, West Publishing Co., 1984.

ALLAIRE (B.), *Pelleteries, Manchons et Chapeaux de castor. Les Fourrures nord-américaines à Paris, 1500-1632,* Paris, Presses de l'Université de Paris-Sorbonne, 1999.

ALLEN (C.), KANIA (D.), YAECKEL (B.), *One-to-One Web Marketing: Build a Relationship Marketing Strategy One Customer at a Time,* New York, John Wiley & Sons, 2001.

ALLEN (M.), *Selling Dreams: Inside the Beauty Business,* New York, Simon and Schuster, 1981.

ALLOULA (M.), *The Colonial Harem,* Minneapolis, University of Minnesota Press, 1986.

AMES (F.), *Kashmir Shawl and Its Indo-French Influence,* Woodbridge, Antique Collectors Club, 1988.

APPADURAI (A.), *The Social Life of Things: Commodities in Cultural Perspective*, Londres, Cambridge University Press, 1986.

ASHELFORD (J.), *Dress in the Age of Elizabeth I*, New York, Holmes and Meier, 1988.

—, *The Visual History of Costume: The 16th Century*, New York, Drama Book, 1983.

ATTWOOD (L.), *Creating the New Soviet Woman: Women's Magazines as Engineers of Female Identity, 1922-53*, London, Macmillan, 1999.

AUDOIN-ROUZEAU (F.), *Les Chemins de la peste. Le rat, la puce et l'homme*, Rennes, PUR, 2003.

AULU-GELLE, *Nuits Attiques*, Paris, Belles Lettres, 2002.

AZOULAY (É.) (éd.), *100 000 ans de beauté*, Paris, Gallimard, 5 vol., 2009.

BABBUSH (C.) (éd.), *Dental Implants: The Art and Science*, Philadelphia, W. B. Saunders, 2001.

BALDWIN (F.E.), *Sumptuary Legislation and Personal Regulation in England*, Baltimore, The Johns Hopkins Press, 1926, vol. 44.

BALLARD (B.), *In My Fashion*, New York, David McKay, 1960.

BALZAC (H.), *Sur le dandysme. Traité de la vie Élégante. Par Balzac. Du dandysme et de George Brummell par Barbey D'Aurevilly. La peinture de la vie moderne par Baudelaire*, Paris, Union générale d'Édition, 1971.

BANNER (L.), *American Beauty*, Chicago, University of Chicago Press, 1983.

BARCAN (R.), *Nudity: A Cultural Anatomy*, Oxford, Berg, 2004.

BAROIN (C.), «Genre et codes vestimentaires à Rome», *Clio. Femmes, Genre, Histoire*, 2012, n° 36, p. 43-66.

BARRÉ-SINOUSSI (F.), *Pour un monde sans Sida (entretiens avec François Bouvier)*, Paris, Albin Michel, 2012.

BARTHES (R.), «Histoire et sociologie du vêtement. Quelques observations méthodologiques», *Annales ESC*, n° 3, 1957, p. 430-441.

BAUDRILLARD (J.), *Pour une critique de l'économie politique du signe*, Paris, Gallimard, 1972.

BELLOIR (V.) (dir.), «Déboutonner la mode», catalogue d'exposition, Paris, Les Arts Décoratifs, 2015.

BENAÏM (L.), *Yves Saint Laurent*, Paris, Grasset, 1993.

BENHAMOU (R.), «The Restraint of Excessive Apparel: England 1337– 1604», *Dress*, 1989, n° 15, p. 27-37.

BENHAMOU (S.), *La Guerre du N° 5*, (Fr., 2017, 55 min)

BERG (M.), *Luxury and Pleasure in Eighteenth-Century Britain*, Oxford, Oxford Univerity Press, 2005.

BERNARD (B.), *Fashions in the 60s,* London, Academy Editions, 1978.

BIDE (M.), COLLIER (B. J.), TORTORA (P. G.), *Understanding Textile,* New York, Macmillan, 2000.

BIGGS (T.), MOODY (G. R.), VAN LEEUWEN (J. H.), WHITE (D. E.), *Africa Can Compete!: Export Opportunities and Challenges for Garments and Home Products in the U.S. Market,* World Bank Discussion Papers, Washington, The World Bank, 1994, n° 142.

BIZET (C.), « Tom Ford, créateur de désirs », *M, le magazine du Monde*, 17 décembre 2012.

BLACKMAN (I.), PERRY (K.), « Skirting the Issue: Lesbian Fashion for the 1990s », *Feminist Review*, 1990, n° 34, p. 67-78.

BLACKMORE (C.), JENNETT (S.), *The Oxford Companion to the Body,* Oxford, Oxford University Press, 2001.

BONACICH (E.), APPELBAUM (R.), *Behind the Label: Inequality in the Los Angeles Apparel Industry,* Berkeley, University of California Press, 2000. ROSS (A.) (éd.), *No Sweat: Fashion, Free Trade, and the Rights of Garment Workers,* New York, Verso, 1997.

BONDI (F.), MARIACHER (G.), *If the Shoe Fits,* Venice, Cavallino Venezia, 1983.

BONNARD (C.), *Costumes historiques des XIIe, XIIIe, XIVe et XVe siècles*, Paris, A. Levy fils, 1830.

BONNEFOND-COUDRY (M.), « Loi et société: la singularité des lois somptuaires de Rome », *Cahiers du Centre Gustave Glotz*, 2004, n° 15, p. 135-171.

BORRELLI (L.), *Net Mode: Web Fashion Now,* London, Thames and Hudson, 2002.

BOSSEBOEUF (L.-A.), *La Touraine à travers les âges. Histoire des origines à nos jours*, Tours, Imprimerie tourangelle, 1911.

BOURDIEU (P.), *La Distinction,* Paris, Éditions de Minuit, 1979.

BOWLBY (R.), *Carried Away: The Invention of Modern Shopping,* London, Faber and Faber, 2000.

BRACEY (J. H.), MEIER (A.), RUDWICK (E. M.) (dir.), *Black Nationalism in America, Indianapolis,* Bobbs-Merrill, 1970.

BRADBERRY (G.), « From Streatham to Dior », *The Times*, 15 octobre 1997.

BRADDOCK (S. E.), O'Mahony (M.), *Techno Textiles: Revolutionary Fabrics for Fashion and Design*, London, Thames and Hudson, 1999.

BRAUDEL (F.), *Civilisation matérielle, économie et capitalisme, XVe et XVIIIe siècles, t.1 : Les Structures du quotidien et t.2 : Les Jeux de l'échange*, Paris, Armand Colin, 1979.

—, *La Dynamique du capitalisme*, (1985) Paris, Flammarion, 2014.

BRESSON (A.), *La Cité marchande*, Bordeaux, Ausonius, 2000.

BREWARD (C.), *Fashion*, Oxford, Oxford University Press, 2003.

—, *Fashioning London : Clothing and the Modern Metropolis*, Oxford, Berg, 2004.

—, *The Culture of Fashion,* Manchester, Manchester University Press, 1995.

BREWARD (C.), EHRMAN (E.), EVANS (C.), *The London Look*, New Haven, Yale University Press, 2004.

BRUZZI (S.), *Undressing Cinema : Clothing and Identity in the Movies,* London, Routledge, 1997.

BRUZZI (S.), CHURCH GIBSON (P.), *Fashion Cultures : Theories, Explorations, Analysis,* London, Routledge, 2000.

BUCCI (A.), *Moda a Milano : Stile e impresa nella città che cambia,* Milan, Abitare Segesta, 2002.

BUCK (A.), *Dress in 18th Century England,* New York, Holmes and Meier, 1979.

BULWER (J.), *Anthropometamorphosis*, London, J. Hardesty. 1650.

BUXBAUM (G.) (éd.), *Icons of Fashion : The Twentieth Century*, New York, Prestel, 1999.

BYRDE (P.), *The Male Image : Men's Fashion in England, 1300-1970,* London, B. T. Batsford, 1979.

CAIRNS (D.), «Vêtu d'impudeur et de chagrin. Le rôle des métaphores de l'"habillement" dans les concepts d'émotion en Grèce ancienne», *in* Gherchanoc (F.), Huet V. (éd.), *Les Vêtements antiques : S'habiller, se déshabiller dans les mondes anciens*, Arles, Errance, 2012, p. 175–88.

CAPLIN (R. A.), *Health and Beauty : or, Woman and Her Clothing, Considered in Relation to the Physiological Laws of the Human Body,* London, Darton and Co, 1850.

CARRÉ (G.) (dir.), *Le Japon : Des Samouraïs à Fukushima*, Paris, Fayard, 2011.

CARTER (A.), *Underwear : The Fashion History,* London, B. T. Batsford Ltd., 1992.

CARTER (M.), *Fashion Classics : From Carlyle to Barthes,* Oxford, Berg, 2003.

CASSON (L.), *Everyday Life in Ancient Rome*, New York, Heritage, 1975.

CASTIGLIONE (B.), *Il libro del cortegiano,* (1528) Paris, Garnier-Flammarion, 1991.

CASTLE (C.), *Model Girl*, Newton Abott, David and Charles, 1977.

CAWTHORNE (N.), *Le New Look / la révolution Dior*, Paris, Celiv, 1997.

CHABAUD (G.), «Images de la ville et pratique du livre. Le genre des guides de Paris (XVIIᵉ-XVIIIᵉ siècles)», *Revue d'histoire moderne et contemporaine*, 1998, vol. 45, n° 2, p. 323-345.

CHAMBERLIN (E. R.), *Everday Life in Renaissance Times*, New York, Putman, 1969, p. 53.

CHARLES-ROUX (E.) (éd.), *Théâtre de la mode: Fashion Dolls: The Survival of Haute Couture,* Portland, Palmer-Pletsch Associates, 2002.

CHASE (E. W.), CHASE (I.), *Always in Vogue,* New York, Doubleday, 1954.

CHASSAGNE (S.), *Oberkampf, un entrepreneur capitaliste au siècle des Lumières*, Paris, Aubier Montaigne, 1980.

CHATRIOT (A.), CHESSEL (M.-E.), «L'histoire de la distribution: un chantier inachevé», *Histoire, économie et société*, 2006, vol. 25, n° 1, p. 67-82.

CHAUNCEY (G.), *Gay New York: Gender, Urban Culture and the Making of the Gay Male World, 1890-1940,* New York, Basic Books, 1994.

CHAVOIN (J.-P.) (dir.), *Chirurgie plastique et esthétique. Techniques de base*, Issy-les-Moulineaux, Elsevier Health Sciences, 2011.

CHEDZOY *(A.), Sheridan's Nightingale:* Story of Elizabeth Linley, London, *Allison & Busby, 1998.*

CHENOUNE (F.), *Jean-Paul Gaultier,* New York, Universe Publishers, 1998.

CHESKIN (M. P.), *The Complete Handbook of Athletic Footwear,* New York, Fairchild Publications, 1987.

CHIRURGIA nova de nasium, aurium, labiorumque defectu per insitionem cutis ex humero, Francfort, 1598.

CHRISMAN (K.), «Rose Bertin in London?», *Costume*, 1999, n° 32, p. 45-51.

CISST, *Per una Storia della Moda Pronta, Problemi e Ricerche*, Actes de la 5ᵉ conférence internationale du CISST (The Italian Center for the Study of the History of Textiles), Milan, 26-28 février, 1990, Firenze, EDIFIR, 1991.

CLASSEN (C.) (éd.), *Aroma: The Cultural History of Smell*, London, New York, Routledge, 1994.

CLELAND (L.), HARLOW (M.), LLEWELLYN-Jones (L.) (éd.), *The Clothed Body in the Ancient World*, Oxford, Oxbow Books, 2005.

CLETE (D.), *Culture of Misfortune: An Interpretive History of Textile Unionism in the United States*, Ithaca, Cornell University Press, 2001.

CLIFFORD (M. L.), *The Land and People of Afghanistan*, New York, J. B. Lippincott, 1989.

CLIFTON (R.), Simmons (J.) (éd.), *Brands and Branding*, Princeton, Bloomberg Press, 2004.

CODDINGTON (G.), « Grunge and Glory », *Vogue*, décembre 1992, p. 254-263.

COFFIN (J.), *The Politics of Women's Work: The Paris Garment Trades, 1750-1915,* Princeton, Princeton University Press, 1996.

COLCHESTER (C.) (éd.), *Clothing the Pacific,* Oxford, Berg, 2003.

COLEGRAVE (S.), SULLIVAN (C.), *Punk,* New York, Thunder's Mouth Press, 2001.

COLLAS (R.), *Heurs et malheurs des soieries tourangelles Rolande Collas*, Chambray-lès-Tours, le Clairmirouère du temps, 1987.

COLLIER (B. J.), Tortora (P.), *Understanding Textiles,* Upper Saddle River, Pearson Prentice-Hall, 2001.

COLLINS (A. M.), « Pucci's Jet-Set Revolution », *Vanity Fair*, octobre 2000, p. 380-393.

COMTE DE LUBERSAC, *Vues politiques et patriotiques*, Paris, Imp. de Monsieur, 1787, p. 39.

CONNOLLY (M.), « The Disappearance of the Domestic Sewing Machine, 1890-1925 », *Winterthur Portfolio*, 1999, p. 31-48.

COON (C.), *1988: The New Wave Punk Rock Explosion,* London, Orbach and Chambers, 1977.

COOPER (W.), *Hair: Sex, Society, Symbolism,* New York, Stein and Day, 1971.

COPPENS (M.) (éd.), *Les Années 80: L'essor d'une mode Belge*, Bruxelles, Musées Royaux d'Art et Histoire, 1995.

CORDIER (P.), *Nudités romaines. Un problème d'histoire et d'anthropologie*, Paris, Belles Lettres, 2005. Delmaire (R.), « Le vêtement dans les sources juridiques du Bas Empire », *Antiquité tardive. Tissus et vêtements dans l'Antiquité tardive*, 2004, n° 12, p. 195-202.

CORSON (R.), *Fashions in Eyeglasses,* London, Peter Owen, 1967.

—, *Fashions in Hair: The First Five Thousand Years,* London, Peter Owen, 1965.

—, *Fashions in Makeup from Ancient to Modern Times,* London, Peter Owen, 1972.

COX (C.), *Lingerie: A Lexicon of Style,* London, Scriptum Editions, 2001.

COYE (D.), « The *Sneakers*/Tennis Shoes Boundary », *American Speech,* 1986, vol. 61, p. 366-369.

CRAIG (M. L.), *Ain't I a Beauty Queen: Black Women, Beauty, and the Politics of Race,* New York, Oxford University Press, 2002.

CRAIK (J.), *The Face of Fashion: Cultural Studies in Fashion,* London, Routledge, 1994.

CRAUGHWELL-VARDA (K.), *Looking for Jackie: American Fashion Icons,* New York, Hearst Books, 1999.

CRAVER (M. B.), ROTHSTEIN (M.), SCHROEDER (E. P.), SHOBEN (E. W.), VANDERVELDE (L. S.), *Employment Law,* St. Paul, West Publishing Company, 1994.

CROOM (A. T.), *Roman Clothing and Fashion,* Charleston, Tempus, 2002.

CROWSTON (C. H.), *Credit, Fashion, Sex. Economies of Regard in Old Regime France,* Durham & London, Duke University Press, 2013.

CRUSO (T.), *London Museum,* London, W. Clowes and Sons, 1934.

CUMMING (V.), *Gloves,* London, B. T. Batsford Ltd., 1982.

CUNNINGTON (C. W.), *English women's clothing in the nineteenth century,* London, Faber, 1937.

—, *Why women wear clothes,* London, Faber, 1941; *The history of underclothes,* London, Faber, 1951.

CUNNINGTON (C. W.), CUNNINGTON (P.), *Handbook of English Medieval Costume,* Northampton, John Dickens, 1973.

CUNNINGTON (C. W.), CUNNINGTON (P.), BEARD (C.), *A Dictionary of English Costume 900-1900,* London, Adam and Charles Black, 1972.

CUNNINGTON (P.), MANSFIELD (A.), *English Costume for Sports and Outdoor Recreation: From the Sixteenth to the Nineteenth Centuries,* London, Adam and Charles Black, 1969.

D'EMILIO (J.), *Sexual Politics, Sexual Communities,* Chicago, University of Chicago Press, 1983.

DAVIS (F.), *Fashion, Culture, and Identity,* Chicago, The University of Chicago Press, 1992.

DE ALCEGA (J.), *Libro de Geometria, Practica y Traça,* Madrid, Guillermo Drouy, 1589.

DE BURE (G.), «Christian Lacroix, l'homme qui comble», *Technikart,* 1998, n° 28, p. 129.

DE GRAZIA (V.), FURLOUGH (E.), *The Sex of Things: Gender and Consumption in Historical Perspective,* Berkeley, University of California Press, 1996, p. 25-53.

DE LESPINASSE (R.), BONNARDOT (F.), *Les métiers et corporations de la Ville de Paris: XIIIᵉ siècle, Le Livre des Métiers d'Étienne Boileau,* Paris, Imprimerie nationale, 1879.

DE MARLY (D.), *Working Dress: A History of Occupational Clothing,* London, B. T. Batsford, 1986.

—, *Worth: Father of Haute Couture,* London, Elm Tree Books, 1980.

DE OSMA (G.), *Mariano Fortuny: His Life and Work,* New York, Rizzoli, 1980.

DE WITTE (J.), *Les Deux Congo,* Paris, Plon, 1913.

DEBLOCK (G.), *Le Bâtiment des recettes – Présentation et annotation de l'édition Jean Ruelle, 1560,* Rennes, Presses Universitaires de Rennes, 2015, p. 60.

DELPIERRE (M.), *Dress in France in the Eighteenth Century,* New Haven, Yale University Press, 1998.

DENIAUX (É.), «La *toga candida* et les élections à Rome sous la République», *in* CHAUSSON (F.), INGLEBERT (H.), *Costume et société dans l'Antiquité et le Haut Moyen Âge,* Paris, C. Picard, 2003, p. 49-56.

DESSNER (C. D.), *So You Want to Be a Model!,* New York, Halcyon House, 1948.

DICKERSON (K. G.), *Textiles and Apparel in the Global Economy,* Upper Saddle River, Prentice-Hall, 1999.

DIOR (C.) (éd.), *Christian Dior et moi,* Paris, Amiot-Dumont, 1956.

DOWNEY (L.) et al., *This Is a Pair of Levi's Jeans: The Official History of the Levi's Brand,* San Francisco, Levi Strauss and Co. Publishing, 1997.

DU CILLE (A.), *Skin Trade,* Cambridge, Harvard University Press, 1996.

DUBERMAN (M.), VICANUS (M.), CHAUNCEY (G.), *Hidden From History: Reclaiming the Gay and Lesbian Past,* London, Penguin, 1991.

DWIGHT (E.), *Diana Vreeland,* New York, HarperCollins Publishers, 2002.

EILEEN (Y.), THOMPSON (E. P.), *The Unknown Mayhew,* New York, Pantheon Books, 1971.

ELDRED (E.), *Gloves and the Glove Trade,* London, Pitman and Sons, 1921.

ÉLIAS (N.), *La Société de cour,* (1974) Paris, Flammarion, 1985.

ENGLER (A.), *Body Sculpture: Plastic Surgery for the Body of Men and Women,* New York, Hudson Publishing, 2000.

EPSTEIN (D.), Safro (M.), *Buttons,* New York, Harry N. Abrams, 1991.

ETHERINGTON-SMITH (M.), PILCHER (J.), *The "It" Girls,* London, Hamish Hamilton, 1986.

EVANS (C.), « The Enchanted Spectacle », *Fashion Theory,* 2001, vol. 5, n° 3, p. 271-310.

—, *Fashion at the Edge: spectacle, modernity & deathliness,* New Haven & London, Yale University Press, 2003.

EVANS (J.), *Dress in Medieval France,* Oxford, Clarendon, 1952.

EVETT (E.), *The Critical Reception of Japanese Art in Late Nineteenth Century Europe,* Ann Arbor, UMI Research Press, 1982.

FASS (P.), *The Damned and the Beautiful: American Youth in the 1920s,* Oxford, Oxford University Press, 1978.

FEHER (M.), NADOFF (R.), TAZI (N.), *Fragments for a History of the Human Body,* New York, Zone Books, 1989.

FENNICK (J.), *Barbie, poupée de collection,* Courbevoie, Éditions Soline, 1996.

FILLIN-YEH (S.) (éd.), *Dandies: Fashion and Finesse in Art and Culture,* New York, New York University Press, 2001.

FINLAYSON (I.), *Denim: An American Legend,* New York, Simon and Schuster Inc., 1990.

FLÜGEL (J.), *The Psychology of Clothes,* London, Hogarth Press, 1930.

FOGG (M.), *Boutique: A '60s Cultural Phenomenon,* London, Mitchell Beazley, 2003.

FOOTE (S.), « Bloomers », *Dress,* 1980, n° 5, p. 1.

FORDEN (S. G.), *The House of Gucci: A Sensational Story of Murder, Madness, Glamour, and Greed,* New York, Perennial, 2001.

FOUCAULT (M.), *Folie et Déraison: Histoire de la folie à l'âge classique,* Paris, Plon, 1961.

—, *Surveiller et Punir. La naissance de la prison,* Paris, Gallimard, 1975.

FRANK (T.), *The Conquest of Cool: Business Culture, Counter-culture, and the Rise of Hip Consumerism,* Chicago, University of Chicago Press, 1997.

FRICK (C.), *Dressing Renaissance Florence. Families, Fortunes, and Fine Clothing*, Baltimore, Johns Hopkins University Press, 2002.

FRIEDEL (R.), *Zipper: An Exploration in Novelty*, New York, W. W. Norton, 1994.

FRIEDLANDER (L.), *Roman Life and manners under the Early Empire*, New York, Dutton, vol. 1, p. 146-149.

FRIJDA (N.), *The emotions*, Cambridge, Cambridge University Press, 1986.

FROMM (E.), *To Have or to Be?*, New York, HarperCollins Publishers, 1976.

FUKAI (A.), KANAI (J.), *Japonism in Fashion*, Kyoto, Kyoto Costume Institute, 1996.

FURETIÈRE (A.), *Dictionnaire universel, contenant généralement tous les mots françois tant vieux que modernes, et les termes de toutes les sciences et des arts*, La Haye, A. et R. Leers, 1690, non paginé.

GAINES (S.), CHURCHER (S.), *Obsession: The Lives and Times of Calvin Klein*, New York, Carol Publishing Group, 1994.

GARLAND (M.), *The Changing Face of Fashion*, London, Dent, 1970.

GARRETT (V. M.), *Chinese Clothing: An Illustrated Guide*, Hong Kong, Oxford University Press, 1994.

GAUMY (T.), «Le Chapeau à Paris. Couvre-chefs, économie et société, des guerres de Religion au Grand Siècle (1550-1660)», thèse d'histoire, École nationale des Chartes, 2015.

GEDDES (A. G.), «Rags and Riches: The Costume of Athenian Men in the Fifth Century», *Classical Quarterly*, vol. 37, n° 2, 1987, 307-331.

GERBOD (P.), «Les métiers de la coiffure en France dans la première moitié du XXᵉ siècle», *Ethnologie française*, 1983, t. 13, n° 1, p. 39-46.

GERSTE (R. D.), *Jacques Joseph. Das Schicksal des großen plastischen Chirurgen und die Geschichte der Rhinoplastik*, Heidelberg, Kaden, 2015.

GHERCHANOC (F.), «Beauté, ordre et désordre vestimentaires féminins en Grèce ancienne», *Clio. Femmes, Genre, Histoire*, 2012, n° 36, p. 19-42.

GHERCHANOC (F.), HUET (V.) (éd.), *Les Vêtements antiques: s'habiller, se déshabiller dans les mondes anciens*, Arles, Errance, 2012, p. 149-164.

—, «Pratiques politiques et culturelles du vêtement. Essai historiographique», *Revue historique*, 2007, vol. 1, n° 641, p. 3-30.

GIES (F.), GIES (J.), *Cathedral, forge and waterwheel*, New Yorh, HarperCollins, 1994.

GILL (A.), «Deconstruction Fashion: The Making of Unfinished, Decomposing and Reassembled Clothes», *Fashion Theory*, 1998, vol. 2, p. 25-49.

GINSBURG (M.), «Rags to Riches: The Second-Hand Clothes Trade 1700-1978», *Costume*, 1980, n° 14, p. 121-135.

GLACHANT (C.), «CK One de Calvin Klein», *Le Figaro*, 31 juillet 2012, p. 17.

GLEASON (A.), KENEZ (P.) et STITES (R.), *Bolshevik Culture: Experiment and Order in the Russian Revolution*, Bloomington, Indiana University Press, 1985.

GLORIEUX (G.), *À l'enseigne de Gersaint: Edme-François Gersaint, marchand d'art sur le pont Notre-Dame (1694-1750)*, Seyssel, Champ Vallon, 2002.

GODDARD (E. R.), *Women's Costume in French Texts of the 11th and 12th Centuries*, New York, Johnson Reprints, 1973.

GODFREY (F.), *An International History of the Sewing Machine*, London, Robert Hale, 1982.

GOFFMAN (E.), *Gender Advertisements*, London, Macmillan, 1979.

GORDON (L.), *Discretions and Indiscretions*, London, Jarrolds, 1932.

GOSCILO (H.), HOLMGREN (B.), *Russia Women Culture*, Bloomington, Indiana University Press, 1996.

GRAU (F.-M), *La Haute Couture*, Paris, Presses universitaires de France, 2000.

GRAY (J.), *Talon, Inc.: A Romance of Achievement*, Meadville, Talon Inc., 1963.

GROSS (M.), *Model: The Ugly Business of Beautiful Women*, New York, William Morrow, 1995.

GRUBER (G.), (dir.), *Il Maestro della tela jeans. Un nouveau maître de la réalité dans l'Europe de la fin du XVIIe siècle*, Galerie Canesso, Paris, 2010.

GRUMBACH (D.), *Histoires de la mode*, Paris, Éd. du Regard, 2008.

GUENTHER (I.), «Nazi Chic? German Politics and Women's Fashions, 1915-1945», *Fashion Theory: The Journal of Dress, Body and Culture*, 1997, n° 1, p. 29-58.

—, *Nazi Chic? Fashioning Women in the Third Reich*, Oxford, Berg, 2004.

GUIRAUD (H.), «Représentations de femmes athlètes (Athènes, VIᵉ-Vᵉ siècle avant J.-C.)», *Clio. Histoire, femmes et sociétés*, 2006, n° 23, p. 269-278.

GUNN (F.), *The Artificial Face: A History of Cosmetics*, London, David and Charles, 1973.

HADDAD (Y.), ESPOSITO (J. L.) (éd), *Muslims on the Americanization Path?*, Oxford, Oxford University Press, 2000.

HADEN-GUEST (A.), «The Spoiled Supermodels», *New York Magazine*, 16 mars 1981, p. 24-29.

HAGERTY (B.), RIVERS SIDDONS (A.), *Handbags: A Peek Inside a Woman's Most Trusted Accessory*, New York, Running Press, 2002.

HAIKEN (E.), *Venus Envy: A History of Cosmetic Surgery*, Baltimore, Johns Hopkins University Press, 1997.

HAMBLETT (C.), DEVERSON (J.), *Generation*, London, A. Gibbs & Phillips, 1964.

HANDLEY (S.), *Nylon: The story of a fashion revolution*, Baltimore, Johns Hopkins University Press, 1999.

HANSEN (K.), *Salaula: The World of Secondhand Clothing and Zambia*, Chicago, University of Chicago Press, 2000.

HARDY (A.), *A, B, C of Men's Fashion*, London, Cahill and Co. Ltd, 1964.

HARRIS (A.), *The Blue Jean*, New York, Powerhouse Books, 2002.

HART (A.), NORTH (S.), DAVIS (R.), *Fashion in Detail from the 17th and 18th Centuries*, New York, Rizzoli International, 1998.

HARTNOLL (P.), *The Theatre: A Concise History*, London, Thames and Hudson, 1985.

HATCH (K.), *Textile Science*, Minneapolis, West Publishing, 1993.

HAVARD (G.), *Histoire des coureurs de bois. Amérique du Nord, 1600-1840*, Paris, Les Indes savantes, 2016.

HAWLEY (J.), «Textile Recycling as a System: The Micro-Macro Analysis», *Journal of Family and Consumer Sciences*, 2001, vol. 92, n° 4, p. 40-46.

HEARD (N.), *Sneakers: Over 300 Classics from Rare Vintage to the Latest Designs*, London, Carlton Books, 2003.

HEBDIGE (D.), *Subculture: The Meaning of Style*, London, Routledge, 1979.

HENDRICKSON (R.), *Facts on File Encyclopedia of Word and Phrase Origins*, New York, Facts on File Inc., 2000.

HERALD (J.), *Renaissance Dress in Italy, 1400-1500*, Atlantic, Humanities Press, 1981.

HERLIHY (D.), *Opera muliebria: Women and Work in Medieval Europe*, Philadelphia, Temple University, 1900.

HILAIRE-PÉREZ (L.), *La Pièce et le Geste. Artisans, marchands et savoir technique à Londres au XVIIIᵉ siècle*, Paris, Albin Michel, 2013.

HILFIGER (T.), DECURTIS (A.), *Rock Style: How Fashion Moves to Music*, New York, Universe Publishing, 1999.

HILTEBEITEL (A.), MILLER (B.) (éd.), *Hair: Its Power and Meaning in Asian Cultures*, Albany, State University of New York Press, 1998, p. 51-74.

HISTOIRES du jeans de 1750 à 1994, Paris, Paris Musées, 1994.

HLAVÁCKOVÁ (K.), *Czech Fashion 1940-1970: Mirror of the Times*, Prague, Olympia Publishing, 2000.

HOMMAGE à Christian Dior 1947-1957, Paris, Union centrale des Arts décoratifs, 1986.

HUIZINGA (J.), *The Waning of the Middles Ages*, London, Penguin Books, 1924, p. 250-52 et 270-74.

HUMPHRIES (M.), *Fabric Reference*, Upper Saddle River, Pearson Prentice Hall, 2004.

HYMAN (P.), *The Reluctant Metrosexual: Dispatches from an Almost Hip Life*, New York, Villard Books, 2004.

JACKSON (P.), MICHELLE (L.), MILLER (D.), MORT (F.), *Commercial Cultures: Economies, Practices, Spaces*, Oxford, New York, Berg, 2000.

JARRIGE (F.), *Au temps des «tueuses de bras». Les bris de machines à l'aube de l'ère industrielle (1780-1860)*, Rennes, Presses universitaires de Rennes, 2009.

JEFFERYS (T.), *Collection of the Dresses of Different Nations, Ancient and Modern, 1757-1772*, London, Charles Grignon, 4 vol.

JOHNSON (A.), *Handbags. The Power of the Purse*, New York, Workman Publishing Company, 2002.

JOHNSON (K.), TORTORA (P. G.), EICHER (J.), *Fashion Foundations: Early Writings on Fashion and Dress*, Oxford, Berg, 2003.

JOHNSON (M.), *Ancient Greek Dress*, Chicago, Argonaut, 1964.

JOHNSON (R.), «The Anthropological Study of Body Decoration as Art: Collective Representations and the Somatization of Affect», *Fashion Theory*, 2001, vol. 5, n°4, p. 417-434.

JOLIVET (S.), «Pour soi vêtir honnêtement à la cour de monseigneur le duc: costume et dispositif vestimentaire à la cour de Philippe le Bon, de 1430 à 1455», thèse d'histoire, Université de Bourgogne, 2003.

JONES (A. H. M.), «The Cloth Industry under the Roman Empire», *Economic History Review*, 1960, vol. 13, n° 2, p. 183-184.

JOST (G.), «Histoire de la chirurgie plastique», *Les cahiers de médiologie*, 2003, vol. 1, n° 15, p. 79-88.

JUNE (J.), *Shoes*, London, B.T. Batsford, 1982.

JUVÉNAL, *Satires*, Paris, Les Belles Lettres, 2002.

KADOLPH (S.), LANGFORD (A.), *Textiles*, New York, Pearson Prentice-Hall, 2002.

KAPLAN (J. H.), STOWELL (S.), *Theatre and Fashion: From Oscar Wilde to the Suffragettes*, Cambridge, Cam- bridge University Press, 1994.

KAWAMURA (Y.), *Kenzo*, Tokyo, Bunka Publishing, 1995.

—, *The Japanese Revolution in Paris Fashion*, Oxford, Berg Publishers, 2004.

KEERS (P.), *A Gentleman's Wardrobe*, London, Weidenfield and Nicolson, 1987.

KELLY (C.), SHEPPERD (D.), *Russian Cultural Studies: An Introduction*, Oxford, Oxford University Press, 1998, p. 368-386.

KEYES (C. L.), *Rap Music and Street Consciousness*, Urbana, Chicago, University of Illinois Press, 2004.

KEYES (J.), *A History of Women's Hairstyles, 1500-1965*, London, Methuen, 1967.

KIDWELL (C. B.), *Cutting a Fashionable Fit: Dressmakers Drafting Systems in the United States*, Washington D. C., Smithsonian Institution Press, 1979.

KIDWELL (C. B.), CHRISTMAN (M. C.), *Suiting Everyone: The Democratization of Clothing in America*, Washington, D.C., The Smithsonian Institution Press, 1974.

KIDWELL (C. B.), STEELE (V.) (éd.), *Men and Women: Dressing the Part*, Washington, Smithsonian Institution Press, 1989, p. 92-123.

KIRKE (B.), *Madeleine Vionnet,* San Francisco, Chronicle Press, 1998.

KITWANA (B.), *The Hip-hop Generation: Young Blacks and the Crisis in African-American Culture*, New York, Basic Civitas Books, 2005.

KLEIN (N.), *No Logo: Taking Aim at the Brand Bullies*, New York, Picador, 1999.

KÔ (D.), *Cinderella's sisters: a revisionist history of footbinding* Berkeley, University of California Press, 2005.

—, *Every Step a Lotus: Shoes for Bound Feet,* Berkeley, University of California Press, 2001.

KODA (H.), *Extreme Beauty: The Body Transformed,* New York, Metropolitan Museum of New York, 2001.

KOHLE (Y.), NOLF (N.), *Claire McCardell: Redefining Modernism,* New York, Harry N. Abrams, 1998.

KOONZ (C.), *Mothers in the Fatherland: Women, the Family, and Nazi Politic,* New York, St. Martin's Press, 1987.

KOSLIN (G.), SNYDER (J.) (éd.), *Encountering Medieval Textiles and Dress: Objects, Texts, Images,* New York, Palgrave Macmillan, 2002, p. 103-119.

KOVESI (C.), *Sumptuary Law in Italy 1200-1500,* Oxford, Clarendon Press, 2002.

KOYRÉ (A.), *Du monde clos à l'univers infini,* Paris, Presses Universitaires de France, 1962.

KUCHTA (D. M), «Graceful, Virile and Useful: The Origins of the Three-Piece Suit», *Dress,* 1990, n° 17, p. 118.

—, *The Three-Piece Suit and Modern Masculinity. England, 1550-1850,* Berkeley, Los Angeles and London, University of California Press, 2002.

KUNZLE (D.), *Fashion and Fetishism: A Social History of the Corset, Tight-Lacing and Other Forms of Body-Sculpture in the West,* Totowa, Rowan and Littlefield, 1982.

LA FERLA (R.), «All Fashion, Almost All the Time», *New York Times,* 29 mars 1998.

LALANNE (O.), «L'héritier», *Vogue Paris,* août 2012, n° 929, p. 208-215.

LANGLEY MOORE (D.), *The Child in Fashion,* London, Batsford, 1953.

—, *The Woman in Fashion,* London, Batsford, 1949.

LANHAM (R.), *The Hipster Handbook,* New York, Anchor Books, 2003.

LANOË (C.), «Images, masques et visages. Production et consommation des cosmétiques à Paris sous l'Ancien Régime», *Revue d'histoire moderne et contemporaine,* 2008, vol. 55, n° 1, p. 7-27.

—, *La Poudre et le Fard. Une histoire des cosmétiques de la Renaissance aux Lumières,* Seyssel, Champ Vallon, 2008.

LANSDELL (A.), *Seaside Fashions 1860-1939,* Princes Risborough, Shire Publications, 1990.

LASH (N. A.), «Black-owned banks: A survey of the issues», *Journal of Developmental Entrepreneurship,* 2005, vol. 10, n° 2, p. 187-202.

LAVER (J.), *Taste and Fashion: From the French Revolution to the Present Day*, London, G. G. Harrap, 1945, p. 211.

LE ROUX (P.), «Rome et l'Occident: seize provinces en quête d'histoires», *Pallas*, 2009, n° 80, p. 389-398.

LEACH (W.), *Land of Desire: Merchants, Power, and the Rise of a New American Culture*, New York, Vintage Books, 1994.

LEMIRE (B.), *Dress, Culture and Commerce: The English Clothing Trade Before the Factory, 1660-1800*, New York, St. Martin's Press, 1997.

LENNON (S. J.), SCHULTZ (T. L.), JOHNSON (K. K. P.), «Forging Linkages Between Dress and the Law in the U.S., Part II: Dress Codes», *Clothing and Textiles Research Journal*, 1999, vol. 17, n° 3, p. 157-167.

LEVESQUE (C.), *Vogue: en beauté (1920-2007)*, Paris, Ramsay, 2007.

LEVI-STRAUSS (M.), *The Cashmere Shawl*, New York, Harry N. Abrams, 1987.

LEWIN (T.), «High School Tells Student to Remove Antiwar Shirt», *New York Times*, 23 février 2003.

LEWIS (W. S.), *The Yale Edition of Horace Walpole's Correspondence*, New Haven, Yale University Press, 1937, vol. 38, p. 306.

LIPOVETSKY (G.), *Le Bonheur paradoxal*, Paris, Gallimard, 1984.

—, *L'Empire de l'éphémère. La mode et son destin dans les sociétés modernes*, Paris, Gallimard, 1987.

LIPOVETSKY (G.), *Plaisir et toucher. Essai sur la société de séduction*, Paris, Gallimard, 2017.

LITTLE (A.), *Wimbledon Compendium 1999*, London, The All England Lawn Tennis and Croquet Club, 1999.

LLEWELLYN-JONES (L.), *Aphrodite's Tortoise. The Veiled Woman of Ancient Greece*, Swansea, The Classical Press of Wales, 2003.

—, *Women's Dress in the Ancient Greek World*, London, Duckworth, 2002.

LOBENTHAL (J.), *Radical Rags: Fashions of the Sixties*, New York, Abbeville Press, 1990.

LONGSTRETH (R.), *City Center to Regional Mall: Architecture, the Automobile, and Retailing in Los Angeles, 1920-1950*, Cambridge, MIT, 1997.

LORD (M. G.), *Forever Barbie: The Unauthorized Biography of a Real Doll*, New York, Morrow and Company, 1994.

LOSFELD (G.), *Essai sur le costume grec*, Paris, Boccard, 1991.

LOUIS (P.), *Ancient Rome at Work: An Economic History of Rome From the Origins to the Empire,* (1927) London, Routledge, 2013.

LUSANE (C.), «Rap, Race and Politics», *Race and Class: A Journal for Black and Third World Liberation,* 1993, vol. 35, n° 1, p. 41-56.

MAC NEIL (S.), *The Paris Collection,* Cumberland, Hobby House Press, 1992.

MACDONALD (D.), «A Caste, a Culture, a Market», *New Yorker,* 22 novembre 1958.

MACDONELL SMITH (N.), *The Classic Ten: The True Story of the Little Black Dress and Nine Other Fashion Favorites,* New York, Penguin Books, 2003.

MACMULLEN (R.), «Woman in Public in the Roman Empire», *Historia,* 1980, vol. 29, n° 2, p. 208-218.

MAEDER (E.), (éd.), *Hollywood and History: Costume Design in Film,* Los Angeles, Thames and Hudson, 1987.

MAILER (N.), *The White Negro: Superficial Reflections on the Hipster,* San Francisco, City Lights, 1957. HOLMES (J. C.), *GO,* New York, Charles *Scribner's* Sons, 1952.

MAJORS (R.), MANCINI BILLSON (J.), *Cool Pose: The Dilemmas of Black Manhood in America,* New York, Touchstone Books, 1993.

MARSH (G.), TRYNKA (P.), *Denim: From Cowboys to Catwalks: A Visual History of the World's Most Legendary Fabric,* London, Aurum Press Limited, 2002.

MARSH (L.), *House of Klein: Fashion, Controversy, and a Business Obsession,* Hoboken, John Wiley and Sons, 2003.

MARTIN (P.), «Contesting Clothes in Colonial Brazzaville», *Journal of African History,* 1994, vol. 35, n° 3, p. 401-426.

—, *Leisure and Society in Colonial Brazzaville,* Cambridge, New York, Cambridge University Press, 1995.

MARTIN (R.), KODA (H.), *Christian Dior,* New York, Metropolitan Museum of Art, 1996.

—, *Diana Vreeland: Immoderate Style,* New York, Metropolitan Museum of Art, 1993.

—, *Jocks and nerds: Men's style in the twentieth century,* New York, Rizzoli, 1989.

—, *Orientalism,* New York, Harry N. Abrams, 1994. Wichmann (S.), *Japonisme: The Japanese Influence on Western Art in the 19th and 20th Centuries,* New York, Harmony Books, 1981.

—, *Splash! A History of Swimwear,* New York, Rizzoli International, 1990.

MARTIN-HATTEMBERG (J.-M.), *Lèvres de Luxe,* Montreuil, Gourcuff-Gradenigo, 2009.

MASSIÉ (A.), « Les artisans du Camp du Drap d'Or (1520) : Culture matérielle et représentation du pouvoir », master d'histoire, Université Paris-Diderot, 2012.

MAUSS (M.), *Anthropologie et Sociologie,* Paris, Presses Universitaires de France, 1950, p. 365-86.

MAYO (E.) (éd.), *The Smithsonian Book of the First Ladies : Their Lives, Times, and Issues,* New York, Henry Holt, 1996.

MCCLELLAN (E.), *Historic Dress in America, 1607-1800,* Philadelphie, George W. Jacobs & Company, 1904.

MCDOWELL (C.), *Fashion Today,* Londres, Phaidon Press Ltd., 2000.

—, *Galliano,* Londres, Weidenfeld and Nicolson, 1997.

—, *Jean-Paul Gaultier,* New York, Viking Press, 2001.

MCKENDRICK (N.), Brewer (J.), Plumb (J. H.), *The Birth od a Consumer Society : The Commercialization of Eighteenth Century England,* Bloomington, Indiana University Press, 1982.

MCNEIL (P.), « That Doubtful Gender' : Macaroni Dress and Male Sexualities », *Fashion Theory. The Journal of Dress, Body & Culture,* 1999, vol. 3, n° 4, p. 411-447.

—, *Fashion : Critical and Primary Sources,* London-New York, Berg, 2008, 4 vol.

MEIS (M.), « Consumption Patterns of the North : The Cause of Environmental Destruction and Poverty in the South : Women and Children First », Genève, Suisse, Commission des Nations Unies pour l'environnement et le développement, 1991.

MENKES (S.), « Fashion's TV Frenzy », *New York Times,* 2 avril 1995.

MERCIER (L.-S.), *Tableau de Paris,* Amsterdam, 1781-1785.

MICHELET (J.), *Histoire de France,* (1855) Paris, Ed. Equateurs, 2015, t. 8.

MIKAÏLOFF (P.), *Dictionnaire raisonné du punk,* Paris, Scali, 2007

MILBANK (C. R.), *Couture : The Great Designers,* New York, Stewart, Tabori & Chang, 1985.

MILBANK (C.), *New York Fashion : The Evolution of American Style,* New York, Harry N. Abrams, 1996.

MILLER (D.) (ed.), *Acknowledging Consumption. A Review of New Studies,* London, Routledge, 1995.

—, *Shopping, Place and Identity,* London, Routledge, 1998.

MILLET (A.), «*Couleurs* de *soie*: tentatives de rénovation de la teinture à *Tours*, 1740-1827», *in La soie en Touraine*, Actes du colloque, 24 novembre 2006, *Tours, Cité de la Soie*, 2007, p. 55-67.

—, «Les dessinateurs de fabrique (1750-1850)», thèse d'histoire, Université Paris 8, 2015.

—, *Dessiner la mode. Une histoire des mains habiles (XVIIIe- XIXe siècles)*, Turnhout, Brepols, à paraître, 2020.

—, *Vie et destin d'un dessinateur textile d'après le journal d'Henri Lebert (1794-1862),* Seyssel, Champ Vallon, 2018.

MILLIOT (V.), «La Ville au miroir des métiers. Représentations du monde du travail et imaginaires de la ville (XVIe- XVIIIe siècle)», *in* Petitfrère (C.), *Images et imaginaires de la ville à l'époque moderne*, Tours, Université François-Rabelais, 1998, p. 211-234.

MILLS (H.), «Greek Clothing Regulations: Sacred and Profane», *Zeitschrift für Papyrologie und Epigraphik,* 1984, n° 55, p. 255-265.

MIRABELLA (G.), *In and Out of Vogue: A Memoir,* New York, Doubleday and Company, 1995.

MODES et révolutions, 1780-1804, catalogue d'exposition, Palais Galliera, Paris Musées, 1989.

MOHOLY-NAGY (L.), «How Photography Revolutionizes Vision», *The Listener,* 1933, p. 688-690.

MONCRIEFF (R. W.), *Man-Made Fibres,* London, Newnes Butter-worth, 1975.

MONTCHRESTIEN DE (A.), *Traité de l'économie politique*, (1615), Genève, Droz, 1999.

MORRIS (B.), *Mary Quant's London, London,* Museum of London, 1973.

MORRIS (N.), ROTHMAN (D.) (éd.), *Oxford History of the Prison,* Oxford-New York, Oxford University Press, 1995.

MOSER (P.), «How do patent laws influence innovation? Evidence from Nineteenth-Century World Fairs», *The American Economic Review*, vol. 95, n° 4, 2005, p. 1214-1236.

MUGLER (T.), *Fashion, Fetish, and Fantasy*, London, Thames and Hudson, 1998.

MULVEY (K.), RICHARDS (M.), *Decades of Beauty: The Changing Image of Women 1890s-1990s*, London, Hamlyn, 1998.

MURRIS (E. T.), *The Story of Perfume from Cleopatra to Chanel,* New York, Charles Scribner's Sons, 1984.

MUZZARELLI (M.-G.), « Statuts et identités. Les couvre-chefs féminins (Italie centrale, XVᵉ-XVIᵉ siècle) », *Clio. Femmes, Genre, Histoire*, 2012, n° 36, p. 67-89.

NDIAYE (P.), *Du nylon et des bombes : Du Pont de Nemours, le marché et l'État américain, 1900-1970*, Paris, Belin, 2001.

NETHERTON (R.), OWEN-CROCKER (G. R.), (éd.), *Medieval Clothing and Textiles*, Woodbridge University, Boydell Press, 2005, p. 115-132.

NEW York Magazine, 28 novembre 1983, p. 53.

NEWTON (S. M.), *Fashion in the Age of the Black Prince,* Totowa, Rowan and Littlefield, 1980.

—, *Health, Art and Reason : Dress Reformers of the 19th Century,* London, John Murray, 1974.

NORDHOLT (H. S.), *Outward Appearances : Dressing State and Society in Indonesia*, Leiden, KITLV Press, 1977.

O'BRIEN (R.), « Workers and World Order : The Tentative Transformation of the International Union Movement », *Review of International Studies*, 2000, n° 26, p. 533-555.

ÖRMEN (C.), *Un siècle de mode*, Paris, Larousse, 2012, p. 116-119.

OSGERBY (B.), *Youth in Britain Since 1945,* Oxford, Blackwell, 1998.

OVIDE, *L'Art d'aimer,* Paris, Les Belles Lettres, 2011.

PALLADINO (G.), *Teenagers : An American History,* New York, Basic Books, 1996.

PALMER (A), *Dior*, London, V&A Publishing, 2009.

PALMER (A.), Hazel (C.), *Old Clothes, New Looks : Second-Hand Fashion,* Oxford, Berg, 2004, p. 177-195.

PARKER (D.), *New York World*, 16 août 1925.

PARMELEE (M.), *Nudism in Modern Life : The New Gymnosophy*, London, Noel Douglas, 1929.

PARROT (N.), *Mannequins*, New York, St. Martin's Press, 1982.

PARSONS (F. A.), *The psychology of Dress,* New York, Doubleday, Page & company, 1921.

PARSONS (P.), FRIEDMAN (R.), *The Cable and Satellite Television Industries,* Boston, Allyn and Bacon, 1998.

PASCAL (B.), « "Aux tresors dissipez l'on cognoist le malfaict" : Hiérarchie sociale et transgression des ordonnances somptuaires en France, 1543-1606 », *Renaissance & Réformation/Renaissance et Réforme*, 1999, vol. 23, n° 4, p. 23-43.

PASTOUREAU (M.), *L'Étoffe du diable : une histoire des rayures et des tissus rayés*, Paris, Le Seuil, 1991.

—, *Noir, histoire d'une couleur*, Paris, Seuil, 2008.

PEARSALL (S.), « In Waterbury, Buttons Are Serious Business », *New York Times*, 3 août 1997.

PEISS (K.), *Hope in a Jar: The Making of America's Beauty Culture*, New York, Metropolitan Books, 1998.

PELLEGRIN (N.), *Les Vêtements de la liberté. Abécédaire des pratiques vestimentaires françaises de 1780 à 1800*, Aix-en-Provence, Alinéa, 1989.

PERKINS (W. E.) (éd.), *Droppin' Science: Critical Essays on Rap Music and Hip-hop Culture*, Philadelphia, Temple University Press, 1995.

PERRET (J.-J.), *La Pogonotomie ou L'art d'apprendre à se raser soi-même*, Paris, Chez Dufour, 1769.

PERRY (M.), *Sniffin' Glue: The Essential Punk Accessory*, London, Sanctuary Publishing, 2000.

PHILLIPS (C.), *Jewelry: From Antiquity to the Present*, New York, Thames and Hudson, 1996.

PHILLIPS (R. B.), *Trading Identities: The Souvenir in Native North American Art from the Northeast, 1700-1900*, Hong Kong, University of Washington Press, 1998.

PHYLLIS (M.), « Contesting Clothes in Colonial Brazzaville », *Journal of African History*, 1994, n° 35, p. 401-426.

—, *Leisure and Society in Colonial Brazzaville*, Cambridge, Cambridge University Press, 1995.

PICOT (G.), PICOT (G.), *Le Sac à main, histoire amusée et passionnée*, Paris, Éd. du May, 1993.

PIPONNIER (F.), MANE (P.), *Dress in the Middle Ages*, New Haven, Yale University Press, 1997.

PLAUTE, *Comédies*, Paris, Les Belles Lettres, 1932.

PLINE l'Ancien, *Histoire naturelle*, Paris, Les Belles Lettres, 2016.

POINTON (M.), *Hanging the Head: Portraiture and Social Formation in Eighteenth-Century England*, New Haven, Yale University Press, 1993.

POLHEMUS (T.), *Street Style: From Sidewalk to Catwalk*, London, Thames and Hudson, 1994.

POLI (D. D.), *Beachwear and Bathing-Costume*, Modena, Zanfi Editori, 1995. Probert (C.), *Swimwear in Vogue Since 1910*, New York, Abbeville Press, 1981.

POTOCKI (R.), « The Life and Times of Poland's "Bikini Boys" », *The Polish Review*, 1994, n° 3, p. 259-290.

PRÉVOST (abbé), *Contes, Aventures et Faits singuliers,* (1704) Amsterdam, 1784, p. 495.

QUÉTELET (A.), *Anthropométrie, ou Mesure des différentes facultés de l'homme,* Bruxelles, C. Muquardt, 1870.

QUINN (B.), *Techno Fashion,* Oxford, New York, Berg, 2002.

QUINTILIEN, *Institution oratoire,* Paris, Les Belles Lettres, 2012, 7 tomes.

RABINE (L. W.), *The Global Circulation of African Fashion,* Oxford, Berg, 2002.

RAND (E.), *Barbie's Queer Accessories.* Durham, Duke University Press, 1995.

RAPPAPORT (E.), *Shopping for Pleasure: Women and the Making of London's West End,* Princeton, Princeton University Press, 2000.

RATH (J.) (éd.), *Unravelling the Rag Trade: Immigrant Entrepreneurship in Seven World Cities,* Oxford, Berg, 2002.

REEDER (J.), « Historical and Cultural References in Clothes from the House of Paquin », *Textile and Text,* 1991, vol. 13, p. 15-22.

REICH (C. A.), *The Greening of America: How the Youth Revolution Is Trying to Make America Livable,* New York, Random House, 1970.

RENBOURN (E. T.), REES (W. H.), *Materials and Clothing in Health and Disease,* London, H. K. Lewis and Company, 1972.

RIBEIRO (A.), « The Macaronis », *History Today,* 1978, vol. 28, n° 7, p. 463-468.

—, *Fashion in the French Revolution,* New York, Holmes and Meier, 1988.

RICHARD (M.), KODA (H.), *Diana Vreeland: Immoderate Style,* New York, Metropolitan Museum of Art, 1993.

RIELLO (G.), « *La Chaussure à la mode*: product innovation and marketing strategies in Parisian and London boot and shoemaking in the early nineteenth century », *Textile History,* 2003, vol. 34, n° 2, p. 107-133.

—, « The Object of Fashion: Methodological Approaches to the Study of Fashion », *Journal of Aesthetics and Culture,* 2011, vol. 3, n° 1, p. 1-9.

RIELLO (G.), GERRITSEN (A.) (éd.), *Writing Material Culture History,* London, Bloomsbury, 2014.

RIELLO (G.), MCNEIL (P.) (éd.), *Shoes: A History from Sandals to Sneakers,* Oxford-New York, Berg, 2006.

RIELLO (G.), MUZZARELLI (M. G.), TOSI BRANDI (E.) (éd.), *Moda: Storia e Storie,* Milan, Bruno Mondadori, 2010).

RIELLO (G.), RUBLACK (U.) (éd.), *The Right to Dress: Sumptuary Laws in a Global Perspective, 1200-1800*, Cambridge, Cambridge University Press, 2019.

ROBERT (E.), *Causes amusantes et connues*, Berlin, 1769, t. 1.

ROBERT (J.-N.), *Les Romains et la mode*, Paris, Les Belles Lettres, 2011.

ROBERTS (C.) (éd.), *Evolution and Revolution: Chinese Dress, 1700s-1900s,* Sydney, Powerhouse Publishing, 1997.

ROBERTS (H.), « The Exquisite Slave: The Role of Clothes in the Making of the Victorian Woman », *Signs* 2, 1977, n° 3, p. 554-569.

ROCHE (D.), *La Culture des apparences. Une histoire du vêtement (XVIIe-XVIIIe siècle)*, Paris, Fayard, 1989.

ROSE (A.-C.), *Voices of the Marketplace: American Thought and Culture, 1830-1860*, New York, Rowman and Littlefield, 2004.

ROSE (T.), *Black Noise: Rap Music and Black Culture in Contemporary America*, Middletown, Wesleyan University Press, 1994.

ROSENTHAL (E.), « Can polyester save the world? », *The New York Times*, 25 janvier 2007.

ROTHSTEIN (N.), *400 Years of Fashion*, London, V&A Publishing, 1988.

RUBIN (A.) (éd.), *Marks of Civilization: Artistic Transformations of the Human Body,* Los Angeles, University of California, 1988. Wilcox (C.), *Radical Fashion,* London, Harry N. Abrams, 2001.

RUBINFELD (J.), « Madonna Now », *Harper's Bazaar,* septembre 2003, p. 304.

RYBACK (T.), *Rock Around the Block: A History of Rock Music in Eastern Europe and the Soviet Union,* Oxford, Oxford University Press, 1990.

SAINT LAURENT (Y.), VREELAND (D.), *Yves Saint Laurent,* New York, Metropolitan Museum of Art, 1983.

SAINT LAURENT (Y.), *Yves Saint Laurent par Yves Saint Laurent, 28 ans de création*, Paris, Herscher, 1986.

SALEEBY (C. W.), *Sunlight and Health,* London, Nisbit and Company, 1923.

SAMIULLAH (M.), *Muslims in Alien Society: Some Important Problems with Solution in Light of Islam*, Lahore, Pakistan, Islamic Publications, 1982.

SANDERSON (C. E.), « Nearly New: The Second-Hand Clothing Trade in Eighteenth-Century Edinburgh », *Costume*, 1997, n° 31, p. 38-48.

SAPORI (M.), *Rose Bertin: ministre des Modes de Marie-Antoinette,* Paris, Regard-Institut Français de la Mode, 2004.

SAVAGE (J.), *England's Dreaming: Sex Pistols and Punk Rock,* London, Faber, 1991.

SCHIFFER (N. N.), *Eyeglass Retrospective: Where Fashion Meets Science,* Atglen, Schiffer Publishing, 2000.

SCHIFFTER (F.), BARBEY D'AUREVILLY (J.), *Du dandysme et de George Brummell,* Paris, Payot & Rivages, 1997.

SCHMITT-PANTEL (P.), «Athéna Apatouria et la ceinture: les aspects féminins des Apatouries à Athènes», *Annales. ESC,* 1977, n° 32, p. 1059-1073.

SCOTT (P.), «Masculinité et mode au XVIIᵉ siècle. *L'Histoire des perruques* de l'abbé J.-B. Thiers», *Itinéraires,* 2008, n° 1, p. 77-89.

SEARS (J.), *Behind the Mask of the Mattachine. The Hal Call Chronicles and the Early Movement for Homosexual Emancipation,* New York, Routledge, 2006.

SEBESTA (J. L.), BONFANTE (L.) (éd.), *The World of Roman Costume,* Madison, University of Wisconsin Press, 1994.

SEEBOHM (C.), *The Man Who Was Vogue: The Life and Times of Condé Nast,* New York, Viking Penguin, 1962.

SENNETT (R.), *Ce que sait la main. La culture de l'artisanat,* Paris, Albin Michel, 2010.

SEVERA (J.), *Dressed for the Photographer. Ordinary Americans and Fashion 1840-1900,* Kent, Kent State University Press, 1995.

SILVERMAN (D.), *Selling Culture: Bloomingdale's, Diana Vreeland, and the New Aristocracy of Taste in Reagan's America,* New York, Pantheon Books, 1986.

SIMS (J.), *Rock/Fashion,* London, Omnibus Press, 1999. Steele (V.), *Fifty Years of Fashion: New Look to Now,* New Haven, Yale University Press, 1997.

SIROP (D.), *Paquin,* Paris, Adam Biro, 1989.

SMITH (V.), «The Popularisation of Medical Knowledge: The Case of Cosmetics», *Society for the Social History of Medicine,* 1986, n° 36, p. 12-15.

SOZZANI (F.), *Valentino's Red Book,* Milan, Rizzoli International, 2000.

SPUFFORD (P.), *Power and Profit: The Merchant in Medieval Europe,* New York, Thames & Hudson, 2003.

STAIR (J.), *The Body Politic. The Role of the Body and Contemporary Craft,* London, Crafts Council, 2000.

STANILAND (K.), «Clothing Provision and the Great Wardrobe in the MidThirteenth Century», *Textile History*, 1991, vol. 22, n° 2, p. 239-52.

—, «Samuel Pepys and His Wardrobe», *Costume*, 1997, n° 37, p. 41-50.

STANSELL (C.), *City of Women : Sex and Class in New York 1789-1860*, Urbana, University of Illinois Press, 1987.

STATUTES of the Realm, vol. 1 (actes du Parlement d'Angleterre de Henri III à Édouard III).

STEELE (V.), «Fashion : Yesterday, Today and Tomorrow», *in* White (N.), Griffiths (I.), *The Fashion Business,*

—, «The Social and Political Significance of Macaroni Fashion», *Costume*, 1985, n° 19, p. 94-109. DONALD (D.), *The Age of Caricature : Satirical Prints in the Reign of George III*, New Haven, Yale University Press, 1996.

—, *Fashion : Italian Style*, New Haven, Yale University Press, 2003.

—, *Fetish : Fashion, Sex and Power,* Oxford, Oxford University Press, 1996.

—, *Fifty Years of Fashion : New Look to Now,* New Haven, Yale University Press, 2000.

—, *Paris Fashion : A Cultural History,* Oxford, Oxford University Press, 1988.

—, *Se vêtir au XXᵉ siècle*, Paris, Adam Biro, 1998.

—, *The Black Dress*, New York, Collins Design, 2007.

—, *The Corset*, New Haven, Yale University Press, 2001.

STEELE (V.), MAJOR (J.) (éd.), *China Chic : East Meets West,* New Haven, Yale University Press, 1999.

STEPHENSON (J.), «*Propaganda, Autarky, and the German Housewife*», *in* Welch (D.) (éd.), *Nazi Propaganda : the Power and the Limitations,* London, Croom Held, 1983, p. 117-142.

STIGLITZ (J. E.), *Globalization and Its Discontents,* New York, W. W. Norton and Company, 2002.

STRIZHENOVA (T.), *Soviet Costume and Textiles 1917-1945,* Paris, Flammarion, 1991.

SUDJIC (D.), *Rei Kawakubo and Comme des Garçons*, New York, Rizzoli International, 1990.

TALBOT (H.), *Dress Design Dress Design : An Account of Costume for Artists & Dressmakers,* London, Sir I. Pitman & sons, 1920.

TALLEMAND DES RÉAUX, *Les Historiettes*, Paris, J. Techener, 1850, vol. 5, p. 420-422.

TANTET (M.), «La stratégie publicitaire de Benetton», *Communication & Langages*, 1992, n° 94, p. 20-36.

TARABORRELLI (J. R.), *Madonna: An Intimate Biography,* New York, Simon and Schuster, 2001.

TARLO (E.), *Clothing Matters: Dress and Identity in India,* London, Hurst and Company, 1996.

TARRANT (N.), *The Development of Costume,* London, Routledge, 1994.

TAYLOR (L.), *Establishing Dress History,* Manchester, Manchester University Press, 2004.

TEBOUL (D.), *Yves Saint Laurent: 5, Avenue Marceau, 75116 Paris, France,* Paris, Martinière, 2002.

TENNER (E.), «Lasting Impressions: An Ancient Craft's Surprising Legacy in Harvard's Museums and Laboratories», *Harvard Magazine,* 2000, vol. 103, 103, n° 1, p. 37.

THE Lily, septembre 1851.

THÉPAUT-CABASSET (C.), *L'Esprit des modes au Grand Siècle,* Paris, CTHS, 2010.

TOBIAS (A.), *Fire and Ice: The Story of Charles Revson-The Man Who Built the Revlon Empire,* New York, William Morrow and Company, 1976.

TOEPFER (K.), *Empire of Ecstasy: Nudity and Movement in German Body Culture, 1910-1935,* Berkeley, University of California Press, 1997, p. 9.

TOLKIEN (T.), *Vintage: The Art of Dressing Up,* London, Pavilion, 2000.

TORTORA (P. G.), EUBANK (K.), *A Survey of Historic Costume: A History of Western Dress,* New York, Fairchild Publications, 1998.

TORTORA (P. G.), MARCKETTI (S. B.), *Survey of Historic Costume,* London-New York, Bloomsbury, 2015, p. 53-71.

TRANSBERG (K. H.), «Other People's Clothes? The International Second-hand Clothing Trade and Dress Practises in Zambia», *Fashion Theory,* 2000, n° 3, p. 245-274.

TRENTMANN F. (éd.), *The Oxford Handbook of the History of Consumption,* Oxford, Oxford University Press, 2012, p. 160.

TROY (N. J.), *Couture Culture: A Study in Modern Art and Fashion,* Cambridge, MIT Press, 2003.

TUCKER (A.), *The London Fashion Book,* London, Thames and Hudson, 1998.

VAINSHTEIN (O.), «Female Fashion: Soviet Style: Bodies of Ideology», *in* GOSCILO (H.), HOLMGREN (B.), *Russia Women Culture,* Bloomington, Indiana University Press, 1996, p. 64-93.

VAN BUREN (A. H.), *Illuminating fashion, Dress in the Art of Medieval France and the Netherlands, 1325-1515*, New York, The Morgan Library & Museum, 2011, p. 13-17.

VANDERBUILT (T.), *The Sneaker Book: Anatomy of an Industry and an Icon*, New York, The New Press, 1998.

VEBLEN (T.), *La Théorie de la classe de loisir*, (1899) Paris, Gallimard, 1970.

VEILLON (D.), *La Mode sous l'Occupation*, Paris, Payot, 1990.

VIEL-CASTELN (H.), *Collection de costumes, armes et meubles, en quatre volumes*, Paris, Vauleur, Treuttel et Wurtz, 1827-1845.

VINCENT (J. M.), *Costume and Conduct in the Laws of Basel, Bern, and Zurich, 1370-1800*, (1935) New York, Greenwood, 1969.

VINIKAS (V.), *Soft Soap, Hard Sell: American Hygiene in an Age of Advertisement*, Ames, Iowa State University Press, 1992.

VISIONS of the body: Fashion or Invisible Corset, Catalogue d'exposition, Kyoto, The Kyoto Costume Institute, 7 août-23 novembre 1999.

VON BOEHM (M.), *Dolls and Puppets*, Boston, Charles T. Branford, 1956.

VREELAND (D.), PENN (I.), *Inventive Paris Clothes: 1909-1939*, New York, Viking Press, 1977.

WALDEN (G.), *Who's a Dandy?*, London, Gibson Square Press, 2002.

WALKLEY (C.), FOSTER (V.), *Crinolines and Crimping Irons: Victorian Clothes. How They Were Cleaned and Cared For*, London, Peter Owen, 1978.

WALTRAUD (E.), *Histories of the Normal and the Abnormal: Social and Cultural Histories of Norms and Normativity*, London, Routledge, 2006, p. 154-155.

WATSON (J.), *Textiles and the Environment*, New York, The Economist Intelligence Unit, 1991.

WAUGH (N.) *Corsets and Crinolines*, (1954) New York, Theatre Arts Books, 1991.

—, *The Cut of Men's Clothes, 1600-1900*, London, Faber and Faber, 1964.

—, *The Cut of Women's Clothes 1600-1930*, London, Faber and Faber, 1968.

WELCH (D.) (éd.), *Nazi Propaganda: the Power and the Limitations*, London, Croom Held, 1983, p. 117-142.

WELTERS (L.), MEAD (A. C.), « The Future of Chinese Fashion », *Fashion Practice*, 2012, vol. 4, n° 1, p. 13-40.

WESTPHAL (U.), *Berliner Konfektion und Mode: Die Zerstörung einer Tradition, 1836-1939*, Berlin, Hentrich, 1992.

WHITE (N.), *Reconstructing Italian Fashion: America and the Development of the Italian Fashion Industry*, Oxford, Berg, 2000.

WHITE (N.), GRIFFITHS (I.) (éd.), *The Fashion Business: Theory, Practice, Image*, Oxford, Berg, 2000.

WHITE (P.), *Poiret*, New York, Studio Vista, 1973.

WICHMANN (S.), *Japonisme: The Japanese Influence on Western Art in the 19th and 20th Centuries*, New York, Harmony Books, 1981.

WILCOX (C.), *Bags*, London, Victoria and Albert Museum, 1999.

WILSON (E.), *Adorned in Dreams: Fashion and Modernity*, London, Virago Press, 1985.

WILSON (L. M.), *The Roman Toga*, Baltimore, Johns Hopkins Press, 1924.

WITHAKER (J.), *Une histoire des grands magasins*, Paris, Citadelles & Mazenod, 2011.

WOLF (N.), *The Beauty Myth. How Images of Beauty Are Used Against Women?*, New York, W. Morrow, 1991.

WORSLEY (H.), *100 idées qui ont transformé la mode*, Paris, Seuil, 2011, p. 20-21.

YALOM (M.), *A History of the Breast*, New York, Alfred A. Knopf, 1998.

YASINSKAYA (I.), *Soviet Textile Design of the Revolutionary Period*, London, Thames and Hudson, 1983.

ZAKHAROVA (L.), «La mise en scène de la mode soviétique au cours des Congrès internationaux de la mode (années 1950-1960)», *Le Mouvement Social*, 2007, vol. 221, n° 4, p. 33-54.

—, *S'habiller à la soviétique. La mode et le dégel en URSS*, Paris, CNRS Éd., 2011.

ZAZZO (A.), CHENOUNE (F.), LÉCALLIER (S.), GRUMBACH (D.), VEILLON (D.), *Showtime: le défilé de mode*, Paris, Musées, 2006.

地点索引

(索引页码为原著页码，即本书边码)

人名索引

图书在版编目(CIP)数据

全球时尚史/（法）奥黛莉·米耶（Audrey Millet）
著；王昭译. --北京：社会科学文献出版社，2023.3
（思想会）
ISBN 978-7-5228-0588-7

Ⅰ.①全… Ⅱ.①奥… ②王… Ⅲ.①服饰美学-美
学史-世界 Ⅳ.①TS941.11-091

中国版本图书馆 CIP 数据核字（2022）第 153031 号

思想会
全球时尚史

著　　者／〔法〕奥黛莉·米耶（Audrey Millet）
译　　者／王　昭

出 版 人／王利民
组稿编辑／祝得彬
责任编辑／吕　剑
责任印制／王京美

出　　版／社会科学文献出版社·当代世界出版分社（010）59367004
　　　　　地址：北京市北三环中路甲 29 号院华龙大厦　邮编：100029
　　　　　网址：www.ssap.com.cn
发　　行／社会科学文献出版社（010）59367028
印　　装／南京爱德印刷有限公司

规　　格／开　本：889mm×1194mm　1/32
　　　　　印　张：13.75　插　页：0.375　字　数：288 千字
版　　次／2023 年 3 月第 1 版　2023 年 3 月第 1 次印刷
书　　号／ISBN 978-7-5228-0588-7
著作权合同
登 记 号／图字 01-2022-1091 号
定　　价／98.00 元

读者服务电话：4008918866